세계 문학 속 지구 환경 이야기

MEISAKU NO NAKA NO CHIKYU KANKYOSHI
by Hiroyuki Ishi

© 2011 by Hiroyuki Ishi
First published in 2011 by Iwanami Shoten, Publishers, Tokyo.
All rights reserved.

Korean Translation Copyright © 2013 by ScienceBooks

This Korean edition is published by arrangement with
Hiroyuki Ishi c/o Iwanami Shoten, Publishers, Tokyo through
Imprima Korea Agency.

이 책의 한국어 판 저작권은 임프리마 코리아 에이전시를 통해
Iwanami Shoten, Publishers와 독점 계약한 ㈜사이언스북스에 있습니다.
저작권법에 의해 한국 내에서 보호를 받는 저작물이므로 무단 전재와 무단 복제를 금합니다.

# 세계 문학 속
# 지구 환경 이야기

문학으로 지구를 읽고, 환경으로 문학을 읽는다

이시 히로유키

안은별 옮김

名作の中の地球環境史

## 책머리에

 소설이란 "식물 섬유 위의 잉크 얼룩에 지나지 않는다."라고 표현할 수도 있을 것이다. 오늘날로 치면 "전자 회로의 0과 1이라는 기호에 지나지 않는다."쯤 될까. 하지만 이 얼룩을 발명한 덕에 인류는 수천 년 동안 정확한 기록을 남길 수 있었다. 이 얼룩은 세계를 바꿨고, 국가나 사회를 바꿨고, 사람의 삶을 바꿔 왔다.

 이 얼룩에는 환경의 역사도 숨어 있다. 명작이라 불리는 문학 작품을 읽다 보면, 저자가 의식하지 않았음에도 환경 문제가 다루어지는 경우가 적지 않다.

 문학과 환경사의 연관성에 관심을 가진 것은 20년 전쯤, 유럽 국경 지대에서 일어난 대기 오염의 역사를 조사하기 위해 스웨덴의 대학교에서 자료를 찾을 무렵의 일이었다. 어느 연구자로부터 노르웨이의 극작가 헨리크 입센(Henrik Ibsen, 1828~1906년)의 극시 『브란트(Brand)』 속에 백 수십 년 전 영국에서 국경을 넘어 북유럽까지 날아온 대기 오염을 생생하게 묘사한 대목(12장 참조)이 있다는 이야기를 전해 들었다.

귀국한 뒤 만난 입센 연구자 모리 미쓰야(毛利三彌) 씨(현 세이조 대학교 명예 교수)가 원문을 찾아 줬다. 그때 그는 "문학자로서 이런 묘사에는 별로 신경을 쓰지 않았는데, 전문 분야에 따라 다양한 독해가 가능하군요."라고 말했다. 이 한마디에 자극받은 나는, 그 후 문학 작품을 읽거나 그림을 볼 때마다 그 배경에 있는 환경 문제에 관심을 갖게 되었다.

고슴도치처럼 이곳저곳 메모가 붙어 있는 책들이 차츰 책꽂이를 점령해 갔다. 그리고 인생의 남은 시간이 얼마 없게 되고서야 집필에 착수하게 되었다.

명작에 등장하는 환경 문제를 날실로 하여 문제가 거기까지 이르는 과정이나 그 후의 전개를 꿰고, 동시대 인물·사건과의 연관성을 씨실로 하여 사람과 환경이 촘촘히 엮인 역사를 펴 보이려 한 것이 이 책이다.

이런 명작들로부터 우리가 알 수 있는 것은 대기근이나 집단 이주, 혁명을 불러오고 때로는 문명을 붕괴로 이끄는 공통의 원인으로 '자연의 변동'과 '자원의 소모'가 있다는 사실이다. 이 책에 등장하는 수많은 파국처럼, 오랫동안 인류의 생존은 장기간의 저온 상태나 장마,

화산의 거대 분화나 대지진 등 지구의 활동으로 본다면 아주 작은 '흔들림'으로부터 위협받아 왔다.

한편으로는 인구 증가와 소비 확대에 따른 식량과 야생 동식물, 물, 에너지 등 자원의 고갈이 인류를 궁지로 몰아넣었다. 그 역사는 인류가 고향인 아프리카를 떠나 전 세계로 퍼져 나가는 과거 수만 년 동안 일어났던 대형 동물의 절멸까지 거슬러 올라간다. 인류는 생활권 내의 동물을 전부 사냥해 버리고는 식량을 구하기 위해 새로운 토지로 진출했고 마침내 전 지표를 뒤덮었다. 이동하는 도중 재해의 습격을 당하거나 자원을 전부 소모시켜서 많은 민족이나 문화가 아무도 모르게 사라졌을 것이다.

최근 그 '흔들림'은 인류의 활동 때문에 크게 증폭되고 있다. 인구가 급증하면서, 우리는 저습지나 급경사지, 건조지 등 지금까지는 살지 않았던 취약한 토지에서까지 살 수밖에 없게 되었다. 사람이 없는 땅에서 분화나 지진, 홍수, 토사 붕괴 따위가 일어난다면 '자연 현상'에 지나지 않겠지만, 인구 조밀 지역에서 발생하면 '대재해'가 된다.

숲과 토양을 파괴해 생태계나 지형을 크게 바꾼 결과, 이제는 인류의 활동이 자연재해를 유발하기도 한다. 과거 우리가 자연 환경에 맞춰 생활을 영위했다면, 지금은 생활에 맞춰 자연 환경을 변화시키고 있다. 이와 함께 자연재해의 내용도 크게 바뀌는 중이다.

인간을 창조한 신은 인간의 오만함을 벌주기 위해 홍수나 화산 분화 등의 자연재해를 일으키거나 전염병을 유행시켜 그들을 멸하려 했다. 그러나 20세기 들어 인류사에는 일거에 속도가 붙었고, 마침내 인류는 신의 주박(呪縛)을 뿌리치고는 인구를 폭발시키고 욕망을 완전히 해방하는 데 성공했다.

 최근 수십 년 동안 인류는 욕망이 이끄는 대로 공전의 번영을 구가해 왔다. 그 결과 인류의 활동은 지구의 허용 한계를 넘기 시작했다. 그래도 멈추지 않고 생존 기반인 자원을 낭비하며 환경을 오염시키고 있다. 영국의 역사가 에드워드 기번(Edward Gibbon, 1737~1794년)은 『로마 제국 쇠망사(The History of the Decline and Fall of the Roman Empire)』에서 "생각해 보면 역사라는 것은 그 대부분이 인류의 죄악과 어리석음, 불행에 대한 기록에 지나지 않을지 모른다."라고 말했다.

 국제 연합 환경 계획(UNEP)에 따르면 지구에서 지속적인 이용이 가능한 면적은 약 1억 1500만 제곱킬로미터다. 한 사람당으로 계산하면 0.017제곱킬로미터지만, 현실에서는 0.022제곱킬로미터나 사용하고 있다. 이것은 결국 인류의 활동 영역이 지속적으로 이용하기 어려운 토지까지 먹어 치우고 있음을 의미한다. 세계 인구가 90억 명을 넘게 될 2050년, 인구 한 사람당 이용 가능 면적은 0.013제곱킬로미터로 줄어든다.

 인류는 앞으로도 파국이 닥쳐 완전히 좌절할 때까지 계속 폭주할 것이다. '종말'이나 '파국'은 역사상 몇 번이고 이야기되어 왔다. 과거 반세기 가까이 환경 문제를 탐구해 온 나는, 앞으로 십수 년 이내에 그 규모는 둘째 치고 어떠한 종류든 파국이 현실화되리라고 본다.

 다음에 일어날 파국은 자연의 압력과 인류의 폭주가 함께 하는 합작품이 될 것이다. 환경사에서 이러한 예는 얼마든지 찾을 수 있다. 제1차 세계 대전 말기에는 스페인 독감이 대유행했고, 1930년대 미국에서는 공전의 가뭄과 대공황이 같은 시기에 닥쳤다. 일본에서도 버블 붕괴에 잇달아 운젠·후겐다케(雲仙·普賢岳)의 분화나 한신·아와지 대지진이 발생했다. 일본에서 정치의 혼란이나 경제의 부진이 지금처럼 이어진다면, 도카이(東海) 대지진이나 후지 산 분화가 일어날 때 어떻게 대응할지 걱정된다.

집필을 하면서, 예민한 문학가들이 마치 '탄광의 카나리아' 같다는 확신을 굳히게 되었다. 공기의 이상을 한발 앞서 감지하고 광부들에게 위험을 알리는 카나리아처럼, 다가올 시대의 위기를 한발 앞서 알아차리고 작품에 몰두한다. 그것은 사회에 대한 경고 내지는 경종이 된다.

영국의 작가 조지 오웰(George Orwell, 1903~1950년)은 1949년에 발표한 『1984』에서 빅 브라더라 불리는 독재자가 텔레스크린이라는 감시 장치로 시민의 생활을 전부 지켜보는 미래를 그리고 있다. 당시로서는 공상의 산물이었지만 현재는 어떠한가? 길에서, 역에서, 은행에서 슈퍼마켓에서 ……, 우리는 어디서든 카메라로 감시받고 있다. 유럽이나 미국, 일본의 대도시에서는 시민 한 사람이 매일 수십 회씩 자기도 모르게 촬영되고 있다고 한다.

체코 작가 카렐 차페크(Karel Čapek, 1890~1938년)도 1935~1936년에 신문에 연재한 『도롱뇽과의 전쟁(*Válka s Mloky*)』에서 미래를 내다봤다. 인도네시아의 작은 섬에서 고도의 지능을 가진 거대 도롱뇽 무리가 발견된다. 선장은 이들이 인류보다도 높은 능력을 지녔음을 알게 되고, 노동자로 세계에 수출한다.

머지않아 대증식한 도롱뇽들은 지구를 지배하고, 육지를 자신들의 서식지인 바다로 교체해 저들끼리 세계 대전까지 벌인다. 지구는 파멸 직전까지 가지만 도롱뇽이 전염병으로 전멸하면서 인류는 구사일생한다. 도롱뇽은 인류의 문명 가운데 실용적·기술적·공리적인 지식만 채용하고, 문학이나 음악 따위는 불필요한 것으로 간주해 배척한다. 반복해 읽는 동안 현실 사회가 노골적으로 반영된 묘사에 오싹한 느낌을 받았다.

이시카와 다쿠보쿠(石川啄木, 1886~1912년)의 시에는 새장 속에서 버둥거리는 카나리아 같은 느낌이 있다.

가을의 바람 / 메이지 시대를 사는 우리네 청년 / 위기를 슬퍼하는 얼굴 쓸어 주누나
폐색의 시대 이 시대의 현상을 / 어찌하려나 / 가을에 접어들어 생각에 잠기노라

'메이지'를 '헤이세이'로 바꾼다면 지금을 사는 청년들에게도 그 절절함이 전해져 올 것이다. 얼마나 많은 청년이 '실업자'로 인생의 출발점에 서야만 하는가. 시를 읊는 시대 배경은 다르지만 공감하는 사람은 분명 적지 않을 것이다.

탄광의 카나리아는 영국의 경우 1987년까지 약 200마리가 "현장에서 뛰고" 있었다고 한다. 일본에서 카나리아가 동원된 것은 1995년의 옴 진리교 사건 수색 당시 경찰부대가 사티안(산스크리트 어로 '진리'라는 뜻이며, 옴 진리교의 종교 시설의 명칭이었다. ―옮긴이)에 발을 들여놓을 때 독가스 탐지를 위해 데려온 것이 마지막이었다. 하지만 문학계의 카나리아는 아직 컴퓨터를 상대로 굳건히 버티고 있지 않은

가. 시대의 기록자이자 경고자, 예언자인 작가들을 믿고 싶다.

마지막으로 세계적인 관심을 모으고 있는 '환경사'에 대해 언급해 두도록 하자. 여러 의미가 있겠지만 그 최대공약수적인 정의는 다음과 같다. "20만 년에 이르는 인류사 속에서 자연 환경의 변동이나 인류에 의한 환경 개혁은 어떻게 발생했으며, 그 결과 인류는 어떤 영향을 받았는가를 시간·공간적으로 구명하는 학문의 영역."

역사란 인류가 공유해야 할 기억 장치이다. 현재는 과거 역사의 마지막 순간이자 미래의 첫 순간이기도 하다. 명작을 바탕으로 삼아 과거부터 현재에 이르는 환경의 기억을 재현하는 일은 그와 동시에 미래에 대한 단서를 모색하는 일이 되리라고 굳게 믿는다.

## 차례

**1권**

책머리에 ······ 5

1장 | 마오쩌둥의 전쟁 | **장융**, 『**대륙의 딸**』 ······ 15

2장 | 하얀 용암과 지구 온난화 | **미야자와 겐지**, 『**구스코 부도리의 전기**』 ······ 37

3장 | 모래 먼지와 함께 사라지다 | **존 스타인벡**, 『**분노의 포도**』 ······ 59

4장 | 황사 속을 달리는 인력거 | **라오서**, 『**낙타 샹즈**』 ······ 81

5장 | 창백한 기수가 나의 연인을 데려가네 | ······ 105
　　　**캐서린 앤 포터**, 『**창백한 말, 창백한 기수**』

6장 | 일본에 상륙한 스페인 독감 | **기시다 구니오**, 『**감기 한 다발**』 ······ 123

7장 | 아마존의 동쪽 | **하셰우 지 케이루스**, 『**가뭄**』 ······ 143

8장 | 아프리카 코끼리의 비극 | **조지프 콘래드**, 『**암흑의 핵심**』 ······ 165

9장 | 아이누의 초록색 나라 | ······ 187
　　　**이사벨라 버드**, 『**이사벨라 버드의 일본 기행**』 | **에드워드 모스**, 『**일본의 나날들**』

10장 | 모자 장수는 왜 수은 중독에 걸렸을까 | ······ 215
　　　**루이스 캐럴**, 『**이상한 나라의 앨리스**』

11장 | 이상한 숲 속의 헨젤과 그레텔 | **그림 형제**, 『**그림 동화집**』 ······ 235

12장 | 매연과 안개의 시대 | **헨리크 입센**, 『**브란트**』 ······ 255

참고 문헌 ······ 277
이시 히로유키 인터뷰 ······ 293
도판 저작권 ······ 308
찾아보기 ······ 309

## 2권 차례

13장 | 포경선의 끝없는 항해 | 허먼 멜빌, 『모비 딕』

14장 | 파리의 하수도 | 빅토르 위고, 『레 미제라블』

15장 | 여름이 오지 않은 해 | 제인 오스틴, 『에마』

16장 | 나무를 지켜라 | 구마자와 반잔, 『대학혹문』

17장 | 인구 폭발의 증인 모아이 석상 | 토르 헤위에르달, 『아쿠아쿠: 고도 이스터 섬의 비밀』

18장 | 콜럼버스가 발견한 것 | 크리스토발 콜론, 『콜럼버스 항해록』

19장 | 로빈 후드의 싸움 | 하워드 파일, 『로빈 후드의 모험』

20장 | 아테네의 철학자, 자연 파괴에 탄식하다 | 플라톤, 『크리티아스: 아틀란티스 이야기』

21장 | 제철이 망쳐 버린 숲 | 시바 료타로, 『가도를 간다 7: 고카와 이가의 길, 사철의 길 외』

22장 | 그들은 왜 이집트를 탈출했을까 | 모세, 『출애굽기』

23장 | 사라진 레바논 삼나무 | 길가메시, 『길가메시 서사시』

# 1장
# 마오쩌둥의 전쟁

### 장융, 『대륙의 딸』[1]

한 독재자가 철강과 식량을 대량 생산하라는 명령을 내린다. 농민들이 모조리 동원되어 용광로에 집어넣을 연료를 캐내고 개간을 하느라 산들은 순식간에 발가벗겨진다. 생태계는 끔찍하게 붕괴되고 점점 큰 자연재해가 덮쳐 2500만 명이 굶어죽는다. 고작 반세기 전 중국에서 일어난 일이다.

### 『대륙의 딸』 줄거리

"15세에 외할머니는 군벌 장군의 첩이 되었다."라는 첫머리로 이 대하 소설은 시작한다. 청조 말기 혼란의 시대에 태어난 외할머니 대(代)로부터 저자 장융(張戎, 1952년~)이 1978년 영국 유학길에 오르기까지, 3대에 걸친 여성들의 고난의 역사를 추적한 자전적 논픽션이다. 일족은 청조의 멸망부터 군벌 시대, 일본의 만주 침략, 중일 전쟁, 공산당의 대두, 국공 내전, 중화 인민 공화국의 성립, 대기근, 문화 혁명, 그리고 최근 몇 년 사이의 경제적 약진에 이르기까지 그야말로 격동의 시대를 꿋꿋이 살아갔다.

외할머니와 군벌 장군 사이에서 태어난 장융의 어머니는 15세에 공산당의 지하 활동에 가담한다. 거기서 공산당 게릴라를 지휘하는 장융의 아버지와 만나 결혼한 후, 쓰촨 성으로 이사해 1952년에 장융이 태어나고 부모가 당 고위 간부로 발탁되어 일가는 유복한 나날을 보낸다. 그러나 아버지는 1966년에 시작된 문화 혁명 당시 홍위병의 표적이 되어 강제 수용소로 보내지고 결국 정신이 이상해진다. 어머니도 국민당과 관계가 있다는 혐의로 구금된다. 이즈음부터 인생의 톱니바퀴가 삐걱대기 시작한다.

14세에 홍위병이 된 장융은 문화 혁명기 홍위병이 저지른 수많은 학대와 학살을 보고 들으면서 성장한다. 그 후 "노동으로 사상을 개조한다."라는 마오쩌둥(毛澤東, 1893~1976년)의 '하방 정책'으로 쓰촨 성 변경의 농촌에 파견되어 중노동의 세월을 보낸다.

그녀가 하방에서 풀려나고 어머니의 명예는 회복되고 아버지도 1972년에 겨우 석방되면서 일가에는 잠시 평화가 되살아나지만, 심신 모두 지칠 대로 지친 아버지는 3년 만에 사망한다. 21세가 된 장융은 쓰촨 대학교에 입학하고 졸업 후 대학교의 강사로 일한다. 그 후 유학생으로 선발되어 1978년 9월 12일 그녀를 실은 비행기가 영국을 향해 이륙하는 장면에서 이 책은 끝이 난다.

이 책의 압권은 문화 혁명의 혼란과 광기에 구겨져 버린 청춘과 일가족에 가해진 박해, 그리고 마오쩌둥 주석의 명령으로 강행된 불합리한 '대약진 운동'에 있다. 독재자의 무모한 정책으로 자연과 농업은 파탄 나고 막대한 숫자의 인민이 굶주림에 시달리며 죽어 갔다. 이 작품 속에는 압제에 시달리는 농촌의 모습이 생생하게 묘사되어 있다.

### 비정한 실리주의자 마오쩌둥

저자 장융은 유학 중 만난 영국인 역사학자와 결혼해 현재는 런던에 산다. 어머니가 영국을 방문했을 당시 어머니로부터 일족의 역사를 듣고 눈물로 밤을 지새운 것이 『대륙의 딸(Wild Swans)』을 집필한 계기가 되었다고 한다. 이 책의 원제에서 스완(swan), 즉 백조는 그녀의 어린 시절의 이름인 얼훙(二鴻)의 훙(鴻)이 야생 백조를 의미하는 것에서 유래했다.

1991년에 영국에서 출간된 뒤 중국을 제외한 각국에서 번역본이 나와 전 세계에서 1000만 부가 넘게 팔린 베스트셀러가 되었다. 뛰어난 논픽션 작품에 수여하는 NCR상과 영국 작가 협회의 논픽션 부문 최우수상작으로도 뽑혔다. BBC는 작품을 기반으로 프로그램을 제작해 1993년에 방송하기도 했다.

거기다 장융은 남편 존 핼리데이(Jon Halliday)와 함께 10년 이상을 들여 『마오: 알려지지 않은 이야기들(Mao: The Unknown Story)』[2]을 써서 2005년 발표한다. 이 책에서 부부는 방대한 증언과 자료에 기반을 두어 마오쩌둥의 생애를 그려 냈다. 저자들은 그의 인간성을 "냉혹하고 비정"하며 "자기중심적"이고, "성격 이상" 증세를 보이며 "실리주의"를 추구하고, "강렬한 지배욕"을 가졌다고 요약한다. 장융에 따르면 마오쩌둥은 그의 생애에서 7000만 명 이상을 비명횡사로 몰아넣었다.

### 무모한 제철 총력전

중국의 인민과 환경을 구렁텅이에 빠트린 대약진 운동은 1958년 5월

### 비정한 실리주의자 마오쩌둥

저자 장융은 유학 중 만난 영국인 역사학자와 결혼해 현재는 런던에 산다. 어머니가 영국을 방문했을 당시 어머니로부터 일족의 역사를 듣고 눈물로 밤을 지새운 것이 『대륙의 딸(Wild Swans)』을 집필한 계기가 되었다고 한다. 이 책의 원제에서 스완(swan), 즉 백조는 그녀의 어린 시절의 이름인 얼훙(二鴻)의 훙(鴻)이 야생 백조를 의미하는 것에서 유래했다.

1991년에 영국에서 출간된 뒤 중국을 제외한 각국에서 번역본이 나와 전 세계에서 1000만 부가 넘게 팔린 베스트셀러가 되었다. 뛰어난 논픽션 작품에 수여하는 NCR상과 영국 작가 협회의 논픽션 부문 최우수상작으로도 뽑혔다. BBC는 작품을 기반으로 프로그램을 제작해 1993년에 방송하기도 했다.

거기다 장융은 남편 존 핼리데이(Jon Halliday)와 함께 10년 이상을 들여 『마오: 알려지지 않은 이야기들(Mao: The Unknown Story)』[2]을 써서 2005년 발표한다. 이 책에서 부부는 방대한 증언과 자료에 기반을 두어 마오쩌둥의 생애를 그려 냈다. 저자들은 그의 인간성을 "냉혹하고 비정"하며 "자기중심적"이고, "성격 이상" 증세를 보이며 "실리주의"를 추구하고, "강렬한 지배욕"을 가졌다고 요약한다. 장융에 따르면 마오쩌둥은 그의 생애에서 7000만 명 이상을 비명횡사로 몰아넣었다.

### 무모한 제철 총력전

중국의 인민과 환경을 구렁텅이에 빠트린 대약진 운동은 1958년 5월 이것은 산업 혁명 이전에 사용되었던 벽돌제의 소규모 용광로로 석탄이나 목탄을 연료로 한다. 그러나 근대적 용광로는 선철 1톤을 생산하는 데 2톤의 석탄으로 충분한 반면 토법로는 석탄이 10톤이나 필요했으며 완성된 철의 품질도 매우 조악했다.

지역별 생산 목표는 정해졌지만 기술자도 설비도 원료도 충분히 확보할 수 없었다. 토법로에 필요한 내화 벽돌은 공급이 불가능했고 보통 벽돌로 대체하려 해도 그것조차 손에 넣기 어려웠다. 이것 때문에 사원이나 성벽, 탑 등 여러 역사적 건축물들이 벽돌을 얻기 위해 해체되었다. 전한 시대 수도인 장안을 지키는 동쪽 관문으로 2000년의 역사를 지닌 한구 관의 누각과 간쑤 성 우웨이 시에 있는 당나라 시대의 성벽 등 세계 유산 급의 유서 깊은 건축물들이 이때 파괴되었다.

또한 토법로를 가동하기 시작하면서 많은 양의 연료가 필요했다. 석탄은 토법로를 돌리는 데 가장 먼저 사용되었기 때문에 기존에 설치되었던 제철소뿐만 아니라 많은 공장이 연료 부족으로 기계가 정지되는 지경에 이르렀다.[3] 이렇게 석탄 부족 상황이 계속되자 목탄으로 연료를 대체했다.

그러자 중국 전역에서 대규모 벌채가 진행되었다. 삼림부터 가로수, 과실수, 정원수까지 마구잡이로 베어져 목탄으로 변해 갔다. 수만 곳의 마을에서 주변 산들이 발가벗었다.『대륙의 딸』에는 당시 마을의 상황이 극명하게 그려져 있다.

용광로에 투입할 장작을 마련하느라 산의 나무를 벌목하지 수많은 산들이 민둥산이 되어 버렸다. 그러나 야단법석을 피우면서 전 인민을 철강 생산에 내몬 결과는 아무짝에도 쓸모가 없어 사람들이 "쇠똥"이라고 부르는 무른 쇠를 만들어 내는 데 그치고 말았다.

## 조리 기구까지 용광로에 들어가다

또한 많은 지역에서 손에 넣기 어려웠던 것은 석탄처럼 생산지가 한정된 철광석이었다. 이것 때문에 도시에서는 철제 난간부터 쇠기둥, 기념비 등 시설물의 철제 부분을 싹싹 긁어모았고 농촌에서는 강탈한 철제 농기구, 조리 기구를 몽땅 토법로에 투입했다. 또한 만성적인 원료 부족을 보충한다는 차원에서 국민 운동까지 전개되었다. 온 나라에 "대약진 만세!", "전민동수 대련강철!(全民動手大煉鋼鐵, 여러분, 철을 만듭시다!)" 따위의 문구가 쓰인 포스터가 넘쳐 났다.

이 모습 역시 『대륙의 딸』에 나온다.

1958년 가을, 6세였던 나는 소학교에 다니기 시작했다. …… 매일 학교를 오가며 나는 자갈 사이의 흙 속에 박혀 있는 구부러진 못, 녹슨 쇳조각, 기타 금속 물체를 줍기 위해 길바닥을 샅샅이 살펴보면서 걸어야 했다. 이런 일을 해야 했던 것은 불과 6세밖에 안 된 나에게 철강을 생산하는 용광로에 넣을 고철을 수집하는 일을 맡겼을 뿐만 아니라, 그런 일을 학교 친구들과 경쟁하도록 만들었기 때문이었다.

선생들은 교대로 24시간 동안 화덕에 장작을 넣고 용광로 속의 고철을 대형 주걱으로 저었다. 학생들의 수업 시간까지 빼앗아 가면서 선생들은 제철 작업에 동원되었다.

우리 집의 주철로 만들어진 모든 조리 기구들과 함께 밥솥도 고철로 간주되어 용광로 속으로 들어갔다. 당시에는 집에서 음식을 조리하는 것이 금지되어 모두들 식당에서 식사를 했으므로 조리 기구들이 고철로 나갔다 해도 문제될 것은 없었다. …… 우리 집의 조리 기구들뿐만 아니라 철제 스프링이 들어 있어 푹신하고 편안한 부모님의 침대도 용광로 속으로 들어갔다. 길거리 보도의 난간과 그 밖의 쇠로 만들어진 것이라면 무엇이든지 닥치는 대로 용광로에 고철로 투입되었다.

그러나 만들어진 철 가운데 60퍼센트는 전혀 쓸 만한 것이 되지 못했다. 그럼에도 증산 계획에 따라 생산은 계속되었다. 이 '제철·제강 운동'에는 6000만 명이 동원되었다. 농민들이 모조리 끌려 나왔기에 농지는 폐허가 되었고 생산 할당량을 달성한답시고 철제 농기구까지 공출했기 때문에 농업이나 생활의 기반마저 몽땅 빼앗겼다.

22년 이상 마오쩌둥의 주치의였던 리즈수이(李志綏, 1919~1995년)의 『모택동의 사생활(The Private Life of Chairman Mao)』**4**은 가장 가까운 측근의 입으로 사생활을 적나라하게 파헤친 만큼 그의 실상을 알 수 있는 동시에 굉장히 흥미로운 텍스트다. (저자는 미국으로 망명한 뒤 자신의 집 욕실에서 돌연사했다.) 이 책에는 대약진 운동 당시에 벌어진 한 가지 역설적인 에피소드가 나온다.

마오쩌둥은 가끔 제 마음 가는 대로 각지를 시찰했다. 그러던 중 1959년에는 고향인 허난 성 샹탄 현 샤오산에 가 보기로 했다. 32년 만의 귀향이었다. 그러나 자신이 태어난 마을을 방문하니 부모의 묘는 폐허가 되어 있었고 묘석조차 없었다.

그가 그립다며 자주 언급했던 절은 허물어진 채였다. 벽돌은 토법로를 만드는 데에, 오래된 자재들은 연료로 쓰기 위해 다 가져가 버렸기 때문이다. 제 핏줄들을 찾아보았지만 남자들은 강제 노동에 끌려가 마을에는 부녀자밖에 남아 있지 않았다. 심지어 부엌 세간인 조리 기구마저 철강을 만들기 위한 원료로 공출되어 요리도 낼 수 없었다.

마을 사람들은 토법로에 대한 갖은 원한의 말을 내뱉었다. 결국 마오쩌둥은 "질 좋은 철을 생산할 수 없다면 작업을 전부 그만두는 게 낫다."라고 말할 수밖에 없었다. 이 발언이 입에서 입으로 전해지며 토법로 작업을 그만두는 지역도 늘어갔다.

## 자연이 반격을 시작하다

한편 마오쩌둥은 식재료 증산을 위해 개간으로 대규모 농지를 조성하라고 명령했다. 이 계획의 모델은 1958년 최초로 인민공사가 조직된 산시 성 시양 현의 다자이였다. 다자이의 주민들은 산을 깎고 삼림을 벌채해 산기슭에서 50만 톤이나 되는 흙과 돌을 날라 산꼭대기까지 계단식 밭을 만들었다. 이 모습이 공산당의 눈에 띄었고 "다자이를 배우자!"라는 운동이 되어 전국에 퍼졌다.

아울러 공산당은 농업을 기계화하라는 명령을 내렸다. 너비가 좁은 계단식 밭에는 기계가 진입할 수 없는데 이런 탓에 '대회전'이라 이름 붙인, 비탈을 깎아 계단식 밭을 넓히는 공사를 인해 전술식으로 대대적으로 진행했다.

이런 공사의 결과로 각 산의 정상까지 밭을 조성한 인공 평원이 탄생했다. (그림 1-2) 하지만 막대한 노력과 돈을 들여 만든 이 평원은

그림 1-2. 삼림을 잃은 농촌(산시 성 위린 시)

수목을 거의 남겨 두지 않았기 때문에 비가 쏟아지면 돌담이 붕괴되어 순식간에 떠내려갔다. 비바람에 의한 토양 침식도 심해졌다. 도처에 조성된 개간지들이 붕괴되었고 이것은 전 국토의 황폐와 자연재해의 발생에 박차를 가하는 결과로 이어졌다.

1958년 가을부터 1959년 내내 이러한 개간과 공사가 이어져서 농민들은 강제 노동에 동원되느라 수확이나 파종 등 자신들의 농사를 돌볼 시간을 잃었다. 농촌의 유일한 동력원인 가축 역시 고철이나 탄을 운반하는 일에 징발되는 바람에 농업은 더욱더 정체되었다.[5]

원래부터 중국은 인구 증가의 압박으로 삼림을 잃어 가고 있었는데 산과 숲을 개발의 장애물로 간주했던 마오쩌둥의 정책 때문에 그 감소에 가속도가 붙었다. 인간에게 뼈아픈 공격을 받은 자연은 가뭄과 홍수로 송곳니를 드러내기 시작했고 그것은 각지에서 농민을 상처 입힌 또 하나의 원인이었다.

1958~1959년 황허 유역인 허난 성 화위안커우 주변에서 엄청난 규모의 홍수가 발생해 수천 명이 사망했다. 또한 1959~1961년에는 각지에 가뭄 피해가 확대되었다. 그런데 이런 자연재해가 크게 보도된 것은 사람들이 인재로부터 눈을 돌리도록 하기 위한 정부의 선전이었다는 견해도 있다.

또 하나 정부가 내세운 식량 증산 정책은 '참새 퇴치'였다. 참새는 1958년 2월부터 파리, 모기, 쥐와 함께 4가지 해로운 생물로 간주되었고 이윽고 조직적인 퇴치 작전이 전개되었다. 베이징에서만 해도 300만 명이 동원되었고 3일간 40만 마리의 참새가 잡혔다. 『대륙의 딸』에 등장하는 퇴치법은 엄청나다.

그리하여 전 인민이 참새 퇴치 운동에 동원되었다. 우리도 이 운동에 참여했는데 심벌즈는 물론이고 심지어 냄비까지 들고 들판에 나가 맹렬하게 두들겨 나무에서 쫓겨난 참새들이 다른 곳에 앉아 쉬지 못하도록 함으로써, 결국에는 계속 도망쳐 날기만 하던 참새들이 지쳐 땅에 떨어져 죽게 만들었다.

그러나 이것은 역효과를 불러왔다. 참새는 수확기에는 농작물을 해치지만 수확 전까지는 새끼의 먹이로 쓰기 위해 대량의 해충을 잡기 때문이다. 참새를 쫓아낸 결과 오히려 메뚜기나 멸구 같은 해충이 크게 늘었고 농업 생산은 큰 타격을 입었다. 이윽고 1960년에는 참새가 '익조'로서 명예를 회복했으며 대신 빈대가 없애야 할 해로운 생물에 추가되었다.

### 반대파를 제거하다

비현실적인 정책이 강행되는 동안, 대약진 운동에 대한 비판은 겉으로는 거의 드러나지 못했다. 마오쩌둥은 1956년에 '백화제방 백가쟁명 운동(누구든 자기의 의견을 피력할 수 있다는 뜻으로 쓰인 중국의 정치 구호 — 옮긴이)'을 들먹이며 공산당에 대한 비판을 독려했다. 그러나 이 운동은 점차 마오쩌둥 개인에 대한 비판으로 발전했기 때문에 다음 해에 철회되었고 비판에 가담했던 이들은 우파 분자로 낙인찍혀 강경한 탄압을 받았다.

비판파의 상징으로서 대표적인 표적으로 꼽히는 인물이 국무원 부총리 겸 국방부장이었던 펑더화이(彭德懷, 1898~1974년)다. 그는 1959년 7월 고향인 장시 성의 농촌을 시찰하며 피폐한 농촌과 농민의 비참한 상황을 목격했고 마오쩌둥에게 상신서를 제출해 정책을 전환해 달라고 호소했다. 하지만 정책이 바뀌기는커녕 마오쩌둥의 노여움을 사 해임되었다. 펑더화이는 문화 혁명 기간에 홍위병의 폭행으로 하반신 불수가 되었다. 그 후 암에 걸려 병원에 입원했지만 치료를 거부당해 진통제조차 받지 못했고 병실에 감금된 채 괴로워하던 끝에 죽었다.

전국에서 55만 명 이상에게 우파 딱지가 붙었고 베이징 대학교 한 곳에서만 전체 학생·교직원의 20퍼센트에 해당하는 약 800명이 처벌을 받았다. 이후 누구도 대놓고 정치적인 발언을 하지 않게 되었다.

끝내는 마오쩌둥에게 자신의 의견을 드러내는 자도 없어졌다. 생산

그림 1-3. 식량 증산을 외치는 구호 아래, 비료가 될 만한 것들은 무엇이든 밭에 뿌려졌다.

할당량을 채우지 못한 현장 책임자가 성과를 부풀려 보고하면 그 보고를 받은 마오쩌둥이 더욱 많은 양의 생산을 명령하는 악순환에 빠져들었다. (그림 1-3) 마오쩌둥과 정부 수뇌부들은 부풀려 보고된 식량 증산량을 믿었고, 1960년에 270만 톤의 식량이 징발되자 그것을 수출로 돌려 버렸다. 이것은 1000만 명의 1년 소비량에 해당했다.

마오쩌둥은 "중국 농업에서 수리(水利)는 생명과도 같다."라면서 1957년 가을부터는 '대관개 운동'을 명하고 거대한 댐과 장대한 수로 건설에 착수했다. 최고 권력자의 명령답게 순식간에 공산당 간부 사이에서 실적 다툼이 벌어졌고, 설계 계획이나 건축 자재가 거의 없는 상태임에도 서로 경쟁적으로 농민을 동원해 공사를 밀어붙였다. 전국에서 9000만 명이 동원되었고 비율로 보면 건설 현장 주변의 농촌에서는 인구의 70퍼센트, 심한 곳에서는 95퍼센트에 이르렀다고 한다. 이들 지역에서는 농업 생산이 아예 파멸해 버렸다.

또한 마오쩌둥은 인민공사를 조직해 농민의 90퍼센트를 집단화했고 농촌 행정과 경제 조직의 일체화를 꾀했다. 인민공사는 하나의 지구 단위 조직이 되어 생산, 소비, 교육, 정치 등 생활 전반을 도맡아 관리하게 되었다. 농민들의 생산 의욕은 크게 감퇴했고 농촌 경제는 혼란에 빠지고 말았다. 인민공사는 1978년 생산 책임제가 도입되기까지 제도로서 그 이름만을 유지했다.

또 구(舊)소련의 리센코 학설에 기반을 둔 농업 기술의 도입도 비참한 결과를 불러왔다. 도를 넘은 밀식(密植)과 심식(深植) 등 현재는 비과학적이라고 여기는 농법을 도입했고 농사 문외한들을 동원해 관개 시설을 만드는 등 미숙하고 조악한 행위를 반복했다. 이런 농법은 전혀 효과를 내지 못했을 뿐만 아니라 각지에서 심각한 흉작을 초래하는 원인이 되었다.

### 대기근의 발생

정부가 그토록 증산을 강요했는데도 1959년에 들어섰을 때 1인당 연간 곡물 생산량은 250킬로그램을 겨우 넘는 수준이었다. 200킬로그램이 기아가 발생하는 경계선으로 여겨진 것을 볼 때 이 생산량은 많은 사람들이 한계를 넘었음을 의미한다. 1959년부터 1961년에 걸쳐 대규모의 기근이 전국을 덮쳤다. '대재해(大災害)기', '3년 경제 곤궁기'라 불리는 시대다.

기근이 절정에 달했던 1960년의 국민 1일 평균 칼로리 섭취량은 정부의 공식 통계로도 1534킬로칼로리밖에 되지 않았다. 장융은 "나치의 아우슈비츠 강제 수용소에서조차 하루 1300~1700킬로칼로리가 주어졌다."라고 비판했다. 홍콩 대학교의 프랑크 디쾨터(Frank Dikötter, 1961년~)는 "삼림이 파괴되고 조리에 쓸 연료조차 없어지게 된 것이 기근에 박차를 가했다."라고 지적했다.[6]

영국 《가디언(*Guardian*)》의 베이징 특파원이었던 재스퍼 베커(Jasper Becker)의 『굶주린 유령들: 비밀에 부쳐진 마오쩌둥 중국의 기근(*Hungry Ghosts: Mao's Secret Famine*)』[7]에는 무시무시한 기운이 닥친 당시의 광경이 재현되어 있다.

허난 성의 비옥한 땅에는 아사한 농민의 사체가 아무렇게나 흩어져 나뒹굴었다. 사람들은 해골처럼 바싹 말라 있었다. 발을 비슬비슬 끌면서 걷고 있었다. 소는 죽었으며 개는 잡아먹혔고, 닭이나 집오리는 곡물세를 대신한다는 이유로 공산당에 몰수된 지 오래다. …… 벌써 오랫동안 누구도 아이를 낳지 않았다. …… 모유가 나오지 않는 엄마들은 아이들이 죽어 가는 것을 그저 가만히 보고 있는 것 외에 할 수 있는 일이 없었다.

또한 수확기에 이삭을 주워 먹은 마을 사람이 당의 지방 간부에 붙잡혀 참살되자 마을 사람들이 그 시체의 살을 잘라 먹었다는 증언도 있다.

굶주림에 시달리던 농민들은 대거 도시로 흘러들었다. 길가에는 객사한 사람들이 바글바글했다. 농촌 곳곳에서 사람들의 화제라고는 "굶어 죽은 가족의 고기를 먹고 굶주림을 견뎌냈다."라거나 "부모가 여덟 살 난 아이를 잡아먹었다."라거나 하는 어쩐지 으스스한 이야기들뿐이었다.

『현대 중국의 기아와 빈곤(現代中國の飢餓と貧困)』[8]에서 중국인 르포 작가인 샤칭(沙青)은 극한의 기아라는 재난을 맞은 당시 마을의 모습을 르포로 풀어내고 있다. 모든 식량이 다 떨어진 간쑤 성의 어떤 마을에서 사람들은 생각해 낼 수 있는 모든 것을 입에 집어넣었고 나무껍질에서 국수 찌꺼기, 독이 든 잡초까지 서슴지 않고 먹었다. 어

떤 농가에서는 아버지와 아이 단 둘만 살아남았는데 그중 소녀의 증언을 간략하게 풀면 다음과 같다.

> 며칠 동안 죽은 사람처럼 보이던 아버지가 가까스로 몸을 일으키더니 냄비에 물을 붓고 부뚜막에 불을 올렸다. 아버지가 시켜서 바깥에 나갔다 돌아와 보니, 남동생의 모습은 온데간데없고 냄비에 손가락이 둥둥 떠 있고 화덕 주변에 하얀 뼈가 있는 것이다. 소녀는 소리쳤다. "아빠, 날 잡아먹지 마세요. 풀을 뜯어올 테니까, 불을 붙일 테니까! 나를 먹어 버리면 도와줄 사람이 없잖아요!"

### 2500만 명이 사라지다

1959~1961년 3년 동안 중국에서 셀 수 없는 아사자가 발생한 사실은 극비에 부쳐졌고 외부로는 단편적으로밖에 전해지지 않았다. 친케운(陳惠運)의 『나의 조국, 중국의 비참한 진실(わが祖國, 中國の悲慘な眞實)』[9]에 숨겨졌던 그 사실이 드러나 있다. 이 기아의 시기를 중국에서 보냈던 저자는 나중에 일본에 귀화해서야 처음으로 기근의 규모를 알고 놀랐다.

그 전모는 1982년 중국이 근대적인 방법으로 처음 실시한 제3회 전국 인구 조사의 결과에서 밝혀졌다. 이듬해 국가 통계국이 발표한 통계에서 그 3년 동안 사망률이 비상하게 높고 출산율이 크게 낮았다는 사실을 알 수 있으며 인구 증가율이 크게 마이너스(-)로 쏠렸다는 사실을 확인할 수 있다. (그림 1-4) 이 기간에 주민의 3분의 1이 사망한 것으로 간주되는 안후이 성의 경우를 보면 1959년 인구 증가율

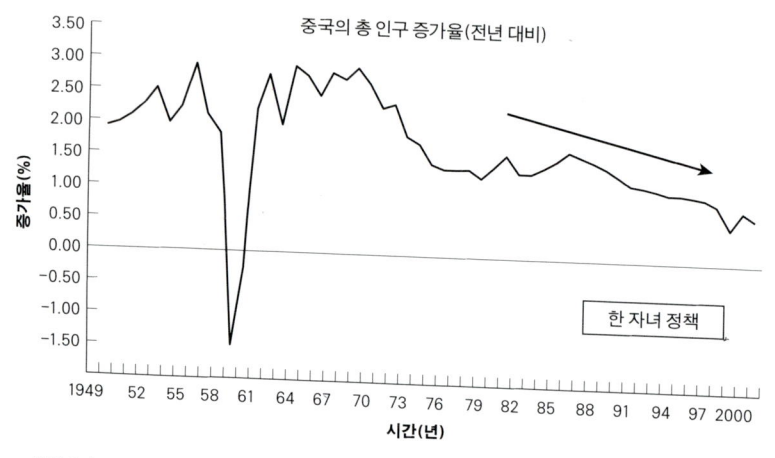

그림 1-4. 1960년 전후 극단적인 인구 감소기가 있다.(중국 국가 통계국)

은 3.17퍼센트였지만 다음 해인 1960년에는 마이너스 57.23퍼센트였다. 허난 성은 13.95퍼센트에서 마이너스 25.59퍼센트로, 구이저우 성은 7.4퍼센트에서 마이너스 32.2퍼센트로 각각 격감했다.

중국 정부가 그 3년간 발생한 '비정상적인 사망'이 몇 건이었는지 파악해 공표한 적은 없다. 중국 정저우 대학교 시아스 국제 학원 법학부의 쑨젠하이(孫振海)는 공개된 자료에 기반을 두고 이 기간의 사망자 숫자를 분석했다.[10] 그 이전 9년간의 인구 증가율로 추정해 봤을 때 1959~1961년에 인구는 4488만 명이 증가해야 했다. 그러나 통계에 따르면 오히려 135만 명이 감소했다. 사망자가 얼마나 많았는지 알 수 있다.

그렇다면 이 두 숫자의 차이인 4623만 명 가운데 어느 정도가 비정상적인 죽음에 해당할까. 공표된 인구 통계로 산출해 보면 2468만 명이다. 또 그는 이 엄청난 규모의 죽음이 과연 자연재해만으로 설명되는지 아닌지도 철저하게 파헤쳐, 정책 실패의 책임이 컸다는 결론을 이끌어 냈다.

서구 학자들이 진행한 연구에 따르면 비정상적인 사망자 수의 추정치는 1600만 명에서 4600만 명까지로 그 폭이 넓다. 비록 중국이 당시에 이미 6억 7000만 명의 거대한 인구를 갖고 있었다 해도 최대 추정치를 보면 현재의 한국 인구에 가까운 사람들이 목숨을 잃은 셈이다. 장융이 지적한 것처럼 사상 최악의 기근이었다.

대약진 운동의 실패로 마오쩌둥은 1959년 국가주석의 지위를 류사오치(劉少奇)에 양보해야 했고, 1962년 1월에 개최된 7000인 대회에서 이 정책에 대한 자아비판을 하는 상황에 몰렸다. 마오쩌둥의 실권은 크게 약화되었다.

### 권력 탈취를 노리는 마오쩌둥

그러나 그는 권력을 되찾을 기회를 은밀히 엿보고 있었다. 1966년 5월 베이징 대학교에 붙은 대자보를 계기로 시작된 문화 혁명에서 마오쩌둥은 과격파 청년들의 폭력 행위를 적극 지지했고 톈안먼 광장에 모인 100만 명의 홍위병 젊은이들을 선동했다. 명목은 "사회주의 문화를 새롭게 만들어 내자."라는 것이었지만 실질적으로는 대약진 정책의 실패로 정권 중추에서 실각했던 마오쩌둥과 그 측근들이 복권을 획책해 일으킨 전국적인 숙청 운동이었다.

베이징의 홍위병들은 "사구(四舊, 구문화, 구사상, 구풍속, 구습관 등 4가지 폐습)를 타파하라."라고 외치며 떼 지어 거리로 몰려 나갔으며 덩샤오핑으로 대표되는 이들을 '실권파', '반혁명 분자'라고 부르며 공격했다. 홍위병들의 움직임은 전국 규모로 확대되는 한편, 파벌이 생겨나면서 날로 급진화되고 폭력적으로 변해 더는 통제할 수 없는 상황에 이르고 말았다.

거기서 육체노동으로 사상을 개조한다는 명분을 내세운 '상산하향 운동'이 시작되었다. 이것이 바로 하방(징눙) 정책으로, 도시에 살던 약 1600만 명의 중학교 졸업생들이 농촌이나 변경 지역에 강제로 보내졌다. 저자 장융도 그 가운데 하나였다. 야마자키 도요코(山崎豊子)의 『대지의 아들』에도 주인공인 잔류 고아 육일심이 변경 지역으로 하방되어 양치기가 되는 장면이 등장한다.

문화 혁명은 의도대로라면 정치·사회·문화의 전반에 걸친 사상 운동이어야 했지만 전 국민을 휘감은 숙청 운동으로 발전했다. 그리하여 막대한 수의 희생자를 냈을 뿐만 아니라 전통과 문화를 파괴하고 경제 발전을 30년이나 정체시키는 결과를 가져왔다.

당시 지식 청년들이 이런 무자비한 체험에 직면하면서 '상흔 문학'이라 불리는 일군의 사조가 탄생했다. 스톄성(史鐵生), 예신(葉辛), 량효성(梁曉聲), 장청즈(張承志), 장캉캉(張抗抗) 등이 여기에 속한다. 또한 당시의 체험을 그린 영화도 다수 제작되었다. 첸카이거의 「아이들의 왕」(1987년), 조안 첸의 「슈슈」(1999년), 장원의 「햇빛 쏟아지던 날들」(1994년), 그리고 일본 영화 「연안에서 온 딸」(이케야 가오루, 2002년) 등이 대표적이다.

마오쩌둥이 실권을 쥐고 있던 시절에는 이 대재해기의 사망 외에도 반혁명 분자로 처형된 이들이 87만 3000여 명에 이른다. 문화 혁명 당시에는 13만 5000명이 처형되었고 1721만 8000명이 비정상적

죽음으로 목숨을 잃었다. 작가인 라오서(老舍)도 그중 한 사람이었다. (4장 참조) 장융이 "7000만 명 이상을 비명횡사로 몰아넣었다."라고 주장한 것도 결코 과장은 아니다.

### 끝나지 않은 마오쩌둥의 전쟁

마오쩌둥은 "먹는 입은 하나지만 일하는 손은 두 개다."라며 인구 증가가 경제 발전의 원동력이라는 이유를 내세워 다산을 장려했다. 인구가 느는 것이 생산력이 증가하는 것보다 낫다며 출산을 억제할 필요는 없다는 '인구 자본설'이나 '인수(人手)론'이 풍미했던 것도 이때쯤이다. 마오쩌둥은 "인구를 무기로 쓴다."라는 전략을 갖고 있었다.

이에 대해 베이징 대학교 학장이며 경제학자인 마인추(馬寅初)는 경제 발전을 위해서 인구 억제가 필요하다는 '신인구론'을 1957년에 주창했다. 그러나 이것은 심한 비판을 받았고 그는 1960년에 학장 자리에서 물러날 수밖에 없었다. 이후 인구 문제를 입에 담는 일은 터부시되었다.[11] 마 교수는 '한 자녀 정책'이 실시되었던 1979년에 이르러서야 98세의 고령으로 명예 회복을 이뤘고 베이징 대학교 명예 학장에 취임했다.

마오쩌둥이 정권을 잡았던 1953~1976년의 23년간과 덩샤오핑 시대인 1978~1997년의 19년간의 인구 증가율을 비교해 보면 마오쩌둥 시대에는 연 2.0퍼센트, 덩샤오핑 시대에는 연 1.3퍼센트로 큰 차이가 있다. 마오쩌둥의 정책이 "인류 다섯 사람 중 한 사람이 중국인"이 되어 버린 오늘날의 인구 초강대국을 만들어 낸 것이다.

대재해기 당시 인구 증가율이 마이너스 0.5퍼센트에 가까웠던 중

국은 그 반동으로 1962~1968년에 3.3퍼센트라는, 9년 사이에 4배 가까이 되는 이상한 증가세를 보였다. 거기에 위기감을 느꼈는지 1979년에는 한(漢)족을 대상으로 강제적인 한 자녀 정책을 도입해 인구 억제로 방향을 전환했다.[12]

이 무리한 정책이 성공해 1960년대 후반에 2.6퍼센트나 되었던 증가율이 현재는 0.6퍼센트까지 바싹 떨어져 아시아 평균인 1.1퍼센트에도 크게 못 미친다. 2009년의 국제 연합(UN) 인구 통계에서 중국 인구는 과거에 산출했던 모든 미래 추계치를 밑돌아 13억 3460만 명 선에 머무르고 있다.

그렇지만 급격한 소자화(小子化, 출생 빈도의 감소에 따라 어린이가 줄어드는 현상 ― 옮긴이)는 여러 사회적 문제를 불러왔다. 아이를 한 명밖에 낳지 못한다면 남자아이를 낳겠다는 가치관이 팽배해 중국에서는 골라 낳기가 유행하고 있다. 위법임에도 불구하고 태아의 성별을 진단해 여자아이라면 중절 수술을 받는다. 2010년 중국 국가 인구 계획 출산 위원회가 발표한 내용에 따르면, 남녀의 출생 비율은 여자아이가 100명일 때 남자아이가 119명이다. 그 가운데는 남자아이가 192명이나 되는 지역도 있었다. 100명당 103~107명이 정상 범위로 여겨지는 것으로 미루어 보면 매우 편향적인 비율이다.

20세 이하 인구에서 남성은 여성보다 3200만 명이나 많으며 20년 후에는 3700만 명의 결혼 적령기 남성이 상대를 찾지 못할 것으로 예상된다. 때문에 신부로 삼을 여자아이를 유괴하는 일이 중국 국내나 인근 국가에서 다수 발생해 국내에서는 연간 30만~50만 명, 미얀마나 베트남 등의 주변 나라에서는 수만 명의 여자아이가 행방불명이 되고 있다는 이야기도 들린다.

거기다 급격하게 인구 고령화에 돌입하는 등 심각한 사회 문제가 계속되고 있다. 15~64세의 인구, 즉 생산 가능 인구는 2015년 전후를 정점으로 하여 감소하기 시작한다. 2050년에 이르면 인구 3명당 1명 꼴로 60세 이상의 노인이 될 것으로 정부는 예측하고 있다. 사회 보험 제도가 정비되지 않은 중국에서는, 외동딸·아들로 태어난 부부가 서로의 나이 든 조부모와 부모 등 합계 12명 노인의 노후를 책임져야 할지도 모른다.[13]

미국의 문화 인류학자 주디스 샤피로(Judith Shapiro)는 『자연을 상대로 한 마오쩌둥의 전쟁(*Mao's War Against Nature: Politics and the Environment in Revolutionary China*)』[14]에서 "마오쩌둥은 모든 것이 자신의 생각대로 되리라 굳게 믿었기에, 결국 자연에 대해서도 사람에 대해서도 중대한 범죄를 저지르고 말았다."라고 결론 내리고 있다.

# 하얀 용암과 지구 온난화

**미야자와 겐지, 『구스코 부도리의 전기』**[1]

일본의 동화 작가 미야자와 겐지는 1930년대에 이미 대기 중의 이산화탄소 증가가 지구 온난화를 일으키는 원인이라는 사실을 알고 있었다. 긍정적인 사고 방식을 가졌던 겐지는 인공적으로 화산을 분화시켜 거기서 나오는 이산화탄소로 지구를 덥혀, 도호쿠(東北) 지방의 냉해로부터 사람들을 구하려 했다.

**『구스코 부도리의 전기』 줄거리**

이하토부의 숲에서 태어난 주인공 구스코 부도리는 기근이 극에 달한 어느 날 부모님이 모습을 감추고 여동생 네리가 납치를 당하면서 외톨이가 된다. 그러나 열과 성을 다해 공부를 계속한 부도리는 구보 대박사가 운영하는 수업료 없는 학교의 시험을 치고 결국 이하토부 화산국의 기사가 된다.

부도리가 가뭄이나 비료 부족에 시달리던 농민을 위해 열심히 노력했는데도 냉해가 닥치자 많은 사람이 그대로 굶어 죽을 위기에 처한다.

5월인데 열흘씩이나 진눈깨비가 내렸습니다. 사람들은 흉년이었던 시절을 떠올리며 이제 그렇게 살고 싶지 않아 했습니다. …… 그렇게 6월 초가 되자 아직도 노랗기만 한 볏모와 싹을 틔우지 않는 나무들을 보고 부도리는 더 이상 가만히 있을 수가 없었습니다.

어느날 밤, 부도리는 구보 대박사의 집을 방문해 대책을 논의한다.

"선생님, 공기층 안에 탄산가스가 늘어나면 따뜻해집니까?"
"그야 그렇지. 지구가 생긴 뒤로 지금까지 기온은 대개 공기 중에 있는 탄산가스의 양으로 정해졌다고 할 정도니까."
"칼보나드 화산섬이 지금 폭발한다면 이 기후를 바꿀 만큼의 탄산가스를 뿜을까요?"
"그건 나도 계산해 보았네. 그게 지금 폭발하면 가스는 곧 대기권의 상층 바람에 섞여 지구 전체를 감쌀 게야. 그리고 하층의 공기와 지표에서 올라오는 뜨거운 열의 방출을 막아 지구 전체 온도를 평균 5도 정도 높일 테고."
"선생님, 그걸 지금 바로 뿜게 할 수는 없을까요?"
"그야 가능하지. 하지만 그 일을 할 사람들 가운데 마지막 한 사람은 아무래도 빠져나올 수가 없어."
"선생님, 제가 그 일을 하게 해 주십시오……."

그리고 화약을 장치해 칼보나드 화산을 인공적으로 분화시키는 계획을 진행한다.

다음날 이하토부 사람들은 푸른 하늘이 서서히 초록색으로 변하면서 탁해지고, 해와 달이 구릿빛으로 바뀌는 것을 보았습니다. 하지만 사나흘이 지나자 날씨는 점점 따뜻해졌고 그해 가을에는 거의 평년 수준의 농사가 되었습니다. 그리고 …… (마을 사람들은) 그 겨울을 따뜻한 음식과 밝은 장작불로 즐겁게 살 수 있었습니다.

## 과학과 친했던 동화 작가

미야자와 겐지(宮澤賢治, 1896~1933년)는 이와테 현 히에누키 군 사토가와구치(현 하나마키 시)에서 전당포와 헌 옷 가게를 하던 미야자와 마사지로의 장남으로 태어났다. 어린 시절부터 광물 채집, 곤충 채집에 열중했다고 한다. 구 모리오카 중학교(현 모리오카 제1고등학교)를 거쳐 모리오카 고등 농림 학교(현 이와테 대학교 농학부)를 졸업했으며, 그 뒤 도쿄로 올라와 혼고기쿠자카 정(메이지 시대부터 1947년까지 존재했던 도쿄의 지명. 혼고 구는 현재의 도쿄 도 분쿄 구 동부 일대를 가리킨다. ─옮긴이)에 하숙집을 얻어 등사판 인쇄기 만드는 일을 하며 동화를 창작해 나갔다.

1921년 여동생인 도시가 병에 걸려 이와테로 돌아오지만 도시는 이듬해 사망하고 만다. 고향에서 히에누키 농학교(현 하나마키 농업 고등학교)의 교사가 된 미야자와 겐지는 1928년 과로에 따른 급성 폐렴으로 거의 2년간 집에서 요양하게 된다. 회복 후 히가시야마 정(현 이치노세키 시)의 도호쿠 쇄석 공장의 기사가 되어 석탄 비료를 판매하는 일을 맡는다. 그러나 잠시 도쿄에 올라가 있는 동안 병을 얻어 쓰러지고 귀향해 다시 요양 생활에 들어가지만, 37세의 나이에 세상을

그림 2-1. 『구스코 부도리의 전기』. 최초로 게재된 잡지 《아동문학》 2호의 첫머리 부분. 삽화는 무나카타 시코(미야자와 겐지 기념관 소장)

뜨고 만다.

　미야자와 겐지 생전에 간행된 작품은 시집 『봄과 아수라』와 동화 『주문이 많은 요리점』뿐이다. 이 외에 잡지나 신문에 투고하거나 기고했던 작품들이 있다. 『구스코 부도리의 전기(グスコーブドリの傳記)』(그림 2-1)도 그 가운데 하나로 1932년 4월, 잡지 《아동문학》 2호에 발표되었다. 아직 무명이었던 28세의 무나카타 시코(棟方志功)가 삽화를 그렸다.

　이 동화는 1921년경까지 초고를 집필한 것으로 보이는 「펜넨넨넨넨 네네무의 전기」를 그 바탕으로 한다. '요괴들의 세계'를 무대로 하여, 고난 속에서 자란 주인공 네네무가 '세계 재판장'으로 출세하지만 자만심 때문에 무너지고 만다는 이야기다. 미야자와 겐지는 이 초고를 바탕에 두고 거의 10년 동안 새로 고쳐 썼다. 그때의 퇴고 과정을 보여 주는 「펜넨놀데는 지금은 없어요」라는 창작 메모가 남아 있다. 1931년쯤에는 본서 『구스코 부도리의 전기』와 거의 같은 내용인 「구스콘 부도리의 전기」를 썼다. 사망하기 2년 전의 일이었다.

그는 농업 기술자로서 농민을 지도하는 한편 소설과 시, 동화집을 썼으며 암석과 화산을 연구하고 음악과 회화도 즐겼다. 이러한 폭넓은 지식이 엮이고 합쳐져 신비로운 동화가 탄생할 수 있었으리라.

그는 과학을 이용해 농민들을 가난에서 구제하려 했다. 그 예로 『구스코 부도리의 전기』를 유명하게 만든, 이산화탄소를 분출시켜 온난화를 일으키는 아이디어를 들 수 있다. 이 시대에 이산화탄소가 온난화 효과를 일으킨다는 지식을 가졌다는 데 놀랄 수밖에 없다. 여기가 끝이 아니다. 그는 해안에 200기의 조력 발전소를 배치하는 일이나 인공 강우와 함께 질소 비료를 뿌리는 일을 구상했다. 이 기술들이 실용화된 것은 조력 발전소는 29년 후, 인공 강우는 14년 후였다.

이와테 현 하나마키 시의 미야자와 겐지 기념관에는 3000점이 넘는 저작과 전기, 연구서와 애니메이션 작품 등 겐지를 둘러싼 자료가 수집되어 있으며 지금도 그 활동은 이어지고 있다. '미야자와 겐지 학회'라는 연구자들의 모임이 있으며, 전국 방방곡곡에 겐지 팬클럽이 퍼져 있다. 죽은 뒤 시간이 이만큼 흘렀는데도 이토록 국민적인 사랑을 받는 작가가 과연 일본에 몇 명이나 될지 모르겠다.

## 도호쿠의 기근

도호쿠 지방(東北, 일본 혼슈 북부에 있는 아오모리 현, 이와테 현, 미야기 현, 아키타 현, 야마가타 현, 후쿠시마 현의 6개 현에 이르는 지역을 가리킨다. — 옮긴이)은 언제나 냉해의 위협에 노출된 상태였다. 미야자와 겐지의 작품을 읽다 보면 가혹한 기후 속에서도 쌀을 재배했던 도호쿠 사람들의 고난이 엿보인다. 미야자와 겐지 사후에 발견된 시 「비에도 지지 않고」 가운데 "추운 여름이 허둥지둥 걷네."라는 구절에서 알 수 있듯 그들은 반복적으로 '여름의 저온'에 시달렸다.

사이토 분이치(齋藤文一) 니가타 대학교 명예 교수는 『과학자로서의 미야자와 겐지(科學者としての宮澤賢治)』[2]에서 이 시의 "추운 여름"이 겐지의 제일가는 명언이라고 말한다. 그는 겐지가 현대만큼의 기상 관련 지식이 없었고 그 예측도 어려웠던 시대에 냉해를 경고했으며 "이런 사태를 앞두고 어떻게 대응해야 하는가. 농민의 입장에 서서 토지와 기상을 바라보고 탐구해야만 한다."라는 생각을 갖고 있었다고 그 속내를 헤아린다.

다나카 미노루(田中稔)의 『냉해의 역사(冷害の歷史)』[3]에 따르면 비교적 기록이 분명한 1600년대부터 1800년대에 이르는 300년간 도호쿠 지방에서 발생한 기근은 무려 224건에 이른다. 즉 4년에 3번꼴로 도호쿠 어딘가에서 반드시 기근이 발생했다는 이야기다. 이 가운데 최다 발생지는 이와테 현이었다. 흉작의 원인은 가뭄이나 장마, 병충해, 지진, 전쟁, 쓰나미 등 다양하지만 가장 많았던 것은 냉해였다. 여름에 북동 방향에서 불어오는 높새바람 때문이었다. 이것은 거의 매번 짙은 안개를 동반하는 차갑고 축축한 바람으로, 일조 시간의 감소나 기온 저하를 부른다.

에도 시대의 교호(享保, 1716~1735년), 덴메이(天明, 1781~1788년), 덴포(天保, 1830~1843년) 3대 기근 때는 기아가 광범위하게 번져 처참함

이 극에 달했다. 이 시대의 대기근에 대해서는 기쿠치 이사오(菊池勇夫)의『근세의 기근(近世の飢饉)』[4]을 보면 상세한 실태를 알 수 있다.

『이와테 백과사전(신판)(岩手百科事典(新版))』[5]에 따르면 모리오카 번(이와테 현 중북부부터 아오모리 현 동부에 걸친 범위. 옛 난부 번)에서는 에도 시대에 4대 기근이라 불리는 대흉작이 발생했다. 1695년과 1702년에 일어난 겐로쿠(元祿, 1688~1703년)의 기근에는 번 내의 아사자가 2만 5000여 명에 이르렀고 1755년에 전국적으로 발생한 호레키(寶曆, 1751~1763년)의 기근에는 그 숫자가 약 5만 명을 헤아렸다.

1783~1787년에 전국으로 번졌던 덴메이의 기근은 그 참상을 전하는 자료가 많다. 봄부터 비바람이 이어지면서 여름이 되어도 추위가 심했다. 여기에 아사마(淺間) 산의 분화(15장 참조)가 겹쳐 간토(關

그림 2-2. 메이와(明和, 1764~1771년) 시대에 그려진 그림. 기근 농민이 방황하는 모습이 잘 나타나 있다.(다테베 세이안(建部淸庵)의『민간비황록』일본 국립 공문서관 내각 문고 소장)

東)·고신에츠(甲信越, 혼슈 중부 지방 가운데 야마나시 현, 나가노 현, 니가타 현의 총칭 — 옮긴이)에서 도호쿠 지방까지 화산재가 떨어졌고 수년간 냉해가 이어졌다. 특히 도호쿠 지방의 피해가 심각해서 아사한 사람이 4만 850명, 병사한 사람이 2만 3840명이라 전해진다. (이 숫자에 대해서는 여러 가지 설이 있다.)

1832~1838년의 덴포의 기근 때는 모리오카 번에서 장마, 여름 추위에 수해와 병충해가 동시에 겹쳐 대기근이 일어났다. 산간부의 농촌은 음침하고 참혹한 상황이었으며, 『난부·쓰가루 번 기근사료(南部·津輕藩飢饉史料)』[6]에 따르면 기근 피해가 심했던 지방에서는 개, 고양이 등을 다 먹어 치웠고 죽은 사람은 물론이요 살아 있는 인간마저 죽여서 먹었다고 한다. (그림 2-2)

스기타 겐바쿠(杉田玄白)의 『후견초(後見草)』에는 아이들을 참수해 머리 가죽을 벗겨 불로 구워, 두개골의 갈라진 부분에 주걱을 끼워 넣은 뒤 '뇌 된장'을 긁어내 먹었다고 하는 말까지 전해진다고 쓰여 있다.

메이지 시대부터 쇼와 시대에 걸쳐서도 냉해는 계속 일어났다. 그중에서도 미야자와 겐지의 만년인 1930년부터 그가 죽은 뒤인 1935년까지 도호쿠 지방은 '쇼와 도호쿠 대기근'이라 이름 붙여진 일본 역사상 최후의 대기근 습격을 당했다. 간토 대지진과 쇼와 금융 공황으로 비틀거리던 일본 경제에 세계 대공황(3장 참조)이 연이어 타격을 가했고 여기에 사망자·행방불명자 약 3000명을 낸 무로토 태풍(1934년)도 겹쳤다. 일본 경제는 위기에 빠져들었고 농촌은 한층 더 곤궁해졌다.

미야자와 겐지가 사망한 이듬해인 1934년에는 도호쿠의 6개 현에서 약 5만 8000명이나 되는 여성이 일자리를 얻었다. 이것은 도쿄 부(府, 1868년부터 1943년까지 존재했던 일본 행정 구역 단위 중 하나로, 현재 도쿄 도의 전신에 해당한다. ― 옮긴이)가 전문가를 파견해 조사한 숫자였다. 이 가운데 당시 '천한 직업'으로 여겨졌던 게이샤나 창부는 약 20퍼센트였고 나머지는 여공이나 식모였다. 이 현상은 야마시타 후미오(山下文男)의 『쇼와 도호쿠 대흉작(昭和東北大凶作: 娘身賣りと欠食兒童)』[7]에 상세하게 고증되어 있다.

이러한 일화들이 「팔려가는 도호쿠의 딸들」이라는 제목의 신문 르포로 전해지자 격분한 청년 장교들이 쇼와 유신을 부르짖으며 들고 일어나서 1936년 2. 26 사건이 발발한 이유 중 하나가 되기도 했다. 도호쿠 지방이 냉해에 결정타를 맞은 이 시기에 출판된 『구스코 부도리의 전기』에는 이러한 비참한 상황이 어른거린다.

부도리의 부모가 기근이 절정에 다다랐을 때 산으로 가겠다면서 끝내 돌아오지 않았던 것은, 입을 하나라도 덜기 위한 자살을 암시한다. 또한 부도리의 여동생이 납치된 것은 여자들이 팔려간 일을 암시하고 있다.

현재는 품종 개량이나 기술 혁신이 빛을 발해 도호쿠 지방은 지역 최대의 쌀 수확량을 자랑하며 전국 생산의 30퍼센트가량을 차지하고 있다. 그럼에도 비교적 최근인 1993년에도 재차 냉해가 덮쳐 작황지수(평년 수확량에 대한 그해의 수확량의 비율)는 도호쿠 전체가 56퍼센트, 현별로 보면 아오모리 현 28퍼센트, 이와테 현 30퍼센트, 미야기 현 37퍼센트에 불과했고 논벼 피해액은 4690억 엔이 넘었다. 단

이전과 달리 아사자는 나오지 않았다.

### 변덕스러운 1930년대의 기후

이 책이 완성된 1930년대 초반, 일본의 기후는 어땠을까.[8] 전국 평균만 따지면 이 기간에는 작은 변동이 반복되기는 했어도 기온이 상승하는 경향을 보였다. 그렇지만 도호쿠 지방은 1922년경부터 1942년경까지 평균 기온이 낮았다. 특히 1930년대는 4년이나 냉해가 엄습했다. (그림 2-3) 사람들은 벌벌 떨며 추운 여름을 났을 것이다.

세계적으로는 저온 경향이 이어지는 가운데, 1930년대 후반에는 십수 년 만에 기온이 상승했다. 1930년대 날씨의 화제는 따뜻해졌다는 사실에 집중되었다. 미국의 《타임(Time)》은 1939년의 기사에서 "노

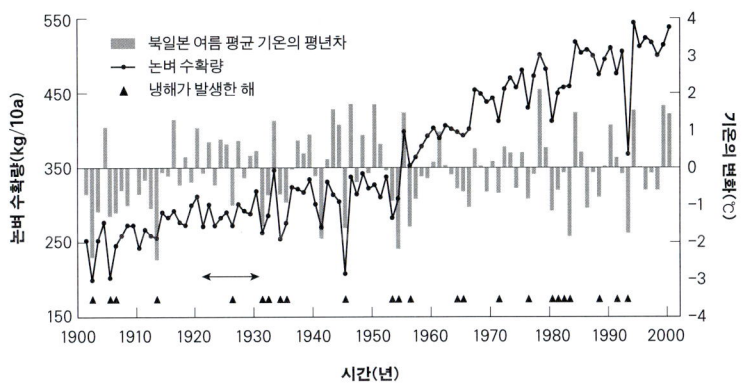

그림 2-3. 북일본 평균 기온의 평년차(1901~2000년)
북일본의 여름(6~8월) 평균 기온의 평년차와 전국의 논벼 10아르(1000제곱미터)당 수확량의 1년 단위의 변화 * 아바시리·네무로·스쓰·이시노마키·야마가타에서의 6~8월 평균 기온의 평년값과의 차이의 평균이다. 평년값은 1971~2000년의 30년간의 기온을 평균한 값이다. ** ↔는 『구스코 부도리의 전기』 집필 시기(1921~1931년)에 해당한다. *** 기온은 기상청, 논벼의 수확량 자료는 농림수산성 통계정보부 「작물통계」를 따랐다.

인들이 버릇처럼 주장하는 '어린 시절에는 좀 더 추웠지.'라는 말은, 절대 틀린 말이 아니다. 기상청은 적어도 당장은 세계가 따뜻해지리라 확신하고 있다."라고 썼다. 대중을 상대로 하는 신문이나 잡지들은 겨울이 훈훈해졌다고 한목소리로 요란스럽게 떠들며 "광대하고 새로운 식량 생산 지대가 태어난다."라는 요지의 비슷비슷한 특집 기사를 전했다.

당시 영국 왕립 기상 학회는 지구의 기온이 사상 최고치를 기록한 것을 근거로 1930년대부터 온난화가 시작되었다고 선언했다. 1940년대부터 기온이 떨어지자 이번에는 지구에 빙하기가 다가오고 있다는 등 정반대의 말을 떠들어 댔지만 말이다.

### 하얀 용암과 겐지

화산 분화는 보통 온난화가 아닌 한랭화를 불러일으키는 것으로 알려져 있다.[9] (15장 참조) 분화구에서 분출하는 미립자인 에어로졸(Aerosol)이 그 원인이다. 에어로졸은 화산 화구에서 뿜어 나오는 '분연'에 포함된 고체 혹은 액체 미립자의 총칭이다. 에어로졸은 대류권에 머물 경우 강수로 곧바로 씻겨 내려가지만 성층권까지 올라간 경우 장기간에 걸쳐 떠돌며 성층권 하부에서는 1년 전후, 중부에서는 2~3년이나 머문다. 에어로졸이 증가하면 대기는 투명 유리를 불투명 유리로 바꿔 끼운 것처럼 바뀌며 지표에 직접 닿는 일조량이 감소한다.

'과학자' 겐지는 이러한 사실을 몰랐을까. 화산학에 조예가 깊었던 겐지이니만큼 단순한 무지였다고 넘어갈 수는 없다. 일례로 칼보나드 화산이 분화하기 전 부도리와 사람들이 분화를 제어하는 데 성공한

'산무토리 화산'은 기원전 17세기에 분화한 지중해 산토리니 섬(테라 섬)의 화산이다. 분화하며 크게 함몰되어 바닷속으로 가라앉은 이 화산이 플라톤의 저작에서 비롯된 아틀란티스 전설의 기원이 되었다는 설도 있다. (20장 참조) 1928년에 화산학의 창시자인 홋카이도 대학교의 다나카다테 히데조(田中舘秀三)가 일본인 최초로 산토리니 화산의 지질 조사를 실시했는데 겐지가 이 연구 보고서를 읽고 산토리니의 실제 분화에 대해 알게 된 것으로 보인다.[10]

부도리가 자기 자신을 희생해 분화시킨 칼보나드 화산섬의 이름은 탄산염(炭酸塩)인 카보네이트(carbonate)에서 연상한 것으로, 이산화탄소를 염두에 두었다는 사실에는 틀림이 없다.

겐지를 위해 변호하자면 이산화탄소를 대량으로 분출하는 화산이 있다는 사실이 알려져 있었다. 그 계기가 된 것은 동아프리카의 탄자니아에서 발견된 불가사의한 용암이다. 통상적으로 용암은 새까맣지만 해발 2900미터의 올도이뇨 렝가이 화산은 희멀건한 잿빛 용암을 뿜어냈다. 1855년에 이곳을 찾은 독일인 선교사는 산꼭대기가 눈으로 덮여 있다고 보고했지만, 후에 이 하얀 용암이었음이 드러났다.

용암의 주성분은 카보나타이트(탄산염으로 이루어진 염기성 화성암)다. 석회암과 소다를 한데 섞은 듯한 기묘한 암석이다. 퇴적암으로 여겨졌던 석회암이 화산 분출로 나온 화성암이었다는 이야기인데, 이것은 20세기 초부터 지질학계에서 논쟁의 표적이 되어 왔다.[11] 이 용암에는 이산화탄소가 약 30퍼센트나 함유되어 있어 분화에 수반되는 보통의 수증기 대신 이산화탄소가 나왔다는 사실을 알 수 있다.

'하얀 용암'은 이미 1904년에 보고되어 있었기에 겐지가 카보나타이트의 존재를 알고 있었다고 해도 이상하지 않다. 만약 그렇다면 겐지는 당시로서는 가장 앞선 화산학 지식을 갖고 있었다는 이야기가 된다. 이 암석은 오늘날 세계 약 330곳에서 발견되며 전자 산업에 없어서는 안 될 레어어스(희토류 원소)가 풍부하게 함유된 것으로 유명하다.

1986년 8월 21일 서아프리카 카메룬 북서부의 니오스 호수의 수중에서 막대한 양의 이산화탄소가 분출했다. 이산화탄소는 지표 부근에 자욱하게 퍼졌고 주변에 살고 있던 마을 사람 1746명과 가축 약 3500마리가 질식사했다. 지하에서 장기간에 걸쳐 솟아오른 이산화탄소가 호수 물에 녹아들어 포화 상태가 되었고, 거기에 어떤 충격이 더해져 한순간에 분출한 것으로 보인다. 맥주 캔을 흔들어 놓은 듯한 상태가 된 것이다.[12]

나는 이산화탄소 분출 5일 후에 현장에 가 봤다. 호수면은 붉은색으로 물들어 탁해져 있었지만, 주변에 너무 조용해 그만큼의 대사고였다는 것이 믿어지지 않았다. 니오스 호수로부터 100킬로미터쯤 떨어진 모나운(Monoun) 호수에서도 1984년에 같은 분출이 일어나 그 지방 주민 37명이 사망했다고 한다. 그 외에 이산화탄소를 포함한 호수는 르완다의 키부 호수뿐이다.

비록 칼보나드 산이 이산화탄소를 분출하지는 않았지만 겐지가 완전히 비과학적인 이야기를 쓴 것은 아닌 셈이다.

### 지구 온난화를 예언한 과학자들

지구 온난화 문제는 최근에 와서야 별안간 전 인류적 관심사로 발전

한 것처럼 보이지만 과거에도 다양한 형태로 이야기되었고 현재의 논의에 이르기까지 긴 역사가 있다.[13]

그 첫 번째 선각자는 프랑스의 수학자이며 물리학자인 장 바티스트 조제프 푸리에(Jean Baptiste Joseph Fourier, 1768~1830년)다. 열전도론을 연구했고 '푸리에 급수'나 '푸리에 해석'을 발견해 후세 해석학의 기초를 쌓았을 뿐 아니라 나폴레옹 보나파르트(Napoléon Bonaparte, 1769~1821년)의 이집트 원정에 동행해 『이집트 문명의 기록』의 편찬을 진행한 것으로도 잘 알려져 있다.

그는 1827년에 대기가 지구를 따뜻하게 한다는 사실을 알았고 이를 온실의 유리 작용에 비유했다. 이미 온실 효과를 깨닫고 있었던 것이다. 게다가 인간 활동이 기후를 바꿀지 모른다고까지 예언했다.

온난화의 가능성을 결정적으로 예언한 것은 스웨덴의 물리 화학자 스반테 아우구스트 아레니우스(Svante August Arrhenius, 1859~1927년)이다.[14] 1903년 '전해질의 도전성에 관한 연구'로 스웨덴 최초로 노벨 화학상을 수상했으며 현재는 온난화 이론으로 정평이 나 있다.

그는 관심의 폭이 대단히 넓은 과학자로 생명의 우주 기원설 같은 논문을 발표하기도 했다. 1896년에는 「지표면 온도에 대한 대기 중의 카본산의 영향에 관하여」라는 제목이 붙은 두 편의 논문을 《스웨덴 과학 아카데미 회보》(22권)와 영국의 《필로소피컬 매거진 앤드 저널 오브 사이언스(Philosophical Magazine and Journal of Science)》(41권 251호)에 발표했는데, 그 가운데 이런 기술이 있다.

지표가 쾌적한 온도로 유지될 수 있는 것은 대기가 창유리처럼 빛은 통과

시켜도 열은 통과시키지 않기 때문이다. 기온은 온도를 낮추는 대기 중의 미립자와 눈의 양과, (온도를) 높이는 탄산(이산화탄소) 농도의 균형에 의해 결정된다.

현재는 대기 중의 탄산 농도가 낮지만 근년의 석탄 소비의 증가로 점점 높아지고 있어 그 농도가 만약 2배가 된다면 섭씨 5.7도, 3배가 되면 8.4도는 상승할 것이다.

대기 중의 이산화탄소가 기후 변화의 원인이 되는지 아닌지에 관한 논의가 하나도 없었던 시대에 이토록 구체적인 온도 상승을 예측했던 것이다.

또 그는 화산과 온난화의 관계에 대해 이렇게 기술했다. "화산이 분화하면 막대한 이산화탄소가 뿜어져 나와 기온이 아주 약간 상승한다. 따뜻하게 덥힌 대기는 많은 수분을 머금게 되고 강력한 온실 유리인 수증기 때문에 온난화가 진행된다. 역으로 모든 화산의 가스 방출이 멈춘다면 빙하 시대가 시작될지도 모른다."

아레니우스는 금성에도 이산화탄소 대기가 있는 것을 알고 마음 속으로 습한 대기로 덮여 있으며 식물이 무성한 금성의 모습을 그리기도 했다. 그러나 금성을 탐사한 미국의 마리나 2호나 구소련의 베네라 9호는 그곳이 90기압이 넘는 이산화탄소의 온난화 효과로 섭씨 500도를 넘는 불타는 지옥이라는 사실을 1960년대 이후 밝혀냈다.

두 편의 논문에 반향은 별로 없었지만 이산화탄소 증가에 따른 지구 온난화 이론이 여기서부터 시작되었다고 해도 좋을 것이다. 여기서 이 설을 검증해 보자. 당시로서는 대기 중의 이산화탄소 농도 측정도 대략적인 것으로, '300피피엠(ppm) 정도' 수준으로밖에 알지 못했다. 이처럼 몹시 궁색한 데이터에 기반을 둔 이론이었으나 오늘날에도 충분히 통하는 부분이 많다.

이산화탄소 농도가 2배로 증가할 때 기온이 섭씨 5.7도 상승한다는 예측은 2007년 '기후 변동에 관한 정부 간 패널'의 제4보고서에서 나타난 예측 범위(지금 이대로 계속 화석 연료의 소비가 멈추지 않는 경우, "21세기 말에는 섭씨 2.4~6.4도 상승할 것")에 들어간다. 구보 대박사의 "지구 전체의 온도를 평균 5도 정도 높일 테고."라는 예상도 그 기간은 확실히 나타나 있지 않지만 같은 범위 안에 보기 좋게 들어간다.

아레니우스는 "우리 자손들이 살아갈 환경은 기온 상승으로 좀 더 쾌적해질 것이며, 오늘날보다 더욱 풍족할 것이다."라고 썼다. 당시에는 지금보다 평균적으로 섭씨 0.5도 이상이나 기온이 낮았고, 그가 한랭지인 스웨덴 사람인 것을 생각한다면 이 평가에도 이해의 여지가 있다. 그러나 그는 이런 기온 변화가 일어난다고 해도 수천 년 후에 일어날 것이라 생각했다. 100년밖에 지나지 않은 시점에 세계가 온난화의 공포에 벌벌 떨 것이라고는 분명 상상도 못했을 것이다.

그러나 만년에 쓰인 논문을 읽어 보면 "석탄 소비에 따른 이산화탄소의 대량 배출은 어떤 결과를 초래할지도 모르는 채 일대 실험을 치르는 것과 같다."라고 말한 대목이 있다. 20세기 이후 급속하게 늘어난 석탄 소비에 낙관적인 그조차도 불안을 느낄 수밖에 없었나 보다.

『구스코 부도리의 전기』 속 온난화에 대한 기술은 아레니우스의 설에 가까운 부분이 많아 미야자와 겐지가 어떤 방법으로든 이 논문을 읽었을 가능성을 부정하기 어렵다.

### 지구 온난화 모델의 등장

이러한 선각자들이 100년도 넘은 과거부터 인류 활동이 기후를 바꿔 버릴지도 모른다는 사실을 알아채고 다양한 경고를 했는데도 인류는 그 후 반세기 넘게 이 문제를 방치해 놓은 셈이다. 화석 연료에서 이산화탄소가 대량 배출되더라도 98퍼센트는 바닷물 속에 흡수된다는 '상식'이 과학자들 사이에서 버젓이 통용되었기 때문이다.

그러나 1938년 2월 16일의 영국 왕립 기상 학회에서 전력 회사의 증기 기술자 가이 스튜어트 캘린더가 지배적이었던 낙관론에 이의를 제기, 처음으로 대기 중 이산화탄소 농도의 상승에 관해 언급했다. 그는 아마추어 기상학자였고 취미로 기상 통계를 연구하고 있었다.

그의 계산대로라면 바닷물로 흡수되는 이산화탄소의 양은 종래의 계산보다도 적었다. 그는 "과거 50년간 (화석 연료) 연소로 1500억 톤의 탄소가 방출되었고, 대개는 대기 중에 그대로 괴어 있는 상태"라며 지구 온난화의 가능성을 지적했다.

실제로 1957년에는 미국 스크립스 해양 연구소 소장인 로저 레벨이 해양의 이산화탄소 흡수량이 예상보다 적다는 사실을 증명했고, "인류는 과거에도 없었으며 미래에도 없을 듯한 대규모 실험을 하고 있는 것이 아닐까."라며 논문에 아레니우스와 비슷한 우려를 표명하기도 했다. 현재 해양의 이산화탄소 흡수량은 배출량의 15퍼센트 정도로 간주된다.

레벨은 대기 중의 이산화탄소 축적 정도를 실제로 증명하기 위해 1957년부터 이듬해까지 세계적으로 치러진 '국제 지구 관측년(IGY)'를 기회로 그 측정에 착수했다. 관측년에는 세계 6개국이 참가했고 기상, 지자기(地磁氣), 오로라, 태양 활동, 우주선, 지진 등 지구 물리학의 다양한 분야에서 관측이 이루어져 많은 성과를 거두었다. 일본이 남극 관측에 참가한 것도 이 일환이었다.

1958년에 같은 스크립스 연구소의 찰스 키링은 하와이의 마우나로아 산꼭대기, 해발 고도 3400미터에 있는 관측소에서 대기 중 이산화탄소 농도의 24시간 측정을 개시했다. 이어서 남극점에서, 1963년에는 북극에서, 1987년에는 일본의 이와테 현 료리(綾里)에서, 1993년에는 미나미토리 섬(南鳥島)에서 연속 측정이 시작되었다. 이들 측정 결과는 생각지도 못했던 충격을 세계에 던졌다.[15]

측정이 개시된 1958년에 315피피엠이었던 대기 중 이산화탄소 농도는 매년 증가해 1966년에 320피피엠, 1974년에 330피피엠, 1982년에 340피피엠, 1988년에 350피피엠을 넘어섰다. 1990년대 들어 구소련의 경제 악화로 에너지 소비가 감소했고 따라서 이산화탄소 증가의 상승세도 주춤했지만, 1995년에는 마침내 360피피엠을 돌파했고 2010년 11월의 세계 기상 기구(WMO)의 발표에 따르면 386.8피피엠으로 관측사상 최고치에 도달했다.

일본에서는 1998년에 이와테 현 료리의 관측에서 369.4피피엠으로 관측소 사상 최고를 기록했다. 그 후 매년 기록을 경신해 2010년 4월에는 396.8피피엠에 이르렀으며 이 역시 여태까지의 최고치를 깨뜨린 결과다.

화석 연료의 대량 소비가 시작된 산업 혁명 이전의 이산화탄소 측정 결과는 약 280피피엠이라고 추정되었다는 사실을 상기하자. 이와 비교하면 약 200년 사이에 이산화탄소 농도가 40퍼센트 가깝게 증가한 셈이다.

또 이산화탄소의 총배출량(탄소로 환산)은 1950년 당시 연 16억 톤이었던 것이 2009년에는 거의 85억 톤에 달했다. 지구 전체의 이산화탄소 흡수량이 30억 톤 전후라고 어림잡아 추정되고 있으니 벌써 그 3배 가까이에 이른 셈이다.

대기 중의 이산화탄소는 마치 온실의 유리창처럼 태양광은 통과시키지만 열은 놓아주지 않는 효과가 있어서, 증가하면 지구의 온도를 상승시킨다. 온난화가 계속 진행될 경우 기상 혼란, 극지방 빙하의 융해에 따른 해수면 상승, 생물 다양성의 상실 등을 불러올 것이다. 또 농업 생산이 저하되고 해안 지대가 빈번히 수몰되며 폭풍우가 점점 대형화되고 열대병이 만연하는 등 인간 생활에도 중대한 영향을 미친다.

이러한 위기감을 배경으로 많은 연구 기관들과 과학자들이 지구 온난화 연구에 뛰어들었다. 그 가운데 위력을 발휘했던 것이 1960년대에 들어서 나온 슈퍼 컴퓨터. 이것이 등장하면서 기상 시스템의 시뮬레이션이 가능해졌고 각국 연구 기관이 관측 모델의 정확도와 정밀도를 경쟁하게 되었다

그 선구자는 마나베 슈쿠로(眞鍋叔郞) 당시 프린스턴 대학교 객원 공동 연구원이었다. 동료인 리처드 웨더럴드와 함께 지구에 도착하는 태양열, 지표로부터의 방사열, 대기에 흡수되는 열, 우주로 빠져나간 열 등 지구 규모의 에너지 수지(收支)를 모델화했다. 그 결과 이산화탄소 농도가 2배가 될 때 지구의 평균 기온이 섭씨 2도 상승한다는 예측을 1967년에 발표해 세계에 충격을 줬다.

현재는 컴퓨터 성능이나 예측 모델의 정밀도가 비약적으로 발달해 위도 및 경도, 고도에 따른 기온차 등 복잡한 요소를 포함한 3차원의 '대기 순환 모델'이 주류이다. 그렇지만 기본적으로는 마나베 연구진이 개발한 원리를 답습하고 있다.

지구 온난화의 경고에 가장 예민하게 반응했던 것은 1970년을 전후해 강화된 환경 보호 운동이었다. 시시각각으로 늘기만 하는 마우나로아 관측소의 이산화탄소 측정치도 이 운동에 불을 붙였다. 인류 활동이 기상 변동을 불러일으키고 있다는 인식이 확산되었고 시민 단체들이 처음으로 지구 규모의 환경 문제에 눈을 떴다는 점에서도 크나큰 전기를 마련했다.

지구 온난화는 20세기부터 21세기에 걸쳐 최대의 환경 문제로 발전했고 이와 동시에 이산화탄소 감축을 둘러싼 논의는 시민 단체들 사이에서뿐만이 아니라 국제 정치의 주역으로도 급부상했다. 주요 국가들의 정상급 회담에서 온난화 대책이 중요한 의제로 다뤄지고 있다. 만일 지금 겐지가 살아 있다면 이 현상을 어떤 소설로 표현했을까.

# 모래 먼지와 함께 사라지다

### 존 스타인벡, 『분노의 포도』[1]

1930년대의 미국은 엄청난 불황과 공전의 모래 폭풍 사이에서 양쪽으로 공격을 받은 암흑의 시대였다. 그러나 이를 불러온 것은 인간의 오만불손한 욕망이었다. 감당할 수 있는 한도 이상으로 대지를 혹사시키며 생산 증가에 박차를 가하고, '영원한 번영'을 믿고 투기라는 환상에 휘둘린 결과였다.

### 『분노의 포도』 줄거리

때는 1930년대. 형무소에서 가석방된 주인공 톰 조드가 오클라호마 주의 고향집으로 돌아가는 장면에서 이야기는 시작된다. 돌아와 보니 고향은 완전히 바뀌어 있었다. 가난한 소작인들이 농지에서 쫓겨난 상황에 심각한 황진(黃塵)까지 덮쳐 농민들은 새 일자리와 토지를 구하러 차례로 농촌을 떠났다.

생산 과잉으로 농산물 값이 내려갔고 엎친 데 덮친 것처럼 1930년대의 대공황으로 값이 더욱 폭락해 농촌은 완전히 기세가 꺾인 상황이었다. 농민들은 빚을 지며 버텼지만 은행은 이익을 높이기 위해 소작인을 몰아냈고 급속히 보급되던 트랙터 등 대형 농기계를 사용하는 대규모 농장 경영으로 전환하고 있었다.

캘리포니아 주에서 높은 임금으로 농민을 고용한다는 내용의 전단지가 돌아다니자 토지에서 내쫓긴 가난한 조드 일가 역시 이 신천지로 눈을 돌린다. 일가는 가재도구를 몽땅 팔아 치웠지만 낡은 트랙터를 사고 나니 남은 돈도 거의 없다. 일행은 톰 조드와 5명의 아이들, 조부모, 부모, 독신인 백부, 장녀의 사위, 그리고 한때 목사였던 젊은이 짐 케이시 등 13명. 그들은 캘리포니아로 출발한다.

여정 도중 조드의 조부모는 되풀이되는 실의와 피로에 세상을 뜨고 셋째 아들은 행방불명이 된다. 무일푼으로 겨우 다다른 캘리포니아는 꿈꾸던 땅이 아니었다. 거기에는 토지를 잃은 엄청난 숫자의 빈농들이 득실댔다. 일행은 캠프에 정착하지만 그곳도 기아와 빈곤이 지배했으며 꿈도 희망도 박살이 난 상태였다.

"높은 임금으로 고용한다."라던 전단은 실제로는 가난한 노동자를 모아 임금을 낮출 요량으로 쳐 놓은 덫이었다. 돈도 없고 돌아갈 곳도 없어진 농민들은 텐트에 기거하며 부당하게 낮은 임금으로 과수원이나 목화밭에서 일할 수밖에 없었다.

설교사 케이시는 데모를 계획하는 그룹의 지도자가 되지만 농장주가 고용한 경비원에게 살해당하고 만다. 이것을 본 톰의 분노가 폭발해 케이시를 살해한 남자를 몽둥이로 때려죽인다. 쫓기는 몸이 된 톰은 활동가로서 지하 조직에 잠입하기 위해 일가와 떨어져 혼자 길을 나선다.

## 성서의 영향을 받은 작가

존 언스트 스타인벡(John Ernst Steinbeck, 1902~1968년)은 캘리포니아주의 살리나스에서 태어났다. 어린 시절 그는 닥치는 대로 소설을 읽는 문학 소년이었다. 스탠퍼드 대학교에 입학했지만 강의에는 나가지 않고 도로 공사장이나 제당 공장, 목장 등지에서 일했으며 결국 퇴학을 당해 저작에 전념한다.

1929년 『황금의 잔(Cup of Gold)』으로 작가로서 데뷔하고 1937년의 『생쥐와 인간에 대하여(Of Mice and Men)』, 이듬해 『긴 계곡(The Long Valley)』으로 주목을 받았다. 1939년에 발표한 『분노의 포도(The Grapes of Wrath)』로 퓰리처상과 전미 도서상을 수상하고 작가로서 부동의 지위를 차지하게 되었다. 1962년에는 노벨 문학상을 수상했다.

『분노의 포도』(그림 3-1)는 출판되자마자 초판만으로 50만 부를 돌파했고 『바람과 함께 사라지다』를 잇는 초대형 베스트셀러가 되었다. 그러나 내용에 대한 찬반을 놓고 격렬한 논쟁이 일어났다. 보수층으로부터 좌익이라는 비판의 표적이 되었고 공산주의자라는 딱지가 붙은 채 책이 불태워지기도 했으며 판매 금지 운동도 일어났다. 한편 발간 이듬해인 1940년에는 존 포드 감독, 헨리 폰다 주

그림 3-1. 『분노의 포도』 초판 표지

연으로 영화화되어 아카데미상을 수상하기도 했다.

그 후에도 『달이 지다(The Moon Is Down)』, 『빨간 조랑말(The Red Pony)』, 『에덴의 동쪽(East of Eden)』 등 화제작을 계속 썼다. 특히 『구약 성서』 「창세기」의 카인과 아벨의 이야기를 모티프로 캘리포니아 주의 두 일가의 역사를 그린 대작 『에덴의 동쪽』은 그의 대표작이 되었다. 이 작품은 1955년에 엘리아 카잔 감독, 제임스 딘 주연으로 영화화되어 큰 성공을 거두었고 주연을 맡은 제임스 딘은 일약 스타가 되었다.

스타인벡은 성서의 영향을 강하게 받은 작가로 조드 일가가 겪는 고난의 여로는 『구약 성서』의 「출애굽기」(22장 참조), 즉 예언자 모세를 따라 약속의 땅으로 가는 이스라엘 민족이 모델이다.

제목 『분노의 포도』는 소설 가운데 이 한 절에서 유래한다.

사람들의 영혼 속에는 분노의 포도가 가득 차서 가지가 휘도록 무르익어 간다. 수확의 때를 향하여 가지가 휘도록 무르익어 간다.

조드 일가가 고생 끝에 겨우 당도한 캘리포니아에서는 열매 맺힌 과실이나 곡물이 수확도 되지 않은 채 어이없게 썩어 갔다. 대농장주들이 가격을 조작하기 위해 수확을 하지 않았던 것이다.

이 구절의 밑바탕이 되는 것은 『신약 성서』 「요한 계시록」 14장 17~20절이다. "천사가 낫을 땅에 휘둘러 땅의 포도를 거두어 하느님의 진노에 큰 포도주 틀에 던지매"라는 대목과 예수 그리스도가 와인을 가리켜 자신의 피라고 칭한 성서 속 일화로부터 포도는 결실과 수확이라는 신의 은총을 상징하게 되었다.

### 미국 농촌을 덮친 두 가지 비극

1929년 10월 24일, 후에 '검은 목요일(Black Thursday)'이라고 불린 뉴욕 증권 시장의 주가 대폭락 사건과 함께 세계 대공황의 서막이 열렸다. '비극의 화요일'이 된 그달 29일에는 더욱더 파국적인 폭락이 일어났다. 미국 경제에 점점 더 의존하던 각국의 경제도 파탄의 연쇄에 휘말려 들어 세계는 최악의 동시 불황에 돌입했다. 이 경제와 정치의 혼란 속에서 파시즘이 대두했고 제2차 세계 대전으로 치닫는다.

대공황의 조짐이 된 것은 농업 불황이었다. 제1차 세계 대전 후 미국의 농업 생산은 급속하게 확대되고 있었다. 전장이 되어 큰 타격을 받은 유럽, 혁명의 혼란이 이어지고 있던 소련을 대신해 홀로 수출을 도맡았기 때문이다. 1925~1930년 밀의 경작 면적은 2만 제곱킬로미터나 증가했다.

순풍에 돛을 단 듯 공전의 활황을 맞은 미국 농업은 좁은 농지를 가족 단위로 경작하는 노동 집약적인 농업에서 대형 농기계로 광대한 토지를 경작하는 자본 집약적인 농업으로 변모했다. 트랙터나 불도저는 한 대로 소작인 14~15가족분의 일을 할 정도로 효율이 높았다. 이때 거의 대다수의 미국인들은 유례없는 풍족한 생활을 누렸다.

그러나 1920년대 후반이 되자 생산 과잉과 유럽의 농업 부흥에 따른 수출 감소가 겹쳐 미국 농촌은 심각한 불황에 빠졌다. 그런데 농업과 함께 철도나 석탄 산업 역시 부진을 면치 못하는데도 이상하게 투기열은 멈출 줄 몰랐다. 이것이 대공황의 방아쇠를 당기는 꼴이 되고 말았다.

『분노의 포도』는 이 시대가 배경이다. 농업 불황의 악영향은 모조리 영세농이나 소작인에게 집중되었다. 수많은 가난한 농민이 빚을 갚지 못해 농지를 빼앗겨 내쫓겼다. 여기에 미증유의 가뭄이 더해졌다. 불도저가 이제는 텅 빈 가난한 농가를 눌러 부수는 모습은 소설 속 가장 참혹한 장면이다.

이처럼 가난한 농촌에 살며시 또 하나의 비극이 다가오고 있었다.

흙먼지는 아침에도 안개처럼 허공에 떠 있었다. 태양은 선혈처럼 붉었다. 종일 흙먼지가 조금씩 하늘에서 떨어져 내렸고, 다음 날에도 계속 떨어져 내렸다.

이 모래 먼지가 머지않아 미국 서반부를 모래 폭풍에 휘말려 들게 한 비극의 서막 더스트 볼(Dust Bowl, 모래바람이 부는 미국 대초원 서부를 가리킨다. ─ 옮긴이)이 된다. 소설 속에서 지주가 보낸 대리인은 이런 대사를 내뱉는다.

땅이 점점 더 나빠지고 있다는 것도 알겠죠. 목화 농사가 땅에 어떤 영향을 미치는지도 알 겁니다. 목화가 땅에서 피를 다 빨아먹어 버리잖아요.

## 황진에 숨 막힌 농민들

황진의 전조는 1930년에 시작되었다. 8월 들어서 미주리 주, 일리노이 주 등 서부에서 중서부에 걸친 대평원(Great Plains)에 포함된 12개 주에서 비가 거의 내리지 않았고 가뭄 피해가 확대되어 갔다. 그 결과 100만 세대의 농가에서 농사를 지을 수 없게 되었고 소 600만 마리,

그림 3-2. 1930년대 네바다 주에서 발생한 황진

돼지와 양 1200만 마리 등 전국의 12퍼센트에 상당하는 가축이 사료 부족에 빠졌다.

1931년에는 중서부에서 대평원 남부에 이르는 바싹 메마른 농목지에서, 검은 블리자드(blizzard)라 불리는 모래 먼지가 솟아올랐다. (그림 3-2) 이듬해에는 차츰 발생 빈도가 늘어나 전국에서 발생이 기록된 모래 먼지는 모두 14회에 달했다. 1933년에는 38회에 이르렀고 가뭄 피해는 눈 깜짝할 사이에 확대되어 갔다.

1932년 후반에서 1933년 봄에 걸쳐 미국의 대공황은 최악의 사태를 맞고 있었다. 주가는 공황 발생 직전보다 80퍼센트 이상 하락했고 1200만 명이 일자리를 잃어 실업률은 25퍼센트에 달했다. 사상 최대 규모의 파업도 일어났다. 급기야 전 은행이 업무를 정지했다. 농가의 수입은 반으로 줄었다.

그해 32대 대통령에 취임한 프랭클린 델러노 루스벨트(Franklin Delano Roosevelt, 1882~1945년, 1933~1945년 재임)는 뉴딜 정책을 발표하며 가장 먼저 대공황과 대가뭄의 대책에 착수하겠다는 결의를 표명했다. 그는 농업과 목축업에 대한 긴급 융자, 가격 유지를 위한 가축의 대량 처분, 잉여 생산물을 빈곤층에 무상으로 배부하는 정책 등을 차례로 내세웠다.

그러나 모래 폭풍은 점점 그 세력을 키워 갔으며 1934년 5월 12일 자 《뉴욕 타임스(The New York Times)》는 이렇게 보도했다.

수천 피트 높이로 솟아오른 커다란 모래 먼지가 1500마일(2414킬로미터)이나 떨어진 서부로부터 몰려와, 어제는 햇빛이 5시간 동안이나 부옇게 보였다. 뉴욕은 마치 일식 때처럼 옅은 어둠에 휩싸였고, 대기 중의 미세 먼지 때문에 눈물을 흘리거나 콜록거리는 사람이 속출했다.

'세계의 빵 바구니'라 불릴 정도로 거대한 농업 지대였던 대평원에 던져진 직격탄, 더스트 볼에 관한 1보였다.

가뭄 피해는 27개 주, 전미 75퍼센트에 이르는 지역으로 확대되었다. 5월에는 몬태나 주에서 발생한 모래 폭풍이 동서 2400킬로미터 남북 1500킬로미터에 미쳤고, 36시간이나 거칠게 불어 대며 3억 톤으로 추정되는 모래 먼지를 떨궜다. 미국 농무부는 그해 연말 "90만 제곱킬로미터의 농지에서 피해가 발생했고, 14만 제곱킬로미터의 농지에서는 수확량이 아예 없었다."라고 발표했다. 정부는 농업 파산 구제법을 공포해 농민 구제를 서둘렀다.[2]

1935년 4월 8일 긴급 지원 예산이 의회를 통과했고, 5억 2500만 달러 규모의 이재민 지원이 결정되었다. 그러나 이를 비웃듯 4월 14일 다시 모래 폭풍이 높이 1000미터가 넘는 거대한 벽이 되어 덮쳐들어서 역사 속에 '암흑의 일요일'로 남은 최악의 사태로 발전했다.

따뜻한 일요일을 보내던 중서부 일대는 모래 먼지로 밤 같은 어둠에 갇혔다. 사람들은 얼굴을 때려 대는 모래알 때문에 눈도 못 뜰 지경이 되었다. 당시 인기 필자였던 에이비스 칼슨 여사는 그날 캔자스 주의 모습을 《뉴 리퍼블릭(*New Republic*)》에서 이렇게 묘사했다.

모래 먼지는 마치 삽으로 퍼낸 작은 모래 알갱이들을 얼굴로 때려 붓는 것 같은 충격을 주었다. 차들은 선 채로 꼼짝 못했고, 정원에서 집으로 몸을 피하려 해도 문을 손으로 더듬어 찾을 수밖에 없을 정도였다. 모래 먼지와 함께 생활했고, 모래 먼지와 함께 잠들었다. 거기서 도망칠 도리는 없었다.

현장에 뛰어든 AP통신의 로버트 가이거 기자는 "세계의 빵 바구니는 모래 먼지의 그릇으로 변했다."라는 기사를 전송했다. 더스트 볼이라는 단어는 여기에서 유명해졌고 그 후 라디오나 신문에서 애용되며 모래 폭풍을 의미하게 되었다. 4월 27일 의회는 전쟁 수준의 국가 긴급 사태를 선언했다.

오클라호마 주, 캔자스 주, 콜로라도 주, 뉴멕시코 주 등 여러 주의 바싹 메마른 대평원 위로 휘감겨 올라간 모래 먼지는 편서풍을 타고 흘러가 미국 동부를 완전히 덮었고 수도 워싱턴 역시 짙은 세진(細塵)의 안개에 휩싸였다.

시카고에는 5월 11일 단 하루 동안 12만 톤이나 되는 모래 먼지가 밀가루체로 쳐 내리듯 쏟아졌다. 모래 폭풍의 공격은 몇 번이고 계속되었고 1935년 단 1년 동안 7억 5000만 톤이라는 막대한 양의 모래 먼지가 쏟아져 내렸다고 추정된다. 말 그대로 한 치 앞도 내다볼 수 없는 상황이 되었다.

모래 먼지는 해안에서 500킬로미터나 떨어진 대서양 위를 항해 중이던 배를 덮치기도 했다. 바람이 멎고 황진이 일단락 되자 미국의 동부 지역은 사방이 먼지로 꺼끌거렸다. 세계 대공황으로 침체된 세상에 한 번 더 주먹을 날린 꼴이었다. 농무부 발표에 따르면 대평원의 65퍼센트에 이르는 지역에서 표토가 유실되었고 15퍼센트의 지역에서는 밭이 아예 전멸했다.[3]

그림 3-3. 사막으로 변한 오클라호마 주의 농장(1935년)

다음 해에도 사태는 수습되지 않았다. 1936년 7월 18일《뉴스위크(Newsweek)》는 다음과 같은 권두 기사를 게재했다.

> 가축들이 비트적거리며 쓰러지더니 일어서지 못했다. 바싹 마른 식수대 근처에서 양들은 울음소리도 내지 못했다. 거리로 나가 보니 울렁대는 아스팔트 위를 사람들이 힘없이 걷고 있다. 타는 듯한 더위는 농작물을 시들게 했고 하천과 호수를 말라붙게 했으며 로키 산맥에서 대서양에 이르는 토지를 펄펄 끓는 대형 냄비로 바꿔 놓고 말았다. 사막화는 인간의 업보다. 토지를 황폐한 대가를 치를 시간이 오고 만 것이다.

결국 1934~1936년의 가뭄으로 대평원의 농·목죽지 가운데 80퍼센트가 피해를 입고, 그 가운데 15퍼센트는 완전히 사막이 되어 버렸다. (그림 3-3) 1930년 이래 계속된 가뭄으로 큰 타격을 받아 온 농업은 1936년 여름, 마침내 숨통이 끊어졌다. 노스다코타 주에서는 농민의 36퍼센트가 파산했고 많은 농민이 새로운 토지를 구하러 서해안으로 눈을 돌렸다. 그 수는 250만 명으로 추정된다. 오클라호마의 농민인 조드 일가가 캘리포니아로 가는 유랑의 길에 오른 것은 바로 이러한 경우다.

조드 일가는 오클라호마 주에서 '66번 도로'(그림 3-4)를 타고 캘리포니아 주로 향했다. 본문 중에서 '마더 로드'라는 이름으로 불리는 길이다. 시카고를 기점으로 하는 이 길은 1926년에 개통했다. 북아메리카 대륙의 동서를 잇는 중요 국도이자 이 당시 중서부 농민들의 이동로이기도 했다. TV 드라마 「66번 도로」의 무대가 되기도 한, 많은 미국인들이 향수를 품고 있는 길이다.

오클라호마 주, 아칸소 주, 텍사스 주 등 대평원 지방이나 주변 지역에서 20만 명 이상의 농민들이 캘리포니아 주로 밀려들었다.『미국판 출애굽기(American Exodus: The Dust Bowl Migration and Okie Culture in California)』[4]에 따르면 이때의 대이동은 농업 생산량을 일거에 높였을 뿐 아니라 농민들과 함께 각지 특유의 문화가 유입되어 현재의 다채로운 캘리포니아 문화가 이뤄지는 계기가 되기도 했다.

당시 모래 먼지 때문에 폐렴이나 천식 등 호흡기 환자가 25퍼센트 증가했고 영유아 사망률도 30퍼센트 정도 상승했다. 1938년까지 20만 제곱킬로미터에 이르는 농지에서 피해가 발생해 8억 5000만 톤의 표토가 유실되었고, 350만 명의 농민이 자신의 토지를 버렸다. 오클라호마 주에서는 인구의 5분의 1이 소멸했다. 농민 가운데 소작농 비율은 1880년에 15.5퍼센트였던 것이 1935년에는 41.1퍼센트로 치솟았다. 자작농들이 사라지고 있었다.

사태는 일대 정치 이슈로 발전했다. 루스벨트 대통령이 1936년 9월 6일 라디오 방송 연설 「노변담화」에 처음 출연했을 때 테이블에 올린 테마는 이 대평원의 참상이었다.[5]

저는 9개 주에서 가뭄을 맞은 비참한 실상을 목격했습니다. 소와 작물, 마실 물 등 모든 것을 잃고 현금 1달러도 갖지 못한 채 겨울을 맞아야만 하는 많은 가족들과 만났습니다. 작렬하는 태양 아래 말라 죽어 가는 작물들과 모든 풀이 사라져 소 한 마리 없는 목장을 절대 잊을 수 없을 것입니다. 태양이 모든 것을 앗아가 버린 것입니다.

1939년 가을, 비가 다시 내리기 시작해 공전의 대가뭄이 끝났고

그림 3-4. 조드 일가가 이동한 66번 도로

동시에 대공황도 종식되었다. 그러나 이제 유럽에서는 제2차 세계 대전의 총성이 메아리쳤다.

## 대초원의 작은 집

황진은 인간이 자연을 철저하게 파괴했다는 사실을 보여 주는 낙인이라 할 수 있다. 식민지 개척 시대 미국에서는 매우 짧은 기간에 과잉 경작의 결과로 토질의 악화가 일어났다. 토지가 무제한으로 있다고 믿었던 초기 식민지 개척자들은 토양 보전에는 거의 관심을 기울이지 않았다. 농지를 내버려도 새로운 토지를 비교적 쉽게 손에 넣을 수 있었기 때문이다. 식민지 개척자들은 동부 해안에서 서부를 향해 삼림을 맨땅으로 개간하며 토양 침식의 위험이 높은 개척을 해 나갔다.[6]

　최초로 식민지 개척이 시작되었던 동부의 버지니아 주에서는 1세기도 지나지 않은 1685년에 삼림 파괴의 영향으로 심각한 홍수가 일어났다. 조지아 주에서는 18세기가 되자 토양 유실이 불러온 막대한 피해를 입었으며 각지에서 깊이 50미터나 되는 침식 골짜기가 모습을 드러냈다. 뉴욕 주 북부에서는 식민지 개척자들이 비집고 들어온 지 100년도 되지 않은 19세기 중반에 토양 침식 때문에 밀 생산이 반으로 줄었다.

　토양이 심하게 소모되는 목화와 담배의 재배 역시 대량 생산지인 남부 일대에서 커다란 문제를 불러왔다. 목화와 담배는 새로 토지를 개간해도 2년 정도만 수확이 가능했기에 농민들은 잇달아 농지를 방기했다. 남부의 모든 주에서 2~3년 단위로 차례차례 농지가 버려졌다. 또한 동부 노스캐롤라이나 주에서는 1817년까지 방기된 토지 면적이 경지 면적과 비슷할 정도가 되었다.

식민지 개척자들은 텍사스 주에서 노스다코타 주에 이르는 10개 주에 걸친 대평원을 노렸다. 19세기 중반까지 대평원은 소를 방목하는 데 이용되었다. 건조성 기후로 강수량은 연간 약 500밀리미터에 지나지 않았고 당시의 농기구로는 땅에 뿌리박은 풀을 뽑아 버리는 것이 어려웠기 때문이다. 그러나 19세기 들어 6~12마리의 소가 끌 수 있는 무거운 철제 쟁기가 도입되며 경작이 가능해졌다.[7]

남북 전쟁을 기점으로 이 프런티어를 노린 다수의 개척민이 비집고 들어오기 시작했다. 서부의 황금 시대가 시작되고 선주민들을 내쫓으며 개척을 진행하던 모습은 서부극이 가장 즐겨 다루던 주제이기도 하다.

TV 드라마로도 만들어진 베스트셀러 아동서 『대초원의 작은 집(*Little House on the Prairie*)』[8]도 위스콘신 주에서 대평원의 캔자스 주로 이주가 시작되던 당시의 이야기다.

대평원이라는 지명이 일반화된 것은 1860년대 남북 전쟁 이후였다. 부동산 업자나 철도 회사의 과장 선전이 사람들의 꿈의 심지를 돋우었다. 신문 광고에는 파릇파릇하게 우거진 옥수수밭이나 풍부한 목장, 유복한 농가가 묘사되었고 이 이미지는 동부 사람들에게 초록색 낙원을 팔아먹은 셈이었다.

연방 정부도 식민지 개척자 1세대당 160에이커(약 0.65제곱킬로미터)의 토지를 무상으로 제공하며 그들을 지원했다. 19세기 후반의 40년 동안 약 16만 제곱킬로미터(홋카이도의 약 2배)나 되는 토지가 개간되었다. 이로써 미국은 세계 최대의 농업국이 되었고, 대평원은 명실상부 세계의 빵 바구니로 자리를 잡았다.

20세기에 들어서자 쟁기는 트랙터나 콤바인(복식 수확기 — 옮긴이) 등의 대형 농기계로 대체된다. 이 기계들은 몇 명 안 되는 인원으로 광대한 토지를 경작할 수 있었으므로 급속히 보급되어 미국 기계화 농업의 상징이 되기도 했다. 그러나 애초부터 자본이 부족했던 식민지 개척자들에게는 그 구입비가 부담이었고 결국 빚을 떠안을 수밖에 없었다.

1900년 당시 농가의 평균 농기구 구입비는 300달러 정도였지만 1920년에는 3000달러로 치솟았다. 농기구 대출금을 갚기 위해 휴경지까지 경작해 버리는 증산에 매달렸고 이것은 토양에 대한 과중한 부담으로 이어졌다.

그러자 애초에 경작에 적합하지 않은 건조성 강한 대초원을 무리하게 농지로 바꾼 것이 뒤늦게 값비싼 청구서로 돌아왔다. 개간으로 지표의 녹지대를 상실했고 노출된 토지는 무방비 상태가 되었다. 특히 경지 면적이 넓었던 옥수수는 밀 등과 비교해 토양을 덮는 면적이 좁고 양분을 많이 빨아올려 토양을 더욱 피폐하게 만들었다. 대형 기계로 경작한 땅의 흙은 손으로 경작한 땅의 흙에 비해 훨씬 미세했기에 표토가 강풍으로 바람에 휩쓸려 가고는 했다.

1890년대와 1910년대에는 이미 가뭄 피해가 일어나고 있었다. 그렇지만 다시 비가 내리기 시작하자 식민지 개척자들은 낙관했고 밀이나 옥수수의 경지 면적을 넓히고 방목하는 소의 숫자도 늘렸다.

고통스럽게 토양 파괴의 경험을 반복해 왔음에도 미국 정부 토양국은 1919년 다음과 같이 선언했다. "토양은 불멸의 국가적 재산이며, 소모되지도 않고 완전히 다 써 버리는 일도 불가능한 자원이다." 이 주장과는 관계없이 최악의 환경 재해가 대평원에 다가오고 있었다. 더스트 볼의 내습이었다.

미국 환경사학회의 중진 도널드 워스터(Donald Worster) 캔자스 대학교 교수는 『더스트 볼: 1930년대의 대평원(*Dust Bowl: The Southern Plains in the 1930s*)』[9]에서 "1930년대 거의 같은 시기에 미국을 밑바닥까지 추락시킨 대공황과 더스트 볼은 불행한 우연의 일치가 결코 아니었다. 미국의 근원적인 약점을 찌른 것이었다."라고 단언한다.

만족을 모르고 끊임없이 이윤을 추구하는 자본주의의 습속은 경제가 파탄날 때까지 사람들을 투기에 매달리게 만들었다. 한편 토양부터 초원이나 수목에 이르는 모든 것을 자본으로 간주하고 그것들로 최대 이윤을 올리려 했기에 결국 생태계까지 파멸로 몰아넣었다는 지적이다.

### 구소련의 실패

이러한 토양 파괴는 세계 각지에서 반복되었다. 구소련도 미국과 같은 실패를 되풀이했다. 15세기 중앙아시아의 풍부한 흑토 지대로 식민지 개척과 경작을 시작한 러시아에서는 곧 심한 침식이 일어났다. 1578년에 벌써 거대한 침식 골짜기가 주요 개척지 주변에서 입을 벌리기 시작했고 19세기에는 농지의 평균 5퍼센트가 상습적으로 침식 피해를 입었다.

그러나 러시아 혁명 이래 구소련에서 식량 생산은 아킬레스건이었다. 1929년에 포고된 첫 5개년 계획에는 다음과 같은 구절이 있다. "국토를 정복해야만 한다. 우리 러시아의 대초원은 트랙터와 쟁기의 대열이 미개척지를 개간해야만 비로소 진짜 우리 것이 될 수 있다."

하지만 이 개간의 진행과 함께 모래 폭풍의 발생도 늘어났다. 우크라이나 지방에서는 1930년 이래 평균 1년 간격으로 발생했고, 일부 도시에서는 1년에 17회나 모래 폭풍이 일어나기도 했다.

흐루쇼프가 실세로 부상한 1953년경 소련의 농업 정책은 어려운 기로에 서 있었다. 소비 인구는 증가했으며 국민들은 식생활의 향상을 갈망하고 있었음에도 농업 생산력은 40년 가까이 전인 제정 시대 말기와 비교해 그다지 나아지지 않은 수준에 머물렀다. 언제까지고 농업을 공업 편중 정책의 희생물로 두어서는 안 될 지경에 이른 것이다.

애초부터 소련은 위도가 높아 농지의 생산성이 낮고 기존 농지에 이 이상의 자본을 투입해도 효과를 올리기 어렵다는 판단이 내려졌다. 여기서부터 증산의 기본 정책은 미개척지 개간과 휴경지 이용이 되었다. 이것이 미개척지 개간 계획이다.[10]

그들의 눈은 아직 쟁기를 들인 적 없는 카자흐스탄 지방 북부의 광대한 미개척지로 향했다. 이 지방은 연간 강수량이 약 350밀리미터에 불과해 빗물로 간신히 밭농사가 가능한 정도의 수준이었지만 토양의 왕이라 불리는 비옥한 흑토(체르노젬, chernozem)가 확대되고 있다며 개척의 표적이 되었다.

1954~1960년에 열의를 불태우는 수십만 명의 개척자들이 흐루쇼프의 격려를 가슴에 품고 불충분한 농기구와 때로는 텐트에서 생활하는 열악한 조건을 참아 가며 개척에 매진했다. 후에는 체코슬로바

키아 등의 동유럽에서 제작한 대형 농기계가 도입되었다. 카자흐스탄 공화국의 수도 아스타나는 개척의 중심지가 되었고 당시에는 첼리노그라드(Tselinograd, 미개척지의 거리)라고 불렸다.

이 6년간 일본의 국토 면적을 상회하는 40만 제곱킬로미터의 새로운 농지가 생겼고 소련의 곡물 생산량은 50퍼센트나 증가해 역사에서 예를 찾을 수 없는 경이로운 성장세를 보였다. 소련 공산당의 간부들은 사회주의의 승리라며 드높여 칭송했다. 그러나 수확량은 1956년 정점에 달한 이후로 비탈길을 구르듯 급감했다.

흐루쇼프는 휴경지에 옥수수의 모를 심고 땅을 깊게 파 내려가는 경작법을 채용했고 밀의 이른 파종을 장려했다. 이것은 생각지도 못한 결과를 초래했다. 1번 경작한 토지는 2년 정도 쉬게 하는 것이 그때까지의 전통적인 농법이었다면 휴경지를 없앴기 때문에 흙이 수분을 머금지 못해 농지가 급격히 건조해졌다.

휴경지에는 작물의 그루터기가 방치되는데 이것이 겨울이 되면 표토가 강풍에 실려 눈과 함께 날아가는 것을 막아 줬다. 그러나 깊게 심는 경작법을 장려한 결과 그루터기도 함께 뽑혔고 표토는 쉽게 침식을 당하게 되었다.

1934년 미국이 경험했던 대참사가 구소련을 덮친 것이다. 1963년의 소련은 봄부터 가뭄이 계속되어 비가 거의 내리지 않았다. 이윽고 여름이 되자 신개척지에는 흙먼지가 피어올랐다. 생산 할당량이 과도하게 부과되고 개간도 무리하게 이뤄진 끝에 이 가뭄에 저항할 방도도 없이 3만 제곱킬로미터에 이르는 농지에서 수확 전무(全無)라는 결과를 낳았다.

토양 침식은 점차 확대되었고 1960년대 중반 이래 매년 40만 헥타르(4000제곱킬로미터)가 넘는 농지가 버려졌다. 카자흐스탄 지방에서 당초 밀 생산 목표 수확 단위는 헥타르당 2톤이었지만 실제 수확량은 1956년의 1.1톤이 최고였고 가뭄이 든 1963년에는 겨우 0.6톤밖에 되지 않았다.

농업성의 조사에 따르면 이때의 가뭄으로 신개척지의 40퍼센트에 상당하는 17만 제곱킬로미터의 농지에서 피해가 발생했고 그 가운데 4만 제곱킬로미터의 농지는 괴멸적인 손해를 떠안아야 했다. 정부는 캐나다로부터 식량을 긴급 수입해 견뎠다. 당시의 모스크바에서는 "흐루쇼프 동지는 기적과도 같은 사람이라오. 카자흐스탄에서 씨를 뿌렸는데 캐나다에서 거두었으니까."라는 농담이 유행하기도 했다.

이후 구소련은 전통적 농법으로 복귀했고 휴경지를 두는 방식도 부활했다. 억지에 가까운 개간을 추진한 흐루쇼프는 1964년 10월 수상의 지위에서 물러났다. 이 실각의 가장 큰 원인이 농업 정책의 실패였다는 것은 이제는 자명한 역사적 사실이다. 그는 물러났지만 이후에도 러시아의 토양 악화는 멈추지 않았다.

그로부터 반세기가 흐른 현재, 개척자들이 그토록 열의를 불태우며 개간에 매진했던 현장을 찾아가 보면 잡초로 뒤덮인 버려진 땅이 드넓게 펼쳐진 것을 볼 수 있다. 10센티미터 정도 밭을 파내면 딱딱한 지층이 모습을 드러낸다. 무거운 대형 기계가 토양을 누르면서, 그대로 다져 버린 압밀 작용을 일으킨 것이다. 작물 뿌리가 그 굳건한 층을 뚫고 뻗어 나가는 것은 쉽지 않다. 개척 전의 초원 상태와 비교하면 현재 농지의 유기물은 20~30퍼센트나 줄어든 것을 알 수 있다.

### 소금과 먼지만 날리는 호수

이 일대 최대 수원이었던 아랄 해는 미개척지 개간 계획의 가장 큰 희생양이다. 카자흐스탄과 우즈베키스탄의 국경에 있는 아랄 해는 유출 하천이 없는 내륙 호수다. 이 호수에는 파미르 고원과 톈샨(天山) 산맥에서 출발하는 아무다리야 강과 시르다리야 강이 흘러든다.

이 미개척지 개간을 위해 아무다리야 강에서부터 1300킬로미터에 이르는 운하가 종횡으로 놓였고 따라서 건조 지대에서도 목화나 밀 등의 재배가 가능해졌다. 당시 매우 짧은 기간에 운하를 파야 했기 때문에 소형 원자 폭탄을 일렬로 늘어놓은 다음 폭발시키는 난폭한 공법이 동원되기도 했다.

그러자 강물이 아랄 해로 흘러들기 전에 운하에서 다 빠져나가고 말았다. 1960년대까지는 6만 8000제곱킬로미터(규슈 면적의 약 2배)나 되는 세계 4위의 호수였던 아랄 해는 미개척지 개간이 본격화되면서 점점 수량이 줄어 현재는 과거의 10분의 1도 남지 않았다. 아랄은 현지어로 섬들의 호수라는 의미다. 그 의미대로 거기에는 1500개의 크고 작은 섬이 있었으나 이제는 거개가 육지로 변해 버렸다.

아랄 해는 원래 염분 농도가 높은 호수로 말라서 위로 드러난 호수 바닥에는 다량의 염분이 퇴적되어 있었다. 이 중에는 개간지에서 살포되어 강으로 흘러든 많은 양의 농약과 화학 비료가 함유되어 있다. 인공 위성 사진이 호수 주변을 뒤덮은 '하얀 구름'의 모습을 포착한 적이 있는데 이것은 염분을 가득 머금은 모래 먼지인 셈이다.

러시아 아카데미 지리학 연구소는 연간 4300만 톤이나 되는 염분이 모래 먼지에 섞여 이동한다고 추정하고 있다. 그 결과 카자흐스탄에서는 토양의 염해(鹽害)나 바람의 토양 침식이 확대되었고 1985년 이래 경지 면적 가운데 절반이 버려졌다. 게다가 카자흐스탄 정부의 조사에 따르면 주변 주민의 80퍼센트가 신장 및 호흡기 이상을 호소하고 있다. 오염된 모래 먼지 때문이다. 또한 호수와 함께 생활 터전 역시 사라진 주민들 사이에서는 빈곤과 영양 부족 탓에 결핵이 만연해 있다고 한다. 국제 연합 개발 계획(UNDP)에 따르면 결핵에 걸리는 비율이 세계에서 11번째로 높다.

아랄 해의 옛 호숫가에 서면 수면은 저 먼 바다로 후퇴해서 눈에 들어오지 않는다. 사막처럼 모래가 드러난 '이전의' 호수 바닥에 그대로 남겨진 배의 잔해가 드문드문 남아 있는 광경이 기묘하다. 미국의 저명한 환경 과학자 마이클 글랜츠(Michael Glantz)는 아랄 해의 참상에 대해 "조용한 체르노빌 원자력 발전소 사고였다."라고 표현했다.[11]

## 4장
# 황사 속을 달리는 인력거

### 라오서, 『낙타 샹즈』[1]

이른 봄 일본 열도에 내리붓는 황사는 골칫거리다. 최근 몇 년 사이 발생지인 중국 북서부의 사막화가 진행됨에 따라 일본에 내리는 황사의 규모도 확대되었다. 황사와 사람의 연관성은 깊다. 중국과 일본에서는 수많은 시와 노래로 만들어져 읽혔으며 이 소설에서는 차디찬 베이징의 조역으로 등장한다.

### 『낙타 샹즈』 줄거리

무대는 1920년대, 군벌들이 베이핑(北平, 베이징의 옛 이름 ― 옮긴이)을 나누어 점령하던 시대. 한몫 잡을 생각으로 베이핑에 온 샹즈는 가진 것이라고는 자기 몸뿐인 순박한 청년이다. 그는 인력거를 빌려 모래바람이 거칠게 불어 대는 시내에서 인력거꾼 일을 시작한다. 3년간 하루도 쉬지 않고 일한 샹즈는 드디어 자신의 인력거를 얻는다. 그가 일하는 모습은 이렇게 묘사되어 있다.

그의 온몸은 한군데도 풀어진 데 없이 팽팽해졌다. 마치 개미 떼에 포위 공격을 받고 있는 파란 벌레가 온몸을 뒤틀며 저항하듯이. 온몸이 땀투성이다! 인력거를 내려놓고 허리를 쭉 펴서 긴 한숨을 돌린 뒤 입가에 묻은 황사를 닦아 내면 문득 자신이 천하무적이라는 느낌이 들었다.

흙먼지를 감아올려 그 앞으로 스쳐 지나가는 바람을 보면서, 그는 고개를 끄덕였다. 바람은 가로수를 휘어 놓고 가게 앞에 걸린 천으로 만든 간판을 갈기갈기 찢어 버리며 담벼락에 붙은 광고물을 깨끗하게 뜯어내고 태양을 가려 어둡게 만들었다. 그렇게 바람은 노래하고 외치며 울부짖고 빙빙 휘몰아쳤다.

자기 인력거를 갖게 된 샹즈는 위험한 일도 마다하지 않게 되는데, 성 바깥의 손님을 맞이하러 가는 도중 병사들의 소란에 휩쓸려 새로 산 인력거와 함께 붙잡힌다. 붙잡힌 곳에서 그는 군대가 압수한 낙타 세 마리를 몰래 훔쳐 도망친다. 이 일로 그에게는 '낙타 샹즈'라는 별명이 붙는다.

그러나 시대는 샹즈의 변변찮은 꿈마저 산산조각내고 그를 사회 밑바닥으로 던져 버린다. 샹즈는 인력거꾼을 고용하고 인력거를 대여하는 인화차창(人和車廠)에서 숙식하며 일한다. 그곳 주인인 류쓰예 노인의 딸로 나이 든 처녀인 후니우가 샹즈에게 반하고 둘은 관계를 맺는 사이가 된다. 하지만 너무 기가 센 후니우에게 염증이 난 샹즈는 인화차창에서 도망쳐 차오 선생의 전속 인력거꾼이 된다.

차오 선생은 사회주의자다. 이를 빌미로 샹즈마저 형사에게 추궁당하게 되는데 상황을 모면시켜 주는 대가로 형사가 돈을 요구하는 바람에 샹즈는 얼마 있지도 않은 돈을 모조리 빼앗긴다. 게다가 후니우가 나타나서는 임신 사실을 알리며 결혼을 강요한다. 류쓰예 노인이 그들의 관계를 눈치채면서 두 사람은 사랑의 도피나 다름없는 관계로 치닫는다. 하지만 난산 끝에 후니우와 뱃속의 아이 모두 사망한다.

그로부터 2년 후. 술과 노름에 찌들어 혁명 운동의 밀고자가 되고 결국에는 장례 행렬에 참가하는 일로 푼돈을 벌며 살아가는, 이제 꽁지도 깃도 완전히 말라 버린 샹즈가 베이핑의 거리에서 비틀거린다. 이야기는 이렇게 끝난다.

체면을 소중히 여기고 강인하게 꿈을 좇던 사람, 자신을 사랑했고 독립적이었던 사람, 건장하고 위대했던 샹즈는 얼마나 많은 장례식의 일꾼이 되었는지 모른다. 그러나 타락하고 이기적이며 불행한 인간이자 사회적 병폐의 산물이며 개인주의의 말로에 선 그 영혼이 언제 어떻게 땅에 묻힐지는 아무도 알 수 없는 일이었다.

### 중국 현대사의 증인

라오서(老舍, 1899~1966년)는 1899년 베이징에서 5형제의 막내로 태어났다. 이듬해 의화단 사건(청나라 말기 중국 산둥 성에서 일어난 반기독교 폭동을 계기로, 화베이 지방 일대에 퍼진 반제국주의 농민 투쟁 — 옮긴이)으로 아버지가 사망해 가난한 소년 시대를 보낸다. 자선가의 지원을 받아 사숙(私塾)에 입학해 어렵사리 공부한 끝에 베이징 사범 학원을 졸업하고 19세에 소학교 교장이 된다.

당시는 반제국·반봉건 운동인 5. 4 운동이 베이징에서 전국으로 퍼져간 때였다. 구어체 문학이 번성해 가는 새로운 사회의 공기 속에서 라오서는 문학에 눈을 뜨기 시작했다. 그는 옌징(燕京) 대학교의 영국인 교수 에번스의 추천을 받아 25세에 영국으로 건너가 런던 대학교 동양 아프리카 연구 학원에서 중국어 강사직을 얻었고 31세에 귀국해 산둥 대학교에서 교편을 잡으며 소설을 썼다.

그는 집필에 전념하기 위해 1936년에 대학을 그만두고 그해 『낙타 샹즈(駱駝祥子)』를 출간했다. 전운이 감돌던 시대였다. 1931년에는 만주 전쟁이 발발했고 일본은 중일 전쟁을 지나 태평양 전쟁에 이르는 15년 전쟁의 수렁 속으로 빠져들었다.

1934년에는 국공 내전이 일어나 장제스(蔣介石, 1887~1975년)가 거느리는 국민당군에 쫓기던 공산당군이 수도 루이진(瑞金)을 버리고 오지인 옌안(延安)으로 본거지를 옮기는 대장정이 시작되었다. 일본에서 2. 26 사건이 일어난 1936년에 중국에서는 시안 사건(동북군 총사령관 장쉐량이 국민당 정권의 총통 장제스를 납치, 구금하고 공산당과의 내전 중지를 요구한 사건 — 옮긴이)이 일어났고, 국민당과 공산당은 국공 합작을 맺어 항일전을 펼쳤다.

이후로도 작품을 발표하면서 문호로 이름이 나게 된 라오서는 문화 대혁명(1장 참조)이 최고조에 이르렀을 때 홍위병들에게 반혁명 분자로 찍혀 탄핵된다. 어느 여성 작가를 규탄한 것을 계기로 힘이 붙은 홍위병들은 반동 권위라고 쓴 팻말을 라오서의 가슴에 붙이고 심한 폭행을 가했다. 이에 격노한 라오서는 팻말을 떼어 발치에 내동댕이쳤으며 이것 때문에 더 심하게 폭행당했다.

폭행으로 머리에 상처를 입은 라오서는 중국 문학 예술 연합회 본

부로 옮겨졌지만 홍위병들은 거기서 다시 그를 에워쌌다. 그러나 공안국이 '반혁명 현행범'으로 그를 붙잡아 가면서 난관을 벗어났고 늦은 밤 연락을 받은 라오서의 부인이 피투성이가 된 라오서의 신병을 인도해 집으로 데려왔다. 그러나 이튿날 이른 아침 라오서는 집을 나선 뒤 돌아오지 못했다. 다음날인 1966년 8월 25일 그의 익사체가 시내의 태평호(太平湖)에서 발견되었다. 향년 67세였다.[2]

10년에 걸친 문화 대혁명이 막을 올리자마자 일어난 비극이었다. 그의 죽음은 이노우에 야스시(井上靖), 미즈카미 쓰토무(水上勉) 등 그와 교류했던 일본의 작가들이나 많은 팬들에게도 커다란 충격을 던졌다. 라오서의 명예가 공식적으로 회복되고 정부가 성대한 추도식을 거행한 것은 사후 12년 후인 1978년의 일이다.

대표작으로 항일 전쟁을 소재로 한 대하소설 『사세동당(四世同堂)』과 희곡 『용수구(龍鬚溝)』, 『찻집(茶館)』 등이 있다. 명예가 회복된 뒤 가족들이 전집 19권을 간행했고(1998년) 탄생 100주년인 1999년에는 베이징 시 둥청(東城) 구의 펑푸후퉁(豊富胡同) 안에 있는 라오서 생가가 복원되어 '라오서 기념관'으로 개관했다. 라오서가 직접 심었다는 감나무가 있으며 북쪽 방은 라오서가 살았던 당시 모습 그대로 보존되어 있다.

1982년에는 중국에서 영화 「낙타 샹즈」가 만들어졌다. 감독은 링 즈펑(凌子風), 주연은 장펑이(張豊毅)다.

## 황사 속을 달리는 샹즈

샹즈는 베이징의 거리를 이런 느낌으로 달리고 있다.

미친 듯 바람이 몰아쳐 숨조차 제대로 쉴 수 없을 때도 있었다. 그럴 때면 고개를 숙이고 이를 악문 채로 앞을 향해 바람을 뚫고 지나갔다. 마치 물결을 거슬러 올라가는 큰 물고기마냥 바람이 커질수록 그의 저항도 더욱 커졌다. 마치 미친 바람과 일대 격전이라도 벌이는 것처럼 맹렬한 맞바람에 숨도 제대로 쉴 수 없을 때면 한참 동안 입을 꼭 다물고 있다가 결국 딸꾹질을 하게 된다. 그것이 마치 물속에서 자맥질을 하는 것 같았다.

베이징은 일본보다 한발 앞서 거친 황사의 공격을 받으므로 아직 건조한 찬바람이 휘몰아치는 시기다. 샹즈는 힘을 쥐어짜내며 인력거를 끈다.

다시 겨울이 왔다. 사막에서 불어오는 누런 바람은 하룻밤 사이에 많은 사람을 얼어 죽게 만들었다. 바람 소리에 샹즈는 머리까지 이불을 둘러썼다. 도무지 일어날 용기가 나지 않았다. 괴이한 바람 소리가 그치고 나서야 그는 겨우겨우 자리에서 일어났지만 나가야 할지 하루 쉬어야 할지 마음을 정할 수가 없었다. 차디찬 인력거 손잡이를 잡을 용기가 나지 않았다. 숨이 막힐 듯한 그 지긋지긋한 바람이 두려웠다.

이 작품에서는 당시 서민들의 생활이 생생하게 전해진다. 서민들은 관여하지도 못하는 사회의 격동에 농락당했으며 고통스러운 생활을 강요당하고 있었다. 라오서는 소설 속에 이런 정치적 메시지를 담으면서 샹즈처럼 거리에서 살아가는 서민에 따뜻한 시선을 보낸다.

**황사의 역사**

샹즈를 괴롭혔던 '누런 바람'은 바로 황사다. 동서고금의 황사를 고증한 나루세 도시로(成瀨敏郞)의 『세계의 황사·먼지바람(世界の黃砂·風成塵)』[3]에 따르면 중국에서 가장 오래된 황사의 기록은 고대 은(殷) 왕조 후기의 유적인 은허(殷墟)에서 출토한 거북이 등딱지에 새겨진 갑골 문자에 있다. '매(霾, 흙비)'라는 문자다.

현재의 허난 성 안양(安陽) 시 황허 하류 근처에 도읍이 있었던 은은 지금으로부터 3700~3200년 전에 번창한 나라다. 점을 치려 만든 갑골 문자는 3400년 전쯤부터 사용되기 시작했고, 한자의 기원이 되었다. 은 왕조는 황허 유역으로 퍼져 나가던 황사의 통로와 닿아 있었기 때문에 흙비라는 갑골 문자가 발견되어도 이상하지 않다.

중국 최고(最古)의 시집이며 오경 중 하나인 『시경』에도 이 글자가 나온다. 『시경』에는 은 대부터 춘추 시대까지, 3100~2600년 전의 시 311편이 담겨 있다. 이 가운데 "종풍차매(終風且霾, 종일 바람이 불어 흙먼지가 자욱하다.)"라는 표현으로 '매'자가 등장한다.

서기 432년경에 저술된 『후한서』에도 "시기착역 매무폐일(時氣錯逆 霾霧蔽日)"이라는 기술이 있어 '매'자가 나옴을 알 수 있다. '황사가 불어 해를 가로막았기 때문에 마치 계절이 역전된 것 같다.'라는 의미다.

'황사'라는 단어는 당대(618~907년)에 쓰인 『남사』에 "천우황사(天雨黃沙, 하늘에서 황사가 분다.)"라는 문장에서 황사(黃砂) 혹은 황사(黃沙)로서 등장한다. 이 외에도 진우(塵雨), 황진, 황애(黃埃), 황연(黃烟), 토매(土霾), 황무(黃霧), 우토(雨土), 우사(雨沙), 우매(雨霾), 우황토(雨黃土), 우니(雨泥), 우황사(雨黃沙) 등이 함께 사용되었다. 대만에서는 황풍(黃風)이라고 한다. 일본에서 쓰는 황사라는 단어는 중국에서 수입된 것이다.

한국에서도 황사(黃砂) 혹은 황사(黃沙)라고 불린다. 가장 오래된 기록은 고구려, 백제, 신라 3국의 역사서인 『삼국사기』에 서력 174년의 신라에서 '우토(雨土)'가 내렸다고 하는 표현으로 나온다. 사람들은 화가 난 신이 비와 눈 대신에 우토를 내린 것이라고 믿었다.

예로부터 사용된 "누런 먼지 만 장(丈)까지 치솟으니 하늘과 해가 더불어 어둡더라.(黃塵萬丈, 天日ために暗し)"라는 표현은 황사가 상공 높이 자욱해 해를 가로막은 모습을 나타낸다. 일본에서는 이 황진만장이라는 표현이 이백의 노래에 나오는 "백발삼천장(白髮三千丈)"과 함께 중국 특유의 과장된 표현의 예로 인용된다. 하지만 실제로 황사는 5000~1만 미터의 상공까지 날아올라 햇빛을 막기 때문에 결코 과장된 표현이 아니다.

일본에서 황사가 일반화된 것은 언제부터일까. 일본의 기상 관측은 1875년에 시작되었고 1883년부터 일기도가 만들어졌다. 그 초기에는 황사란 표현은 나오지 않는다. 아마도 메이지 중기 이후에 정착한 것으로 보인다. 그러나 봄의 황사로 생각되는 표현이 문학 시가 속에서 다양한 말로 등장한다. 하루가스미(春霞, 봄 안개 혹은 안개 등으로 경치가 흐리게 보이는 상태 — 옮긴이), 요나구모리(霾曇, 구름 낀 것처럼 된 하늘의 모양 — 옮긴이), 바이후(霾風, 황사 — 옮긴이), 바이텐(霾天, 황사로 흐려진 하늘 — 옮긴이), 오보로즈키요(朧月夜, 어렴풋한 달밤 — 옮긴이) 등이 황사와 관계된 것으로 여겨지는 단어들이다. 몽고풍(蒙古風)이나 호사(胡沙)라는 표현은 황사가 대륙에서 온다는 사실이 이미 알려져 있었다는 증거일 것이다.

옛적에는 1477년에 붉은 눈(紅雪)이 내렸다고 하는 기록이 『본조연대기』에 남아 있다. 에도 시대에는 진흙 비(泥雨)나 누런 눈(黃雪)과 같은 황사에 관련 있는 기술이 눈에 띈다.

### 흙비가 내려온다

일본에는 『만요슈(萬葉集)』에 황사를 읊은 것으로 생각되는 노래가 있다. 작자 미상의 "하늘이 한바탕 흐리고(天霧ひら) 구름 사이로 내비치는 햇살이 바람 되어 내리네. 온가(遠賀)의 강어귀 언덕 포구에 물결치는 모습 보이네."이다. 천무(天霧)는 하늘 전체가 흐려진 상태를 이르는 말이지만 이 노래의 경우 황사 탓에 부예진 정경을 표현한다고 해보자. 그렇다면 노래의 의미는 "(현해탄에 면한) 온가 강(규슈의 후쿠오카 현 지쿠호 지구에서부터 기타큐슈 시·나카마 시·온가 군까지 흐르는 하천 — 옮긴이) 하구의 언덕 포구에서 보면 멀리 있는 하늘이 황사로 부옇고 밤낮없이 바람이 불어 현해탄에는 격랑이 인다."라고 해석할 수 있다.

『오쿠노 호소미치(奥の細道)』(한국어판은 『바쇼의 하이쿠 기행 1: 오쿠로 가는 작은 길』— 옮긴이)를 보면 마쓰오 바쇼(松尾芭蕉, 1644~1694년, 일본 에도 시대 전기의 하이쿠 작가 — 옮긴이)가 시토마에(尿前) 관문을 방문한 것은 1689년의 일이다. 5월 15일에 가랑비를 뚫고 이와데 산에서 미리 정한 코스를 벗어나 미야기 현 다마쓰쿠리 군 나루고 정에 들어선다. 여기에 시토마에 관문이 있었다.

그 옛날 미나모토노 요시츠네(源義經, 1159~1189년, 일본 헤이안 시

대 말기, 가마쿠라 시대 초기의 무장 — 옮긴이) 일행이 히라이즈미를 향해 멀리 달아나던 도중, 출산한 지 얼마 안 된 요시츠네의 부인 기타노 가타(北の方)가 이곳에서 병으로 쓰러져 오줌을 지려서 이런 지명이 붙었다는 전설이 있다.

  강한 비바람으로 바쇼는 3일간 여기에 발이 묶였다고 한다. (실제로는 15, 16일 이틀간이었다.) 바쇼는 그가 묵었던 숙소의 주인에게 "이곳에서 데와 지방으로 나가려면 도중에 큰 산이 가로막고 있고 길도 확실치 않으니 길잡이에게 부탁해서 같이 넘어야 할 것입니다."라는 충고를 듣고 그 지방의 건장한 젊은이에게 의지해 야마가타 령 모가미 마치로 향한다. 천하의 험한 장소라는 나타기리(山刀伐) 고개를 넘어 오바나자와를 벗어났고 낮이 다 지나서야 스즈키 세이후(鈴木清風, 오바나자와 사람으로 당시 화장품 및 염료에 쓰이던 잇꽃의 도매상을 경영하기도 했던 하이카이(俳諧) 시인. 나중에 바쇼의 문하생이 되었다. — 옮긴이)라는 사람의 집에 이르러 겨우 짚신을 벗을 수 있었다.

  도중의 기술에 이런 것이 있다.

숙소의 주인이 이야기한 대로 높은 산은 나무가 울창해서 새소리 하나 들리지 않을 만큼 조용하다. 나무 아래는 약간 어두울 만큼 나뭇잎이 우거져 마치 밤길을 가는 것 같다. 구름자락에서 모래 바람이 불어 내리는 듯한 느낌이 든다. 무릎까지 올라오는 작은 대나무 사이를 헤치고 또 헤쳐 나와 계곡을 건너고 바위에 무릎을 찧는 등 진땀을 흘리고서 겨우 모가미의 영지에 다다랐다.

어둡고 깊은 산중을 걷는 불안함에 대해 "구름자락에서 모래 바람이 불어 내리는 듯한 느낌이 든다."라고 표현했는데 여기서 쓴 한자는 흙비 매(霾)로 '흙이 내린다', 즉 황사라는 이야기다. 이것은 두보의 시 중 "바람의 맷돌 속으로 끌려들어 간 듯, 구름자락을 휘감아 올린 흙비가 내려온다.(已入風磴霾雲端)"라는 시구에서 온 것이라고 한다. 바쇼는 이런 산길을 걸었던 경험이 별로 없었기 때문에 모래 먼지가 일사량을 줄여 하늘을 어둡게 만드는 흙비와 같은 이상 현상이라고 생각했던 것일지도 모른다. 바쇼가 걸었던 이 가파른 고갯길은 역사의 길이라는 이름으로 남아 현재는 입구에 커다란 안내판이 붙어 있다.

이것이 정말 황사였는지 의문을 갖고 있던 중에, 전국적으로 날씨가 몹시 거칠어지고 대륙에서 불어온 황사가 내리 퍼부은 날(2010년 3월 21일)이 있었다. 그때 야마가타 현에서도 대량의 모래 먼지가 주차된 자동차나 창유리에 쌓였다는 방송 뉴스를 보고서야 실제로 일어날 수 있다는 사실이 납득되었다.

## 베이징을 덮친 황사 폭풍

2000년 4월 7일, 베이징은 요 몇 해 사이 최고로 심각한 황사 폭풍*의 습격을 당했다. 아침부터 30미터가 넘는 강한 모래 폭풍이 거칠게

---

\* 중국 황사는 시계나 풍속에 따라 3단계로 나누어진다. ①황사 폭풍(사진폭(砂塵暴))은 시계 1킬로미터 이하, 풍속 초속 10.8미터 이상의 경우다. 특히 시계가 0.5킬로미터 이하인 석한 것을 '강(强)황사 폭풍(흑풍폭(黑風暴))'이라고 부른다. ②양사(揚沙)는 시계 1~10킬로미터, 풍속 8.0~10.7미터의 것. ③부진(浮塵)은 시계 10킬로미터 미만, 풍속 0~7.9미터로 일본의 황사 수준이다.

일었고 흙먼지나 플라스틱 등의 쓰레기가 날아다녔다. 베이징 공항에서도 결항이 잇따랐다.

2002년 3월 18일에도 이에 뒤지지 않는 누런 먼지가 날아올라 중국뿐 아니라 한국까지 그 피해가 이어져 50편이나 되는 정기 항공편이 결항하는 사태로 번졌다. 일본에서도 전국에 황사가 일어나 홋카이도나 도호쿠 지방에서는 쌓인 눈이 갈색으로 물들었고 도쿄에서도 주차 중인 자동차들이 흙먼지를 뒤집어썼다. 모래 먼지는 일본 열도를 지나 하와이까지 날아갔다.

베이징의 황사는 서쪽에서 동쪽으로 타클라마칸 사막, 고비 사막, 황토 고원 등 3개 지구에서 날아온다. 이 지역들의 면적을 모두 합하면 일본의 5배에 이른다. (그림 4-1) 황사는 통상적으로 일어난 모래

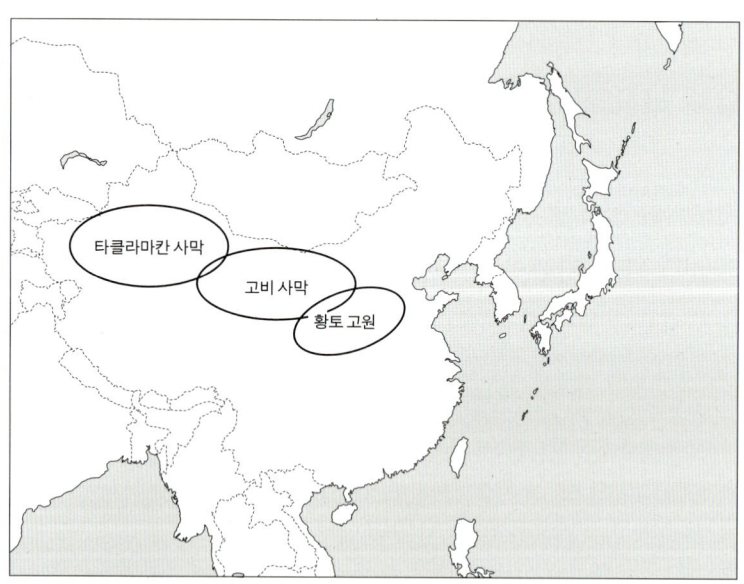

그림 4-1. 황사의 발생지

먼지의 30퍼센트가 발생지에서, 20퍼센트가 발생지의 주변 지역에서, 50퍼센트가 한국이나 일본, 태평양 등 먼 곳으로 이동해서 낙하한다.[4]

황사는 날아오며 입자가 큰 모래부터 떨어진다. 따라서 발생지에서 가까운 베이징의 경우 모래의 지름이 20미크론이나 되지만 발생 후 3~4일 지나 도착하는 일본에 내리는 것은 4미크론 전후의 가벼운 모래들이다.

베이징의 황사 폭풍은 발생 횟수의 증가 폭이 커지고 있다. (그림 4-2) 1949년 건국 이래 1950년대에는 5회, 1960년대에는 8회, 1970년대에는 13회, 1980년대에는 14회, 1990년대에는 23회를 헤아렸다.

최근 중국 정부의 추산에 따르면 황사 폭풍 피해는 연간 160억 달러에 달한다. 근년 베이징 서쪽의 장자커우(張家口)부터 내몽골에 걸

그림 4-2. 황사 때문에 누렇게 흐려진 톈안먼 광장

쳐 펼쳐진 대초원 지대까지 모래 폭풍의 발생원으로 추가되었다. 개간이 진행되면서 일거에 사막이 확대되었기 때문이다. 사막은 베이징 북쪽으로 약 120킬로미터 앞까지 육박했고 1년에 평균 3.2킬로미터씩 남쪽으로 내려오고 있다.[5]

### 넓어지는 중국의 사막

농경 민족인 한(漢) 민족은 고대부터 삼림이나 초원을 개간해 농경지로 바꾼 뒤, 거기서 안정적으로 식량이 생산되면 인구를 늘리는 일을 반복해 왔다. 식량 생산력은 부 자체로서 강력한 병마를 확보하여 군사력과 그 지배력을 키워 왔다. 그러나 오랜 시간에 걸친 이 경작 압력이 농지를 악화시켜 결국 사막을 넓혀 왔다.

기원전 1세기경에 쓰인 사마천의 『사기』에 황허의 유래가 기록되어 있다. 그에 따르면 기원전 770년경의 춘추 시대에는 단순히 하(河)라고 불렸고 이어지는 진(秦) 시대에는 덕수(德水)라는 이름이 붙기도 하는 등 특별한 강으로 간주되었다. 아직 강물이 누렇게 탁해지지 않은 때였다.

황허 중류 유역에는 황사의 발생원인 황토 고원(그림 4-3)이 가로놓여 있다. 북으로는 만리장성, 남으로는 친링 산맥 북쪽 기슭에 펼쳐진 위하 평원, 동으로는 타이항 산맥, 서로는 칭하이 호 부근까지 약 30만 제곱킬로미터에 걸쳐 있다. 내륙부의 타클라마칸 사막으로부터 강한 계절풍을 따라 운반된 미세한 흙모래가, 200만 년에 걸쳐 두께 수십 미터에서 백여 미터까지 퇴적된 것이다.

고대에는 이곳에 숲과 초원이 펼쳐져 있었다는 증거가 적잖이 발

그림 4-3. 예전에는 삼림이 뒤덮여 있었던 산시 성의 황토 고원. 지금은 침식곡 사이에 밭이 겨우 남아 있다.

견되고 있다. 춘추 전국 시대였던 기원전 9~기원전 8세기경에는 황토 고원의 반 정도가 숲으로 둘러싸여 있었다. 산시 성은 기원후 10세기경까지도 거대 삼림이 남아 있었던 듯하다.[6] 11세기 요(遼) 시대에 산시 성 쉬저우(朔州)에 세워진 높이 67미터의 목조탑인 응현목탑은 2만 그루나 되는 거목을 사용한 것으로 당시 부근에 풍부한 삼림이 있었음을 추측하게 한다.

나무를 마구 베어 내 대지를 붙들던 숲이 사라졌고 기원후 1세기경부터는 격한 토양 침식으로 황토 고원이 확대되었다. 거친 흙인 황토는 여름 호우에 침식되기 쉬웠고 우열(雨裂, 빗물의 흐름에 의해 지표면에 만들어지는 계곡 모양의 지형 — 옮긴이)이 가로세로로 뻗어 나가게 되었다. 따라서 물에 녹기 쉬운 잔 황토들은 비에 씻겨 황허로 흘러 들어갔다. 강물은 서서히 누런색으로 물들었고 "물 한 말에 진흙 여섯 되(黃水一石 含泥六斗)"라고 형용될 정도로 대량의 황토가 함유되기에 이르렀다.

칭하이 성에서 물줄기가 시작되는 황허는 쓰촨 성, 산둥 성 등 9개 성과 자치구를 지나며 흐르고 다시 40여 개의 지류를 한 가닥으로 모아 보하이(渤海) 만으로 빠져나간다. 황허에 실려 온 황토의 퇴적으로 화베이 평원이 형성되었고 4대 문명 중 하나로 꼽히는 황허 문명이 탄생했다. 강 유역 면적이 일본 열도의 2배 가까이 되며 유역에 사는 1억 수천만 명에게는 생명의 물과 같다. 지역 사람들은 이에 경의를 표하는 의미에서 무친허(母親河, 어머니 강)라고 부른다.

숲이 사라지면서 황허 유량의 증감도 격해져 갔다.[7] 황허는 진시황 시대부터 1945년까지 약 2200년간 1590회나 되는 홍수를 기록으로 남긴 난폭한 강이었다. 그러나 건조화에 과잉 취수가 겹쳐 1970년대 이후로는 강의 흐름이 끊기는 단류도 자주 발생했다. 1997년에 단류 구간은 700킬로미터를 넘었다. 강 유역에서 무섭도록 빠르게 사막화가 확대되고 있다. 사막화된 면적은 1970년대 연간 1056제곱킬로미터였던 것이 1990년대 이후로는 가나가와 현의 면적을 상회하는 2460제곱킬로미터로 느는 등 확대의 속도를 높이고 있다. 황사 폭풍이 맹위를 떨치는 배후에는 이러한 사막화의 진행이 있다.

### 숲과 맞바꾼 거대 건축물

삼림 파괴가 진행된 배경에는 중국 특유의 거대 건축물 건설과 금속 정련이라는 사정이 있다. 기원전 223년에 진에게 멸망한 초(楚)에 원시림 수준의 광대한 숲이 있었으나 진시황 때문에 민둥산이 된 일을

보여 주는 기록이 있다. 초는 진시황의 거대 건조물에 목재를 공급하는 기지였던 것으로 추측된다.[8]

1만 명이나 들어갔다는 진시황의 궁전 '아방궁'을 세우기 위해 촉(蜀)이나 형(荊)에 있던 목재를 탈탈 털었다는 기술이 『사기』에 나온다. 그러나 진은 궁전의 완성 전에 멸망했다.

1974년 시안(西安) 교외에서 발견된 병마용갱(兵馬俑坑)에서도 3곳의 지하 갱을 통틀어 8000여 개의 병사 모형과 함께, 8000세제곱미터에 이르는 목재가 발굴되었다. 병마용은 진시황의 사후를 지키는 지하 대군단(그림 4-4)을 말하는데 그 병사나 말 모형, 포장 벽돌 등 사기를 굽는 데에도 까무러칠 정도로 많은 목재가 사용되었다. 사용된 벽돌도 25만 개에 이른다.[9]

중국 주변에는 식량이나 부를 노리는 변경 민족들이 언제나 침입

그림 4-4. 진시황의 병마용. 진시황의 사후를 지키는 군단이다.

의 기회를 노리고 있었다. 흉노족 같은 북방 이민족의 침입을 막기 위한 방벽이 기원전 8세기경의 춘추 전국 시대부터 만들어지는 중이었지만 오늘날 존재하는 만리장성의 원형을 쌓은 것은 진시황이었다. 진 이후에도 한, 북위(北魏), 금(金), 명(明) 등 역대 왕조들이 이어받아 만리장성을 보강하고 길이를 연장했다.

현존하는 만리장성(그림 4-5)의 대부분은 16세기 명 대에 건설된 것이다. 2009년 중국 정부 국가 문물국의 공식 발표에 따르면 동쪽 끝의 랴오닝 성 후 산부터 서쪽 끝의 간쑤 성 자위 관까지 전체 길이는 8851.8킬로미터다. 이 가운데 인공 부분은 70퍼센트로 나머지는 험준한 지형을 이용했다. 봉화대의 경우 723곳에서 확인되었다.

처음에는 겨우 2~3미터의 높이로 흙을 다져 놓았을 뿐이었다. 그러나 명대에 이르러 산 능선을 따라 쌓아 올렸고 결국 높이 7~8미터

그림 4-5. 숲을 없애는 큰 원인이 된 만리장성

나 되는 현재의 모습이 되었다. 이것은 대부분 사람의 노동력으로 해 낸 것이다. 일설에 따르면 이 건축에는 약 40억 개의 소성 벽돌이 쓰였다. 진흙에 석탄을 넣어 반죽한 다음에 나무틀에 넣고 건조시킨 후 구웠다.

가마터에서 발굴한 이 벽돌들의 표준 크기는 길이 36센티미터, 폭 17센티미터, 두께 9센티미터, 무게 10.5킬로그램이었다. 벽돌로 평행한 2개의 벽을 세우고 그 사이에 골재나 자갈을 끼워 넣었다. 벽돌은 벌꿀과 찹쌀을 섞은 풀로 접착했다.

벽돌을 만드는 나무틀과 이것을 불로 굽기 위한 연료, 운송 수단 따위 때문에 막대한 나무를 소비했다. 또한 만리장성에 상주하는 둔전병들의 무기에 쓰일 철을 만들기 위해서도 대량의 목탄이 필요했다. 거기다 식량 생산을 위한 개간이 이루어졌고 병영 건설이나 연료를 위해 벌채가 이루어졌다. 이와 동시에 적의 습격을 감시하는 데 방해가 된다는 이유로 인근의 숲마저 벌채해 명 대에는 장성을 따라 광범위한 삼림의 소실이 일어났다.[10]

홋타 요시에(堀田善衞, 1918~1998년)·시바 료타로(司馬遼太郎, 1923~1996년)·미야자키 하야오(宮崎駿, 1941년~)의 3인 좌담집인『시대의 풍음(時代の風音)』[11]의「나무를 베어 멸망한 문명」에서 시바 료타로는 이렇게 말한다.

중국 화베이는 한 대의 어느 시기까지 거대한 삼림 지역이었다는 이야기가 있습니다. 저 은의 위대한 청동기를 생각해 보세요. 그 후 가래나 괭이, 도검 따위가 왕성하게 주조되었습니다. 물론 구리로 만들어진 것들입니다.

그렇기에 어마어마한 양의 구리를 녹여야 했습니다. 따라서 나무를 베었죠. 게다가 한 무제가 다스리던 시대에는 엄청난 기세로 제철이 진흥되었습니다. 그것 때문에 많은 곳의 삼림이 소실되었습니다. 그래서 화베이에는 숲이 없어진 겁니다.

중국 각지에 있는 역사 박물관에 들어서면 그 거대한 건물과 전시품의 위용에 압도된다. 청동이나 구리로 만든 그릇, 무기, 농기구, 모형, 가면, 악기 따위는 그 양으로도 놀랍지만 하나하나가 거대하고 정교하다. 그 정련에 대체 얼마나 많은 연료가 들어갔을지 상상조차 어렵다.

## 유골은 자연으로

1949년 작성된 중국 최초의 삼림 통계에 따르면 숲이 차지하는 면적은 전 국토 면적의 7.9퍼센트에 불과했다. 이것이 1998년 제5차 전국 삼림 자원 조사에서는 153만 6300제곱킬로미터로 국토의 16.55퍼센트까지 증가한다. 가장 최근(2005년)에 조사한 삼림 면적을 보면 총 175만 제곱킬로미터로 국토의 18.2퍼센트까지 증가했다. 7년 사이 혼슈 면적에 맞먹는 21만 3700제곱킬로미터나 확대된 것이다.[12]

1998년에 일어난 양쯔 강 범람으로 사상 최악의 피해를 입은 중국은 강 상류의 숲이 마구 베어진 것을 원인으로 보고 양쯔 강과 황허의 상류 유역에서 벌채를 금지했다. 다른 지역에서도 벌채 허용량을 대폭 조정해 규제했다. 정부는 이 대홍수 이후 삼림법을 근본적으로 개정했고 새로운 산림녹화 정책인 퇴경환림(退耕環林)을 내세웠다. 경사 25도가 넘는 급경사지에서 숲을 베어 내는 것을 금지했고 경작하지 않는 땅을 숲과 초목지로 바꾸기로 결정했다. 이 정책을 현재까지 20곳의 성·직할시·자치구에서 실시하고 있다.

그러나 나무 대부분이 아직 벌채 가능할 만큼 자라지 않아서 이 규제는 수입에 박차를 가하는 결과로 이어졌다. 급속히 확대된 경제 규모를 대변하듯 원목과 제재를 합친 중국의 목재 수입량(2008년)은 세계 총 수입량 중 21퍼센트를 점했다. 1994년에는 목재 수입량이 세계 7위였던 중국이었지만 지금은 미국과 일본을 제외하면 최대의 수입국으로 부상했다.

목재 부족의 영향은 장례 문화로까지 이어졌다. 멋진 관을 만들어 성대한 장례식을 올리는 문화가 유교의 덕목 중 하나였기에 중국인들은 관에 나무를 넉넉히 써 왔다. 중국의 연간 사망자 수는 일본의 약 9배인 1000만 명 가까이 되는데 이 중 절반을 표준 크기의 관을 사용해 매장하는 것만으로도 베니어판(약 1.8×0.9미터)으로 환산해 연간 4000만 장이 필요하다.

중국의 매장은 반수 이상이 토장이다. 관에 쓰이는 목재나 묘지 용지를 절약하기 위해 정부는 해장(海葬), 화장(花葬), 초장(草葬) 등 유골을 부숴 자연에 뿌리는 방법을 장려한다. 1976년에 사망한 저우언라이(周恩來, 1898~1976년) 수상은 솔선수범을 위해 자신의 화장한 유골을 강에 뿌리도록 했다. 그 후에도 많은 주요 인사들이 이 방법을 따랐다. 선양 시에는 나무 15만 그루를 심은 수장(樹葬)림이 있는데 여기에 뼈를 뿌린 사람은 20만 명이 넘는다. 정부는 이 장의 개혁으로 연간 21제곱킬로미터의 토지, 200만 세제곱미터분의 목재가 절약된 것으로 본다.

　마오쩌둥 시대에는 "필요하다면 선조의 무덤까지 경작하라."라는 대호령(1장 참조)이 내려지기도 했는데 이것은 식량 증산을 위해서였다. 최근 정부가 화장으로 돌아가자고 호소하게 된 것은 사람들이 다시 경쟁적으로 호화 분묘를 조성하고 있기 때문이다. 근년 경제 성장으로 재미를 보고 이름을 떨친 사람들이 대도시 교외의 우량 농지를 변형해 광대한 묘지를 앞다투어 만들고 있다. 상하이에서만 매년 3만 개에 이르는 묘가 새롭게 만들어지며 그만큼 논밭과 숲이 줄어들고 있다. 베이징에서도 매년 많은 우량 농지가 묘지가 되어 사라진다. 국민 1명당 농지가 800제곱미터밖에 안 되는 중국에는 커다란 손실이다.

　최근에는 가상 공간에 묘를 만들어 성묘도 할 수 있는 인터넷 공양마저 등장했다. 인터넷상으로 디자인이나 주변 경치를 자유롭게 골라 묘를 만들고 집 밖에 나가지 않고도 성묘를 하거나 재를 올린다. 부동산 붐으로 묘지 가격 또한 상승한 것이 그 배경이다. 2009년 기준으로 미국을 제외하고 세계에서 가장 많은 인터넷 인구를 가진 나라인 만큼 인터넷 공양의 가입자도 10만 명을 넘어섰다.

　한편 인구 증가 때문에 주택지, 주차장, 공장 용지, 도로 등의 수요가 높아져 경지가 점점 줄고 있다. 곳곳에서 논밭을 없애고 대형 테마파크를 건설하는 중이며 골프장도 2004년 전국 100여 곳에서 5년 사이 500곳 이상으로까지 증가했다. 상하이에 22곳, 베이징에 48곳, 광둥에 63곳의 골프장이 있다. 이들 중 반 정도는 농지를 전용한 땅에 세워졌다. 중국의 골프 인구는 300만 명을 웃도는 것으로 알려져 있다.

무서운 기세로 경제 발전을 이루고 있는 중국이 상상 이상의 속도로 자연을 집어삼키고 있다. 10년 후, 혹은 20년 후를 생각할 때 섬뜩해지는 건 비단 나뿐만이 아니리라.

# 5장
# 창백한 기수가 나의 연인을 데려가네

### 캐서린 앤 포터, 『창백한 말, 창백한 기수』[1]

제1차 세계 대전 말기에 갑작스레 등장한 스페인 독감은 전 세계 구석구석으로 번지듯이 유행했다. 이 흉악한 바이러스에 수천만 명이 희생되었다. 사람들은 벗어날 방도도 없이 그저 벌벌 떨 뿐이었다. 이 공포와 맞서는 시련 속에서 인플루엔자 문학이 탄생했다.

### 『창백한 말, 창백한 기수』 줄거리

미국의 젊은 신문 기자 미란다는 제1차 세계 대전의 절정기에 공병 소위인 애덤과 사랑에 빠진다. 그가 전장으로 향할 때 그녀는 스페인 독감에 걸려 쓰러진다. 다음은 미란다가 감염된 사실을 깨닫는 장면이다.

> 그녀는 달아오르는 듯한 둔탁한 두통이 오는 것을 느꼈다. 지금 처음으로 느낀 것이었지만 잠든 그녀의 눈을 뜨게 했다. …… 그녀도 모르는 사이 진행되고 있던 두통, 대체 언제부터 시작되었던 걸까.

문병 온 애덤이 그녀를 데려갈 병원을 찾아 헤매지만 눈에 띄지 않는다.

구급차를 구비할 상황이 못 돼요. …… 침대도 비어 있지 않고요. 게다가 의사나 간호사도 너무나 바빠 찾을 수가 없어요. …… 모든 극장, 거의 대부분의 가게나 레스토랑이 문을 닫았고 거리는 종일 장례식을 치렀고 구급차는 하룻밤 내내 …….

그녀는 열에 들떠 가위에 눌리고 온갖 환각에 시달린다. 상태는 악화된다. 죽음에 직면한 자가 병상에서 갖는 마음의 풍경이 정교한 직물처럼 세밀하게 묘사된다.

통증이 다시 돌아와 두렵고도 참을 수 없는 아픔이 맹렬한 불처럼 그녀의 혈관 속을 헤집었고, 썩어 문드러진 살과 고름의, 진득거리고 메슥거리는 구린 악취가 그녀의 코를 찔렀다. …… 죽음의 악취가 자신의 몸속에 있다는 사실을 안 그녀는 들어 올린 손을 휘저어 댔다.

긴 혼수상태에서 깨어나자 그녀는 고비를 넘긴 상태였다. 동료가 입원 중인 그녀에게 도착한 편지 꾸러미를 가져온다.

낯선 글씨체로 쓰여 있는 좀 전의 그 얇은 편지는 애덤과 같은 병영에 있는, 그녀가 본 적 없는 이로부터 온 것이었다. 그는 애덤이 군 병원에서 인플루엔자로 사망했다는 소식을 전했다. 애덤은 만약 자신에게 무슨 일이 벌어지면 반드시 미란다에게 알려 달라고 그에게 부탁했다고 한다.

퇴원 날이 온다.

이제는 전쟁도 끝났고 전염병도 없으며, 남아 있는 것이라고는 단지 눈앞이 캄캄해질 듯한 포성 뒤의 정적뿐이다. 그리고 쇠창살을 굳게 내린 죽은 듯 조용한 집들, 인적 없는 거리, 소멸해 버린 것처럼 차가운 내일의 빛뿐이었다.

## 백발로 남은 임사 체험

미국의 여류작가 캐서린 앤 포터(Katherine Anne Porter, 1890~1980년)가 1939년에 쓴 단편 소설 『창백한 말, 창백한 기수(*Pale Horse, Pale Rider*)』는 실제로 인플루엔자에 걸렸던 그녀의 임사 체험을 기반으로 한 소설이다. 인플루엔자 문학의 대표적인 작품이다.

원제는 간병하던 애덤과 함께 마음을 달래기 위해 불렀던 흑인 영가 「창백한 기수가 나의 연인을 데려가네」에서 유래한다. '창백한 말'은 『신약 성서』 「요한 계시록」에 나오는 '죽음을 상징하는 말'이다.

포터는 텍사스 주에서 태어났고, 작가인 오 헨리(O. Henry, 본명은 윌리엄 시드니 포터(William Sydney Porter) — 옮긴이)가 아버지의 사촌 형제다. 26세 때 콜로라도 주 덴버의 《로키 마운틴 뉴스(*Rocky Mountain News*)》의 기자가 되었고 결핵에 걸린 것으로 추정되어 요양하던 중에 소설 집필을 시작했다.

포터는 후일 어느 인터뷰에서 이 소설의 배경에 대해 이야기했다.

포터가 인플루엔자에 걸려 병세가 악화되었을 당시, 어느 병원이나 만원이라 끝내 입원하지 못했다. 그 시점을 전후해 수개월 동안 덴버에서만 1500명이 스페인 독감으로 죽었다. 신문사에서는 그녀의 부고 기사까지 준비해 놓았을 정도였다.

반년 동안 후유증과 싸웠고 죽음의 수렁에서 겨우 살아 돌아온다. 병원에서 나왔을 때에는 몸이 비쩍 마르고 머리카락마저 빠져 있었다. 다시 자라기 시작했을 때에는 새하얀 머리카락이 나왔고 백발은 이후 그녀의 상징이 되었다. 애덤의 모델이 된 젊은 장교와는 사귀던 사이였는데 1918년 10월 그녀가 스페인 독감으로 쓰러지자 그녀를 버리고 떠났다고 한다.[2]

이 작품 외의 대표작으로는 『꽃피는 유다 나무(*Flowering Judas*)』, 『크리스마스 스토리(*A Christmas Story*)』 등이 있다. 작가로서 평판이 높아 퓰리처상과 전미 도서상 등의 문학상을 휩쓸었다. 2006년에 그녀의 초상이 39센트짜리 우표에 실리기도 했다.

## 0호 환자를 찾아라

스페인 독감과 같은 대규모 감염증은 최초 감염자인 0호 환자, 즉 진원지를 찾는 것이 대책의 기본으로서 많은 연구자들이 이에 도전했다. 과학사가인 존 배리(John M. Barry)는 그의 책 『그레이트 인플루엔자(*The Great Influenza: The Epic Story of the Deadliest Plague in History*)』[3]에서 1918년 1월 하순 미국 캔자스 주 해스켈 군에서 그 지역의 의사가 급성 인플루엔자를 진찰한 것이 대유행의 시초였다고 기술했다. 이 당시 18명이 발병했고 3명이 사망했다.

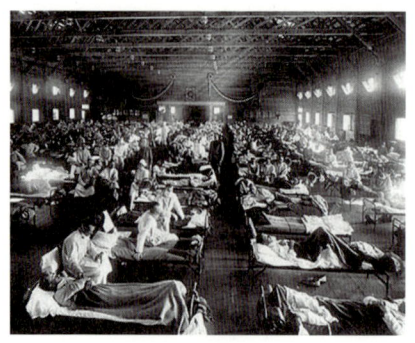

그림 5-1. 스페인 독감의 최초 발생지로 의심받았던 캔자스 주 펀스턴 기지에서 일어난 집단 발병

한편 미국의 환경사가 앨프리드 크로즈비(Alfred W. Crosby)는 『인류 최대의 재앙, 1918년 인플루엔자 (America's Forgotten Pandemic : The Influenza of 1918)』[4]에서 최초 발생이 캔자스 주 펀스턴 기지(현 라일리 기지)였다는 설을 제기한다. 1918년 3월 4일 기지 내 진료소에서 발열과 두통을 호소하는 병사가 쇄도한 것이 미국에서 일어난 스페인 독감 소동의 서막이었다. (그림 5-1) 1000명 이상이 감염되어 488명이 사망했지만, 대개가 보통의 폐렴으로 처리되었다고 한다.

발병한 병사는 돼지우리의 청소를 담당했다고 한다. 이 일대에는 겨울 철새로 수많은 캐나다기러기(Canada Goose)가 날아드는데 기러기가 바이러스를 불러왔고 그것이 돼지 체내에서 변이해 사람이 감염되었다는 설이 유력하다. 기지 간 인력 이동이 잦았기에 순식간에 다른 기지에도 감염이 확산되었다.

한편 인플루엔자 연구에서 세계적 권위를 지닌 영국 레트로스크린 바이러스 연구소 소장인 존 옥스퍼드(John Oxford)는 프랑스 기원설을 주장한다.[5] 제1차 세계 대전 중 북프랑스의 에타플이라는 작은 마을에 영국군의 군사 기지가 있었는데, 이곳에는 10만 명 정도 되는 연합군 장병들이 상시로 출입했다. 병사들의 식량으로 돼지나 오리 따위가 대량 사육되었는데 이 동물들이 인플루엔자 바이러스를 옮겼을 수 있다.

당시 그 지방의 의사가 남긴 기록에 따르면 1916년 12월에 인플루엔자와 흡사한 증상의 병사가 입원했다고 한다. 이듬해 2월 21일에는 최초 사망자가 나왔다. 영국 육군인 해리 언더다운 일등병으로 그를 스페인 독감의 0호 감염자로 보고 있다. 이후 지방 의사는 7월 14일자 영국 의학 저널 《랜싯(The Lancet)》에 "비정상적으로 사망률이 높은 감염증으로, 전투 시 사망률의 2배에 이른다."라고 발표했다.

제1차 세계 대전에서는 사상 최악의 독가스전이 전개되었다. 먼저 독일군이 염소 가스를 퍼뜨렸고 이에 대항해 연합군도 다양한 화학 병기를 투입했다. 결과적으로 약 5000명의 사망자가 나왔고 약 1만 4000명이 후유증을 겪는 신체 장애자가 되었다. 옥스퍼드는 독가스로 호흡기가 손상된 병사의 체내에 인플루엔자 바이러스가 보다 쉽게 침투했다고 지적한다.

그리고 가축과 인간 사이에서 바이러스가 오가며 변이가 겹쳐 강한 독성을 획득했다고 보고 있다. 1916~1917년 가을 유럽과 아메리카에는 기록적인 이상 한파가 습격해 대유행을 키우는 데 일조했다.

영국의 논픽션 작가 피트 데이비스(Pete Davies)도 『4000만 명을 죽인 인플루엔자(The Devil's Flu)』[6]에서 바이러스가 1916년경부터 각지에서 모습을 드러냈고 변이를 거듭하며 강한 독성을 획득해 결국 무수한 인명을 앗아가기 시작했다고 기술했다.

0호 환자 자신은 물론 주변 사람들도 이것이 14세기 유럽의 페스트, 1980년대부터 대유행하기 시작한 에이즈와 더불어 인류가 체험한 3대 팬데믹(pandemic, 세계적인 감염 폭발)으로 발전할 것이라고는 상상도 하지 못했다.

### 세계적인 감염 폭발

펀스턴 기지에서 환자가 발생하고 1주 후 뉴욕 시 퀸스 구에서 감염자가 나왔다. 1918년 8월에 이르자 매사추세츠 주, 뉴욕 주 등 각지의 기지나 학교에서, 또 디트로이트의 포드 자동차 공장 등지에서도 집단 발병이 시작되었다. 매사추세츠 주, 버지니아 주 등에 있는 기지의 병사들도 차례로 쓰러졌다.

거기다 유럽 전선 각지에 배속되었던 병사들 가운데 감염자가 섞여 있었기 때문에 5~6월에는 유럽 전역에서 유행하기 시작했다. 그 병사들이 이동하자 바이러스도 확대되어 4개월 만에 전 세계로 번졌다.

수습되는 것처럼 보이더니 1918년 8월에는 프랑스의 브레스트, 미국의 보스턴, 서아프리카 시에라리온의 수도 프리타운 등 3개 항구에서 동시에 폭발적인 감염이 일어났다. 바이러스는 초기와는 비교도 되지 않을 정도로 독성이 강했다. '제2파' 유행이라 불린 것이 이때부터다.

그때까지의 감염자는 보통 인플루엔자와 비슷한 증상을 보였고 대부분 유소년과 고령자가 사망했다. 그러나 제2파 이후의 발병자는 폐렴, 급성뇌증, 심근염 등 무겁고 다양한 합병증을 동반하는 일이 잦았다. 심지어 사망자는 25~34세의 청장년에 집중되었다. 그 원인은 제대로 밝혀지지 않았다.

당시 전 세계의 인구는 약 18억 명이었는데 적어도 그 3분의 1에서 절반이나 되는 사람들이 감염되었고 사망률은 지역에 따라 10~20퍼센트에 육박해 전 세계적으로 3~6퍼센트가 사망했다고 추정된다. 당시에는 인플루엔자 바이러스에 따른 감염증이라는 사실이 알려지지 않은 상태였고 적절한 치료법도 없었으며, 전시라 식량이나 물자, 의료 시설이 부족한 사정까지 겹쳐 이토록 엄청난 희생자가 발생한 것이다.

특히 미국 내 최악의 유행 지대였던 필라델피아에서는 스페인 독감이 최고조에 이른 10월 16일까지 1주일 동안 사망한 사람의 숫자가 4597명을 헤아렸다고 한다. 다른 감염 지역에서도 시신들을 감당할 수 없어 거대한 도랑을 파고 사체를 석탄과 함께 던져 넣는 것이 그나마 최선이었다. 그조차 불가능해지자 사체를 거리의 이곳저곳에 쌓아 올렸다. 많은 도시에서 사회적 기능이 마비되었다. 『창백한 말, 창백한 기수』의 주인공이 사선을 헤매던 무렵의 일이다.

## 사망자는 2000만 명 이상이다?

미국의 전염병학자 에드윈 조던이 1927년에 발표한 대륙별 추정 사망자 수는 북아메리카와 중앙아메리카에서 106만 명, 남아메리카 33만 명, 유럽 216만 명, 아시아 1575만 명, 오세아니아 97만 명 등으로, 총 2000만~2700만 명에 이른다.

국가별 추정치로 보면 최대가 인도로 1250만 명, 다음으로 미국이 55만 명, 이어 러시아 45만 명, 이탈리아 38만 명, 일본 26만 명, 영국 23만 명, 프랑스 17만 명으로 이어진다. 이 외에도 다양한 추정치가 있는데 2000만~5000만 명으로 범위가 넓다.

병명은 스페인 독감처럼 스페인에서 이름을 딴 경우가 많은데, 그

중에서도 스페인 귀부인이라는 이름이 가장 널리 퍼졌다. 이 독감으로 죽은 시인(기욤 아폴리네르(Guillaume Apollinaire, 1880~1918년 — 옮긴이) 때문에 프랑스에서는 아폴리네르 병이라고 불리기도 했다. 너무나 충격적으로 확대되었다는 데서 독일에서는 전격 카타르(catarrh, 감기 등으로 코와 목의 점막에 생기는 염증 — 옮긴이), 쿠바나 필리핀에서는 곤봉의 일격이라는 의미인 트랑칸, 헝가리에서는 검은 채찍이라고 불렸다.

스페인 독감이 창궐한 지역에서는 그야말로 최후의 심판을 맞이한 것처럼 대소동이 일어났다. 건강한 젊은이들이 독감에 걸려 수일 사이에 픽픽 쓰러져 죽어 갔던 것이다.

공공시설들이 폐쇄되었고 교회도 예외가 아니었다. 허위 정보가 난무했고 수상한 특효약과 점술이 범람했다. 마을 입구는 무장한 시민들로 봉쇄되었고 사람들은 소독에 여념이 없었다. 감염 의혹을 받는 이가 가족이나 지역으로부터 쫓겨나는 소동도 허다했다. 마녀사냥과도 같은 풍경이었다고 한다.

### 아프리카를 휩쓴 독감

근년에 연구자들은 지금까지 조사되지 않았던 지역에서 감염이 확대된 양상도 파악해 생각했던 것보다 훨씬 희생자가 많았다는 사실을 밝혀냈다.[7] 사망자 수가 8000만 명에서 1억 명에 달한다는 견해도 나왔다. 그랬을 경우에 세계 인구의 5퍼센트를 잃었던 셈이다. 이와 비교 가능한 역사 속 전염병이라면 14세기 중반 유럽과 아시아에서 유행해 약 6200만 명을 죽음에 이르게 한 것으로 추정되는 페스트 정도일 것이다.

제1차 세계 대전의 전장은 유럽에서 유럽의 식민지였던 아프리카 대륙까지 확대되었다. 현지인들은 전장이 된 마을을 버리고 도시로 이동하거나 병사나 노동자로 징용되면서 유럽에서 건너온 백인 병사들과 접촉하게 되었다.

바이러스가 최초로 침입한 장소는 시에라리온의 수도 프리타운일 가능성이 높다. 당시 프리타운은 유럽과 남아프리카를 잇는 서아프리카 항로의 중간 지점에 위치해 석탄의 보급 기지로 중요한 역할을 하는 항구였다. 약 200명의 환자를 태운 군함이 프리타운에 입항한 1918년 8월 15일, 그곳에서는 수백 명의 현지 노동자들이 석탄을 배에 싣고 있었다.

그 직후 노동자들 사이에서 인플루엔자 증상을 보이는 환자가 나왔고 많은 사람들이 폐렴 등으로 사망했다. 다른 군함이 입항한 12일 후에는 석탄을 싣는 노동자 대부분이 모습을 감췄다. 시에라리온 인구의 5퍼센트가 단기간에 인플루엔자로 사망했다고 전해진다.

바이러스는 항구에서 항구로 확산되었고 철도와 하천을 따라 내륙부까지 퍼져 나갔다. 아프리카는 금, 구리, 다이아몬드 등의 지하자원이나 목재, 상아 따위를 항구까지 운반하기 위해 철도나 하천 항로가 잘 정비되어 있었는데 이것이 비극의 원인이었다.

1918년 9월 남아프리카의 케이프타운에 당도한 인플루엔자는 한 달 후에는 남로디지아(Rhodesia, 현 짐바브웨) 제2의 도시인 불라와요(Bulawayo)로까지 퍼졌고, 이어 북로디지아(현 잠비아), 프랑스령 콩고(현 콩고 공화국), 벨기에령 콩고(현 콩고 민주 공화국, 구 자이르)를 휩쓸었다.

당시 아프리카 인구는 1억 8000만 명 정도였으니 약 200만 명, 즉 1퍼센트를 약간 웃도는 인구가 단기간에 목숨을 잃었다는 이야기다.

최근 연구에서는 인도에서도 국민의 5퍼센트에 해당하는 1850만 명, 인도네시아에서도 150만 명이 각각 사망한 것으로 본다. 뉴질랜드에서는 군함이 기항한 직후부터 유행이 시작되어 약 8600명이 사망했다. 이후로 남태평양의 섬들까지 확대되어, 가장 심했던 서사모아(현 사모아)에서는 인구의 90퍼센트가 발병해 3만 8000명 섬주민의 약 20퍼센트가 사망했다. 통가에서는 인구의 8퍼센트, 나우루에서는 16퍼센트가 사망한 것으로 추정된다.

### 세계 대전과 인플루엔자

미국은 1919년 4월에 중립 정책을 버리고 독일에 선전 포고를 했다. 긴급 동원령이 내려져 20만 명의 병사가 소집되었다. 인플루엔자로 중증을 보이거나 사망한 병사는 아이오와 주나 몬태나 주 등 지방 출신자 가운데 많이 나왔고 뉴욕이나 시카고 등 대도시 출신은 적었다. 그들에게는 어떤 면역이 있는 것으로 추정되었다.

어느 병영이든 대규모 동원으로 몹시 붐볐고 유럽으로 사람들이 분주하게 오갔다. 이 혼란기에 미국 내의 병영에서 발생했거나 프랑스로부터 전해져 인플루엔자 유행이 시작되었다. 유럽 전선 전역이 감염에 휘말려드는 것은 시간 문제였다.

전쟁은 유럽에서 거의 모든 나라를 빨아들인 채 계속되었다. 스페인에서는 1918년 5~6월에 약 800만 명이 감염되었고 국왕 이하 각

료들도 병에 걸려 정부뿐 아니라 도시 기능까지 마비되었다. 제1차 세계 대전 중 많은 나라가 정보를 통제했지만 중립국이었던 스페인에서만은 정보가 통제되지 않았기에 그 유행이 크게 보도되었다. 이런 탓에 스페인 독감이라 불리게 된 것이다. 스페인은 투르키스탄에서 들어온 것이라 반박했지만 때는 이미 늦었다.[8]

특히 프랑스·영국·미국 연합군이 독일군의 진격을 저지해 그대로 교착 상태에 빠진 서부 전선에서는 이상 사태가 일어났다. 바이러스는 이 최강의 방어선을 너무도 간단히 넘어섰다. 병사들이 참호에 꾸역꾸역 들어찬 전투가 3년 반이나 이어지자 인플루엔자 바이러스가 침입한 것이다. (그림 5-2)

양군 모두 병사의 반 이상이 바이러스에 감염되어 전투를 할 수 있는 상황이 아니었다. 베를린에서는 매주 평균 500명이 사망했다. 미국군의 전사자는 5만 3500명이었는데 인플루엔자로 사망한 장병은 그것을 웃도는 5만 7000명이었다. 워싱턴의 육군 군무부에는 "아군 사이에 인플루엔자가 유행하여 폐렴을 동반한 심각한 상태. 간호부 인원을 가능한 한 많이 보내 주기를 바람."이라고 하는 현지 사령관들의 전신이 쇄도했다.

그림 5-2. 서부 전선 참호전에서 병사들은 바이러스와 독가스에 그대로 노출되었다. 영국군에서는 전사자보다 많은 희생자가 나왔다.

한편 독일군이 받은 타격도 컸다. 독일군 최고 사령관 에리히 프리드리히 빌헬름 루덴도르프(Erich Friedrich Willhelm Ludendorff, 1865~1937년) 장군은 1918년 7월에 파리에서 북방으로 80킬로미터 떨어진 마른 강까지 물러났고 프랑스·영국·미국 연합군이 반격하자 너무도 쉽게 패주했다. 후에 루덴도르프는 "마른 공방전에서 패주한 것은 결코 새롭게 참전한 미국군 때문이 아니다. 병사들이 모조리 인플루엔자에 당해 너무나 약해져 무기를 옮기는 것조차 불가능했기 때문이다."라고 말했다. 이때의 전투에서 독일군 가운데 총을 쏠 수 있는 병사는 50명도 안되었다고 한다.

바이러스는 제1차 세계 대전의 종결을 앞당겼다. 그러나 각국의 참전 병사들이 유럽 전선에서 감염되어 바이러스를 본국으로 가져갔기 때문에 일거에 바이러스의 세계화가 진행되었다.[9]

## 역사는 반복된다?

인플루엔자라는 병명은 1580년 이탈리아에서 유래한다. 매년 겨울이면 유행해 봄을 맞이할 즈음에 수습되는 특성이 있어, 당시에는 천체의 운행이나 추운 공기 따위의 영향으로 발생한다고 여겨서 2명의 건축가가 '영향'을 의미하는 이탈리아 어인 인플루엔시아(Influenza)라고 불렀다. 18세기에 영국에서 유행했을 때 이 단어가 영어로 번역되어 세계적으로 인플루엔자란 이름이 통용되기에 이르렀다.

인플루엔자로 간주되는 가장 오래된 기록은 기원전 412년 고대 그리스의 아테네에 있다. 현재의 인플루엔자와 비슷한 증상의 병이 유행했다고 한다. 15~16세기 르네상스기의 이탈리아에서도 그 유행이 있었던 듯하다. 그중에서도 1580년에 유행한 인플루엔자는 세계적 유행이었을 가능성이 높다고 생각된다.

이 당시의 유행은 아시아에서 시작해 차례차례 아프리카 대륙과 유럽으로 퍼져 나갔다고 한다. 6개월 사이에 전 유럽이 인플루엔자에 완전히 정복당했고 거기서 또 신대륙으로 번져 결국 세계를 모조리 휩쓸었다. 당시 로마에서는 8000명 이상이 사망했으며 스페인에서는 어떤 도시 자체가 소멸했다는 기록까지 남아 있다.

18~19세기 문명 세계에서는 대유행이 16번이나 발생했다. 1729년의 세계적 유행은 그해 봄 러시아에서 시작해 서쪽을 향해 나아갔다. 6개월 만에 유럽 전역을 뒤덮었고 이후 3년에 걸쳐 세계를 지배했다. 유행의 파도가 몇 번이나 세계를 돌았고, 제1파에서 제2파, 제2파에서 제3파로 갈수록 치사율이 높아졌다.

그 다음 세계적 유행은 약 50년의 간격을 두고 1781~1782년에 일어났다. 유행은 중국에서 시작되어 러시아를 지나 유럽에 도달했다. 유럽에 이를 때까지 소요된 시간은 10개월 정도였다. 1782년 여름에 인플루엔자는 영국까지 미쳤다. 치사율은 높았고 특히 젊은이들이 목숨을 많이 잃었다.

유행의 전성기에는 러시아의 상트페테르부르크에서 매일 약 3만 명이, 로마에서는 전 인구의 3분의 2가 발병했다고 한다. 그 다음 세계적 유행도 약 50년의 간격을 두고 일어났다. 1830~1833년의 유행은 그 규모가 스페인 독감에 필적했던 것으로 추정된다.

이 유행은 1830년 겨울 중국에서 시작되었다. 인플루엔자는 남쪽을 향해 방사형으로 번졌는데 바다를 건너 필리핀과 인도네시아로,

또 한편으로는 히말라야를 넘어 인도로 퍼졌다. 북쪽으로 번진 유행은 러시아를 습격했고 나아가 유럽으로 들이닥쳤다.

1847년 런던에서 유행했을 때는 25만 명이 사망했다. 치사율은 그리 높지 않았지만 전염력이 강해서 당시 세계 인구의 20~25퍼센트가 감염되었던 것으로 추정된다.

1889~1890년의 러시아 독감은 투르키스탄에서 가장 먼저 나타났고 유럽으로 퍼져 20~25만 명이 사망했다.

### 20세기에 유행한 독감들

그러나 인플루엔자의 유행이 역사에 본격적으로 등장한 것은 20세기에 들어선 후부터다.[10] 스페인 독감의 정체는 1933년에 처음 밝혀졌다. 그때까지의 현미경으로는 관찰 불가능했던, 세균보다 크기가 작은 바이러스의 존재를 발견한 것이다.

스페인 독감 바이러스는 현재의 분류로 '사람 A형 인플루엔자 바이러스'에 해당한다. 그 후 1940년에 별도의 타입이 발견되어 B형이라 정했고 다음에는 C형도 발견되었다. 일련의 대유행은 전부 A형에 의한 것이다. B와 C는 면역이 오래 이어지기 때문에 유전자를 변형시키면서 주기적으로 유행을 반복하는 일은 없다.

스페인 독감은 대유행 후 10년 정도 눈에 띄지 않는 형태로 유행을 거듭했던 듯하다. 아무도 모르게 모습을 감춘 줄 알았더니, 반세기 넘게 지난 1976년 미국 뉴저지 주의 포트딕스 기지에 모습을 드러냈으며 사망자도 나왔다. 다만 이것은 그 시설에 잠복 중이던 바이러스가 뒤늦게 누출되었을 가능성이 높다.

스페인 독감이 유행하고 약 40년 후인 1957년에 유행한 아시아 독감으로 약 100만 명이 사망했고, 다음으로 일어난 1968~1969년의 홍콩 독감은 약 75만 명의 목숨을 빼앗았다. 네 번째는 1977~1978년의 소련 독감이었다. 5월에 중국 북부에서 시작되어 시베리아, 러시아 서부로 확대되었다.

그리고 다섯 번째가 1997년 홍콩에서 최초로 발견된 조류 인플루엔자다. 세계 보건 기구(WHO)에 따르면 2011년 1월 말 현재 60개 나라와 지역에서 518명에게 증상이 나타나 306명이 사망했다. 특히 인도네시아, 이집트, 베트남에 피해가 집중되었다.

대부분 조류에서 사람에게 감염되지만 바이러스가 더 큰 변이를 일으켜 사람에서 사람으로 전염되는 사태에 이르면 세계 규모의 인플루엔자인 '감염 폭발'이 예상된다. 이와 같은 신형 인플루엔자 바이러스가 출현한다면 최악의 경우 전 세계적으로 15억 명이 중증에 이르고 5억 명이 사망할 가능성이 있다고 WHO는 발표했다.

## 신형 인플루엔자의 유행

혼동하기 쉽게도, 이 조류 인플루엔자의 대유행이 우려되던 2009년 4월에 다른 유전자를 가진 돼지 인플루엔자가 멕시코에서 새로이 출현해 단기간에 전 세계로 확산되었다. 스페인 독감과 같은 타입의 바이러스였기 때문에 당시의 악몽을 떠올리게 만들었다.

WHO나 미국 질병 통제 센터(CDC)에 따르면 2011년 1월 현재 179개의 나라 및 지역에서 감염자가 나왔고 사망자는 124개 국가 및 지역에서 1만 8499명에 달한다. 일본에서도 198명이 사망했다.

### 인플루엔자 문학

『창백한 말, 창백한 기수』외에도 스페인 독감을 소재로 한 작품은 많다. 일본어로 번역된 것만 해도 다음과 같은 작품이 있다.

루이스 애더믹(Louis Adamic, 1899~1951년)의 『정글 속의 웃음(Laughing in the Jungle)』**11** 은 미국에서 감염 폭발이 시작될 당시의 루이지애나 주에 있는 병영의 모습을 생생하게 묘사한다. 병영에서 수천 명의 감염자가 발생하고 주인공이 속한 중대가 격리되는 등 대혼란에 빠져든다. 사망자는 하루 평균 70명에 달했고 인플루엔자가 사라졌을 때에는 중대당 5명 가운데 1명꼴로 죽어 있었다.

애더믹은 14세였던 20세기 초반에 오스트리아-헝가리 제국(현 슬로베니아)에서 미국으로 건너간 이민자 출신으로 미국 에스닉 문학의 선구자이다. 탄생 100주년을 기념해 그의 조국 슬로베니아에서는 애더믹의 얼굴을 넣은 기념 우표가 제작되기도 했다.

존 오하라(John O'Hara, 1905~1970년)의 단편집**12**에 실린 「의사의 아들(The Doctor's Son)」도 있다. 1918년 어느 날 펜실베이니아 주의 탄광촌에서 의사가 병에 걸려 앓아눕는다. 그를 대신해서 온 의사 마이어즈가 아들 지미와 함께 스페인 독감이 유행하는 거리로 왕진을 간다. 비참한 독감 유행에 직면하면서 15세의 지미는 성장하게 된다.

기록 문학이라는 의미에서 리처드 콜리어(Richard Collier, 1924년~)의 『인플루엔자 바이러스, 스페인 귀부인(The Plague of the Spanish Lady: The Influenza Pandemic of 1918-1919)』을 추가해도 좋을 것이다. 콜리어는 『공군 대작전』 등을 쓴 베스트셀러 작가이다. 유럽과 아메리카에서는 이 외에도 다수의 인플루엔자 소설이 간행되고 있다.

# 일본에 상륙한 스페인 독감

**기시다 구니오,『감기 한 다발』**[1]

일본 역시 스페인 독감의 세계적 유행에 휩쓸렸다. 서구 못지않은 숫자의 사망자와 감염자가 나왔고 사회는 대혼란에 빠졌다. 정부가 손을 못 쓰는 사이 국민들은 공포의 도가니로 빠져들었다. 일본에서도 수많은 문인들이 인플루엔자의 공포를 글로 남겼다.

### 『감기 한 다발』 줄거리

기시다 구니오(岸田國士, 1890~1954년)는 1929년에 《지지신포(時事新報)》에 게재되었던 수필 「감기 한 다발(風邪一束)」로 스페인 독감의 공포에 전전긍긍하는 자신의 모습을 냉철하게 그려 냈다.

> 오랫동안 그 이름을 들었으며 언제나 그것인가 싶은 그림자를 주변에서 보면서도, 이제껏 그 정체를 확실히 포착할 수는 없었던 감기가 있다. 감기는 말할 것도 없이 일종의 병이다. 대개는 목구멍이 거칠어지고 기침이 나오며 코가 막히고 머리가 아프며, 때로는 열이 오르고 식욕이 나지를 않으며

의사의 손을 번거롭게 만든다.

유행성 감모(感冒)라는 수상한 녀석은 최근 스페인 독감이란 괴이쩍으면서 아름다운 이름으로 문명국의 도시를 습격했고 눈 깜짝할 사이에 숱한 어머니와 아버지, 사랑하는 사람들과 아이들, 식모들의 생명을 빼앗았다. 같은 사신이라 해도 콜레라나 페스트와는 달리 인플루엔자라고 하면 뭔가 그 손이 작으며 흴 것 같고 얇은 비단을 뚫고 희미하게 번지는 보석의 빛마저 느끼게 하는 어감을 갖고 있지 않은가.

그는 여행지에서 친구의 집에 방문했다 감기에 걸렸고 그것이 폐렴을 일으켜 입원한다.

나도 몇 해 전 무서운 감기에 걸려 가까스로 목숨을 건진 적이 있다. 가볍게 길을 떠난 여행지에서였는데 해안에서 저녁 바람을 30분 정도 쐰 것이 원인이었다. 그것이 별반 친하다고 할 수도 없는 A씨의 집에서 3일간 40도의 고열에 시달리게 된 경위다.

이때부터 이야기는 감기의 추억으로 발전한다.

어느 서양인이 일본에 와서 "일본인은 모두 언제나 감기에 걸려 있다."라고 말한 모양이다. 과연 그러고 보니 그럴지도 모른다. 첫째 일본인의 목소리는 대체로 서양인이 감기에 걸린 때의 목소리와 비슷하다. 둘째 일본인만큼 가래를 많이 뱉는 인종은 드물다. 셋째 극장이나 음악회 따위의 여러

식장에서 일본처럼 많은 기침 소리를 들을 수 있는 곳은 없다. 드디어 시작하나 싶을 때 먼저 헛기침을 해 둔다. 어느 정도 진정되고 나면 '아, 이제 좀 됐나.' 하는 헛기침을 한다. 연극일 경우에는 막이 올라가 있는 동안에도 배우의 대사가 끊어질라치면 여기저기서 기침 소리가 나온다. …… 결국 숨을 죽이면 목구멍이 근질근질 좀이 쑤시는 게로다. 태어나면서부터 감기에 걸렸다는 증거다. 올해에는 나도 감기나 걸려 볼까.

## 기시다 구니오와 일본 연극 혁명

기시다 구니오는 군인 가정에서 태어났다. 육군 사관 학교에 입학했고 육군 헌병 대위 시절에는 아나키스트 오스기 사카에(大杉榮)등을 살해한 아마카스 마사히코(甘粕正彦, 1923년 간토 대지진으로 혼란스러운 틈을 타 사설 무장 단체 자경단이 도쿄 일대에서 조선인과 사회주의자, 아나키스트들을 색출해 학살했다. 이때 부분적으로 군대와 경찰도 가담했는데 헌병대 대위인 아마카스가 오스기를 살해했다. — 옮긴이)나 전쟁이 끝난 1945년에 필리핀에서 전사한 스즈키 소사쿠(鈴木宗作) 등과 어울렸다. 군무에 임하면서도 문학에 경도된 그는 병에 걸린 것을 계기로 군역에서 물러나 28세 때 도쿄 제국 대학교 문과 대학 불문학과에 입학해 프랑스 문학과 근대 연극을 배웠다. 그 후 프랑스령 인도차이나를 경유해 파리의 소르본 대학교에서 유학했다.

다방면에 걸쳐 활동한 기시다 구니오는 종래 일본의 예술 문화에 맞서 연극 혁명을 주창했다. 작가 기쿠치 간(菊池寬, 1888~1948년)이 그를 아꼈다. 1932년에 신설된 메이지 대학교 문예과 교원으로 임용되었고, 1937년에는 구보타 만타로(久保田萬太郎) 등과 함께 극단 분가쿠자(文學座)를 결성했다. 제2차 세계 대전 직전에는 메이지 대학교 문예과장에서 대정익찬회(1940년부터 1945년까지 존재했던 관제 국민 통합 기구. 제2차 세계 대전 중 정치력을 결집하여 고도의 국방 국가를 건설하기 위해 만들어졌으나 군부가 주도권을 장악하면서 행정 보조 기관으로 전락한 뒤 해체되었다. ─ 옮긴이) 문화부장으로 옮겼다. 그 때문에 전후에는 공직에서 추방되었다.

젊은 세대에게는 여배우 기시다 쿄코(岸田今日子)나 동화작가 기시다 에리코(岸田衿子)의 아버지라고 설명하는 편이 더 알기 쉬울지도 모른다. 그의 이름을 딴 기시다 구니오 희곡상은 신인 극작가의 등용문이기도 하다.

대표작으로 희곡 『우산(牛山) 호텔』, 소설 『난류』 등이 있으며 쥘르나르의 『홍당무』, 『박물지』 등 그가 번역한 책들이 지금도 사랑받고 있다.

## 일본을 강타한 스페인 독감

일본에서 유행한 스페인 독감의 절정은 1918년 가을부터 1919년 봄에 걸친 '전기 유행'과 1919년 끝자락부터 1920년 봄에 걸친 '후기 유행'으로 나뉜다. 신문 보도(《아사히신문》, 메이지·다이쇼의 기사·광고 데이터베이스)로 그 경과를 추적해 보자.

### 전기 유행

미국에서 독감 유행이 시작된 직후인 1918년 4월 타이완 각지를 순회 중이던 스모 선수 3명이 병사했고 그 후에도 경기를 쉬는 선수들이 속출했다. 5월 8일자 《아사히신문》은 "유행하는 스모 감기: 스모 선수들 같은 장소에서 쓰러져"라는 표제로 "스모 선수들 사이에 몹쓸 감기가 유행하기 시작했다. 타치야마(太刀山) 수련장 등에서는 18명이 베개를 나란히 했다. 토모즈나(友綱) 수련장에서는 10명 정도가 데굴거리고 있다."라는 소식을 전했다. 인기 스모 선수의 결장이 속출하면서 선수들의 순위도 재편성되었다. 이런 일들 탓에 처음에는 스모 독감이라든가 스모 선수병으로 불리기도 했다.

이 스모 독감은 일본에서의 스페인 독감 유행의 징조였다. 일단은 수습되었지만 10월쯤 되자 유럽 전선에서 유행하며 독성이 강해진 스페인 독감 바이러스가 일본에 상륙해 군대나 학교를 중심으로 크게 유행하기 시작했다. 전기 유행의 막이 오른 것이다. 10월 4일자에는 "(후쿠이의) 사바에 제36연대에서 유행성 감기 환자가 200여 명이 발생해, 연대는 외출이나 면회를 일절 금지했다."라고 쓰여 있다.

거기다 10월 16일자 지면을 보면 "에히메 현 오즈 정(현 오즈 시)에서 유행성 감기가 대유행해 600명의 환자가 나왔다. 중학교와 고등여학교 학생들 다수가 이 감기에 걸렸고 1주간 39도에서 40도의 고열에 시달렸다고 한다. 환자는 10세 이상 30세 이하가 많다." 10월 24일이 되자 "최근 도쿄를 습격한 감기는 그 유행이 점점 더 확대되어 어느 학교에서나 수십 명까지 학교를 쉬게 되었다." 이처럼 10월에 전국으로 번져 11월에는 환자 수와 사망자 수 모두 최대에 이르렀다.

10월 25일자 신문은 "스페인 독감: 세계적 유행 중인 스페인 감기의 병세가 치열해져, 지방에서는 학교들이 수업을 중지시키는 경우도 많음. 독감이 유행한 각지에 방역관을 파견. 1고(1886년 메이지 정부에 의해 세워진 최초의 구제 고등학교 '제1고등학교'의 약칭, 현재의 도쿄 대학교 교양학부 및 지바 대학교 의학부·약학부의 전신이 된 학교 — 옮긴이)에서 50명 발병"이라며 각 학교의 독감 유행을 전했다.

1919년 2월 3일자에서는 "입원 모두 거절. 의사도 간호사도 지쳐 쓰러져"라는 제목으로 이 유행의 엄청난 위력을 전하고 있다.

어디로 도망쳐 봤자 숨을 수가 없다는 무서운 감기. 일시적으로 숨을 죽이는 것 같았지만 또 다시 병마가 손을 뻗쳐 더욱 창궐하고 있다. 환자는 늘어나기만 한다. 의사도 전염되고 간호사들이 쓰러진다.

도쿄는 공황에 빠졌고 많은 시민이 피난을 가기 시작했다. 2월 19일자에는 "아타미는 감기 피난객들로 곳곳이 만원, 이불방까지 손님이 넘쳐나고 있다."라고 나온다. 6월 14일자에는 "악성 유행 감기가 심했던 때에는 관이 산처럼 쌓였는데 그 가운데는 이름과 유체가 다른 것마저 있었다."고 기록되어 있다.

### 후기 유행

1919년 7월이 되자 독감은 한풀 꺾인 듯했다. 그러나 1919년 10월 하순부터 이듬해 봄에 걸쳐 두 번째 유행(후기 유행)이 시작되었다. 1920년 1월 11일자에는 "무시무시한 유행성 감기가 전국에 재차 만연해 사망자가 속출하는 공포 시대가 온 듯하다. 기침이 한 번이라도 나온 사람은 외출하지 말도록. 그 사람 때문에 많은 감염자가 나올지도 모른다."라는 경고도 실렸다.

똑같은 1월 11일자는 "유행성 감기 악화, 공장 차례로 폐쇄"라 전했고, 이어서 16일자에는 "유행성 감기가 화근이 되어 공중 목욕탕, 만담 공연장, 영화관, 이발소에 손님 현저히 감소"라 나왔으며, 23일자는 "교통·통신에 커다란 악영향. 시영 전차나 전화국에서 매일 500~600명의 결근자 발생"이라며 사회가 마비된 모습을 전했다.

1월 20일자에는 도쿄 스나무라(砂村, 현 에도가와 구)에 있는 화장터를 취재한 르포가 실렸다. "개소 이래 최대인 223구의 시체가 실려 와 문 닫는 시간인 오후 9시를 넘겨서도 작업에 쫓기고 있다."라고 전했다.

이들 기사는 대도시 중심이었지만 외딴 섬도 처참한 상황이었다. 《홋카이타임스》(1920년 6월 6일자)는 당시는 일본 영토였던 에토로후 섬(擇捉, 현 북방 4도 중 하나), 동해안의 루베쓰무라(留別村) 주변에서 일어난 유행을 "사체를 벌판으로 이송, 쌓아 놓고 화장"이라는 표제로 보도했다.

> 100여 명의 마을 사람들이 자리를 보전하고 차례로 죽어 나갔다. 지방 의사의 소재지인 루베쓰도 같은 상태에 빠져들어 남편이 사망하고 1시간 후에 그 처가 죽고 자식이 위독해지는 참사가 빈발했으며 의사도 감염되어 거동을 못해 ······.

당시 인구 236만 명이었던 홋카이도에서도 1만 명 이상의 사망자가 나왔다.

정부에 긴급 대책을 요구하는 여론이 높아졌지만 주의를 호소하고

그림 6-1. 예방책은 겨우 마스크 착용 정도였다.

마스크를 착용하거나 외출을 삼가라는 정도가 대책의 전부였다. (그림 6-1)

정부의 공식 기록으로 내무성 위생국(후생노동성의 전신)이 1922년에 편찬한 『유행성 감기: '스페인 독감' 대유행의 기록(流行性感冒「スペイン風邪」大流行の記錄)』[2]에 따르면 첫 번째 유행에서 환자 수는 2116만 8398명, 사망자 수는 25만 7363명으로 환자 중 사망자 비율은 1.22퍼센트였다. 두 번째 유행에서는 환자 수 241만 2097명, 사망자 수 12만 7666명으로 환자의 사망률이 5.29퍼센트로 높아졌다.

1918년 당시 일본 인구는 5666만 명이었으므로 첫 번째 유행만으로도 인구의 37.3퍼센트 즉 3명 가운데 1명 이상이 감염되었다는 이야기가 된다. 기록된 것만 보면 일본 전염병 사상 최악이었다.

두 번째 유행 때는 사망률이 처음보다도 크게 상승했다. 유럽과 아메리카에서의 유행과 마찬가지로 바이러스가 악성화되었기 때문이다. 내무성 위생국의 기록에 따르면 두 번째 유행의 환자 수는 첫 번째에 비해 10분의 1 수준이었지만 사망률은 매우 높았다. 그해 3~4월에는 10퍼센트 이상으로 오르기도 했고 평균적으로도 5.29퍼센트로 첫 번째 유행 때 사망률의 4.5배였다는 해설이 붙어 있다.

국내 감염자는 2300만 명이 넘었고 사망자 합계는 38만 8000명으로 추산된다. 단 이 숫자는 일부 부(府)나 현(縣)에서의 데이터 누락

이 있기에, 인구 역사학자인 하야미 아키라(速水融) 게이오 대학교 명예 교수는 인플루엔자 유행 시 사망률이 평년보다 오른 초과 사망으로부터 계산하여 사망자 수가 45만 명에 이르렀다고 보고 있다. 한편 국제적인 통계(5장 참조)에서는 일본의 사망자 수를 26만 명으로 본다. 현재 일본의 인구로 환산하면 100만 명이 넘는다. 이 외에도 사망자 숫자에 대해서는 40만~48만 명에 이르는 다양한 추정치가 있다.

사망자의 연령 분포는 유럽과 아메리카처럼 5세 미만이 높았고 남성은 30~34세, 여성은 25~29세 등 젊은 사람이 다수였다. 이것이 계절성 인플루엔자와 크게 구분되는 점이다.

1921년이 되니 그토록 심했던 인플루엔자도 거짓말처럼 사라진다. 1월 6일자 《아사히신문》 지면에는 "나라 전체가 불안한 봄을 맞이했으나 다행히 금년 들어서는 아직 그 마수가 뻗치지 않았다."라고 쓰여 있어 안도하는 기운을 느낄 수 있다.

### 사랑과 죽음

세리자와 고지로(芹澤光治良, 1897~1993년, 시즈오카 현 출신의 소설가. 일본에는 잘 알려져 있지 않지만 프랑스를 비롯한 유럽에서 평가가 높았다. ─옮긴이)의 대표작 『인간의 운명(人間の運命)』[3]에도 스페인 독감이 등장한다. 『인간의 운명』은 메이지·다이쇼·쇼와 시대에 걸친 대하소설이다. 자연의 아름다움이라는 주제로 시작해 주인공 모리 지로(森次郎)가 빈곤과 우정, 사랑과 신앙, 전쟁, 만남과 이별이라는 수많은 인생의 문제와 대치하며 성장하는 모습을 그린 작품이다. 아직도 그 팬이 많다.

세리자와 고지로의 경력에서도 기시다와 비슷한 변화를 엿볼 수 있다. 도쿄 제국 대학교 경제학부를 졸업하고 농상무성에 들어갔으나 29세에 그만두고 소르본 대학교에 입학했다. 하지만 프랑스 체제 중 결핵에 걸려 스위스에서 요양하다 귀국 후에 작가가 되기로 뜻을 세웠고 『파리에서 죽다』(1943년)가 베스트셀러 반열에 오른다.

『인간의 운명』의 2권 「우정」에 오쓰카 마코토(大塚誠)라는 인물이 등장한다. 오쓰카는 스페인 독감에서 기적적으로 살아 돌아오는 인물이지만 그를 간병하던 누이동생이 감염되어 사망한다. 이후 그는 프랑스로 귀화하고 현지 여성과 결혼해 화가로 산다.

오쓰카는 오쓰카 효고(兵吳)라는 실존 인물이 모델이다. 가난했던 제1고등학교 시절에 세리자와 고지로를 물심양면으로 원조했지만 1918년에 스페인 독감에 걸려 사망했다. 세리자와는 그 은혜를 평생 잊지 않고 오쓰카를 『인간의 운명』에 친구 역할로 등장시켰다. 일본에서 스페인 독감은 1918년 가을부터 최초로 유행하기 시작했으므로 세리자와의 1고 시대와도 일치한다.

우치다 햣켄(內田百閒, 1889~1971년)의 『실설초평기(實說艸平記)』[4]에도 스페인 독감이 등장한다.

> 가라스모리(烏森)의 가드 근처의 안경점에 금록석을 사러 갔다. …… 주인장은 "하아 하아"하고 숨을 헐떡거렸다. …… 그즈음 창궐하던 스페인 독감에 걸렸을지도 모른다. …… 예상대로 그 다음날부터 맹렬하게 인플루엔자 열이 나더니 결국 40도를 넘겼을 뿐만 아니라 집안 사람 모두 감염되는 큰 소동이 났다.

우치다는 나쓰메 소세키(夏目漱石, 1867~1916년) 문하의 소설가, 수필가다. 도쿄 제국 대학교 독문과를 졸업한 뒤, 육군 사관 학교의 영어학 교관이었던 아쿠타가와 류노스케의 추천(芥川龍之芥, 1892~1927년)으로 이 학교의 독일어학 교원 자리를 얻는다. 1920년에 사관 학교에서 물러나 호세(法政) 대학교 교수를 지냈다.

다수의 저작을 남겼지만 그 가운데서도 『실설초평기』는 작가 모리타 소헤이(森田草平, 1881~1949년)와의 애증이 뒤섞인 교우기로 독특한 유머가 풍기는 작품이다. 모리타 소헤이는 고교 시절 여학생과 연애 문제를 일으켜 퇴학 처분을 받기도 하고 여성 해방 운동 지도자인 유부녀 히라쓰카 라이초(平塚らいてう, 1886~1971년)와 동반 자살 미수 사건을 일으키는 등, 나쓰메 소세키의 문하생 가운데서도 독특한 존재였다.

또한 조각가이자 시인인 다카무라 고타로(高村光太郎, 1883~1956년)가 1918년에 와카(和歌, 일본 고유의 정형시 — 옮긴이) 시인 와타나베 고한(渡邊湖畔, 1886~1960년)에게 부친 편지에도 이렇게 쓰여 있다.

> 그 후 소생은 다행히 예의 유행성 감기를 면했사옵니다만 가족들이 걸려 괴로움을 겪었고 회복 후에도 온천욕 치료를 가는 등 이래저래 어수선했사옵니다.

11명 아이의 어머니였던 요사노 아키코(與謝野晶子)의 경우, 아이들 중 하나가 소학교에서 감염된 것을 시작으로 여러 명의 가족이 차례로 쓰러졌다. 그녀는 「감기의 병상에서」라는 글을 1920년 1월 25일자

《요코하마무역신보》(현 《가나가와신문》)에 기고했다. 요사노는 글에서 "어째서 포목점이나 학교, 예능 공연장, 대공장, 전람회처럼 대중이 모이는 장소에 일시 휴업을 명하지 않았습니까."라며 정부의 무딘 대응을 비판하며 따져 묻고 있다.[5]

그는 이런 시도 남겼다.

겨울은 인플루엔자가 되어 / 천식이 되어 / 기관지염이 되어 / 폐렴이 되어서 / 부모와 자식 8명을 들볶네.

시가 나오야(志賀直哉, 1883~1971년)가 1919년 《시라카바(白樺)》에 발표한 「유행 감기와 이시」(후에 「유행 감기」로 제목을 바꾸었다.)라는 글에서 태어난 지 1년 6개월 된 차녀 루메코가 스페인 독감에 걸릴까 봐 그가 병적으로 두려워했던 모습을 엿볼 수 있다. 글에는 딸을 외출시키지 않으려 신경질적일 정도로 주의를 기울인 나머지 식모로 고용한 시골 처녀 이시(石)가 연극을 구경하러 외출한 일을 의심해 질책하는 장면이 나온다. 이런 노력이 헛되게도 결국 정원사와 본인, 처, 그리고 딸도 발병하고 만다.

같은 시라카바 파인 무샤노코지 사네아쓰(武者小路實篤, 1885~1976년)의 『사랑과 죽음』에도 스페인 독감이 등장한다. 유럽에서 만난 소설가 무라오카(村岡)와 연인인 나쓰코(夏子)는 귀국 후 결혼하기로 맹세한다. 반년 후 무라오카는 귀국하는 도중 배로 도착한 전보를 읽고 나쓰코가 스페인 독감에 걸려 죽었다는 사실을 알게 된다.

다자이 오사무상을 받은 미야오 도미코(宮尾登美子, 1926년~)의 출세작 『노(櫓)』에서는 건달인 주인공 이와고(岩伍)가 고치 시를 덮친 스페인 독감이 최고조에 달했을 때 도시 밑바닥의 가난한 사람들을 돕는다. 스페인 독감은 특히 아이들과 빈자를 집중 공략했다. 『노』에는 의사로부터도 왕진을 거절당해야만 했던 그들이 괴로운 기침을 내뱉고 뒹굴며 고통스러워하는 모습이 묘사되어 있다.[6]

## 빽빽한 도시로 전염병이 스며들다

일본에서는 헤이안 시대에 긴키(近畿) 지방(혼슈 서부, 남쪽은 기이 반도에서 북쪽은 와카사 만에 이르는 지역. 교토 부, 오사카 부, 시가 현, 효고 현, 나라 현, 와카야마 현, 미에 현 등이 포함된다. — 옮긴이)에서 인플루엔자로 보이는 병이 유행했다는 기록이 남아 있으며 에도 시대에는 몇 번인가 전국에서 유행하기도 했다. 그때그때의 세태에 따라 오시치(お七) 감기, 다니(谷) 감기, 오고마(お駒) 감기 등으로 불렸다. 오시치 감기는 연애 끝에 방화 사건을 일으킨 야채 가게 시치(시치는 1682년 에도 혼고에서 일어난 대화재 당시 피난했던 절에서 그 절의 소년과 연인 관계가 된 야채 가게의 딸로, 소년을 다시 만나고 싶은 마음에서 화재를 저질러 화형에 처해졌다. 이후에 이 이야기는 조루리·가부키 등으로 각색되었다. — 옮긴이)에서, 오고마 감기는 인기 연극의 등장인물에서, 다니 감기는 유명한 요코즈나에서 따온 이름이다.

에도 바쿠후(江戶幕府) 말기에 인플루엔자라는 명칭이 난학자(난학은 일본 에도 시대에 네덜란드에서 전래된 서양의 지식을 연구한 학문을 말한다. — 옮긴이)에 의해 소개되었고 유행성 감모라고 번역되었다. 당시에는 미국 감기라 불렸으며 또한 인플루엔자 자체에는 인후로엔자

(印弗魯英撒, 인도·프랑스·러시아·영국의)라는 글자를 붙였다.[7] 인플루엔자가 외국인에 의해 나가사키에 가장 먼저 전해졌고 그 이후 전국으로 퍼져 나간 것을 인식했기 때문일 것이다.

일본어에서 감모와 감기는 동의어였기에 스페인 독감이 유행할 때는 서반아 감기라는 명칭 외에도 세계 감모, 이성(異性) 감모, 나쁜 감기, 질풍(疾風), 풍사(風邪), 다이쇼(大正) 병 등 다종다양한 이름이 있었다. 그만큼 혼란이 컸다는 사실을 엿볼 수 있다.

18세기 영국에서 시작된 산업 혁명과 공업화의 결과로 수많은 사람이 대도시에 밀집해 살게 되었고 새로운 병의 대유행을 경험했다. 비위생적이며 빽빽한 거주·노동 환경과 과중한 노동 시간, 낮은 영양 수준 등은 결핵 같은 질병의 온상이 되었다. 게다가 도시의 공장에는 면역을 갖추지 못한 농촌 출신의 노동자가 급속히 유입되었기에 질병은 금세 번졌다.

교통과 물류의 발달로 인간과 동물의 광역 이동이 비약적으로 확산되었고 짧은 시간 동안 세계적 유행이 발생했다. 그 전형적인 예가 인플루엔자. 바이러스가 기도 점막에 들러붙으면 맹렬한 속도로 증식하며 단 한 사람의 감염자가 기침이나 재채기를 해도 도시에서는 수많은 사람이 바이러스에 노출되고 만다.

인플루엔자의 잠복기는 매우 짧아 단기간에 대유행을 불러일으킬 수 있다. 이 바이러스는 인간이 도시에 밀집해 사는 사회에 적응하며 진화해 온 것이다. 결국 인간의 과밀 사회가 낳은 괴물인 셈이다.

하야미 아키라는 『일본을 습격한 스페인 인플루엔자』에서 이렇게 말한다. "전염병의 역사는 인간과 인간 이외 미생물의 역사가 직접 만

나는 장면들로서 그 결과는 어떤 면에서 인간의 역사를 크게 뒤흔들어 놓았다."

### 에곤 실레의 가족

스페인 독감의 희생자를 떠올리면 먼저 생각나는 이름이 극작가이자 연출가인 시마무라 호게쓰(島村抱月, 1871~1918년)다. 1918년에 스페인 독감에 걸려 그해 11월 5일에 사망했다. 인기 여배우이자 그의 애인이었던 마쓰이 스마코(松井須磨子, 1886~1919년)가 이듬해 1월 극단 게이주쓰자(藝術座)의 도구 보관소에서 그를 뒤따라 자살한 사건으로 더욱 유명해졌다.

환상의 세계를 그려 냈던 세키네 쇼지(關根正二, 1899~1919년)는 근대 일본 미술사에서 특이한 화가로 간주된다. 오하라(大原) 미술관이 소장한 「신앙의 슬픔」 등의 작품을 남겼으나 스페인 독감 때문에 폐렴이 악화되어 20세의 젊은 나이에 죽었다. 천재 화가로 장래가 촉망되던 무라야마 카이타(村山槐多, 1896~1919년)도 22세의 꽃다운 나이에 죽었다. 고열로 착란 상태에 빠져 폭풍 속으로 뛰쳐나가 밭 한가운데 쓰러진 채로 발견된 것이 그의 최후였다. 이들은 요절한 화가의 대명사로 지금도 자주 이야기된다.

1919년에는 하라 다카시(原敬, 1856~1921년) 수상이나 다카하시 고레키요(高橋是清, 1854~1936년) 대장상도 발병했다. 사망자 가운데는 황족인 다케다노미야 쓰네히사 왕(竹田宮恒久王, 1882~1919년), 이토 히로부미 전 수상의 사위인 스에마쓰 노리즈미(末松謙澄, 1855~1920년) 전 내무상, 도쿄역을 설계했던 다쓰노 긴고(辰野金吾, 1854~1919년),

사이고 다카모리의 아들이자 군인인 사이고 도라타로(西鄕寅太郞, 1866~1919년) 등의 이름도 있다.

미야자와 겐지(2장 참조)가 귀여워했던 여동생 도시는 일본 여자 대학교에 재학 중이던 1918년 11월에 스페인 독감에 걸려 입원했다. 그 후 고향으로 돌아왔지만 이전에 앓았던 결핵이 악화되어 24세로 세상을 떴다.

세계적으로도 수많은 저명인사가 감염되었다. 그 가운데에는 오스트리아 빈의 화가인 에곤 실레(Egon Schiele, 1890~1918년)와 구스타프 클림트(Gustav Klimt, 1862~1918년)의 이름도 있다. 실레(그림 6-2)는 28세의 젊은 나이에 죽었다. 그가 죽기 3일 전에 부인인 에디스도 스페인 독감으로 사망했다. 클림트는 폐렴으로 죽었는데 그 원인이 스페인 독감이라는 설이 있다. 「절규」의 화가로 유명한 노르웨이 출신의 에드바르트 뭉크(Edvard Munch, 1863~1944년, 15장 참조)는 회복되어 「스페인 독감 후의 자화상」을 남겼다.

이 밖에도 유명인 가운데 사망한 이로 프랑스의 시인인 기욤 아폴리네르, 독일 사회학자인 막스 베버(Max Weber, 1864~1920년)가 있다. 감염되었지만 간신히 살아남은 사람으로는 전 미국 대통령인 프

그림 6-2. 에곤 실레의 그림 「가족」. 실레 자신과 임신 중이었던 처 에디스 모두 스페인 독감으로 사망했다.

랭클린 루스벨트와 우드로 윌슨(Woodrow Wilson, 1856~1924년), 독일 황제인 빌헬름 2세(Wilhelm II, 1859~1941년), 미국의 애니메이션 제작자인 월트 디즈니(Walt Disney, 1901~1966년), 영국 수상 로이드 조지(Lloyd George, 1863~1945년), 에티오피아의 황제 하일레 셀라시에(Haile Selassie, 1892~1975년) 미국의 작가 캐서린 앤 포터 등이 있다.

### 인플루엔자의 쳇바퀴

인플루엔자는 폭발적 유행을 반복해 왔다. 인플루엔자 바이러스는 들새의 장 내에서 증식한다. 현재까지 기러기·오리류(類), 도요새·물떼새류를 비롯해 170종가량이 들새로 분류되어 있다. 숙주인 들새는 내성이 있기 때문에 바이러스에 감염되어도 발병하는 경우는 거의 없다. 바이러스는 그 운반책인 철새와 함께 시베리아, 캐나다, 알래스카 등지에서 매년 남쪽으로 흘러든다.

미국 내에서 최초로 집단 감염이 보고되었던 캔자스 주에는 양돈장과 양계장이 많다. 건너온 오리가 좁은 연못이나 닭장에서 변을 보면 원래 오리에서 가축화된 집오리에게 감염되고 거기서 닭과 돼지가 옮는다. 돼지의 경우 새와 사람 양쪽의 인플루엔자 바이러스에 감염되는데 돼지의 체내에서 두 바이러스 유전자의 재조합이 일어나는 것이다.

예년과 같이 돼지 몸속에서 생기는 신형 바이러스는 계절성 인플루엔자라 불리며 일정 수의 감염자나 사망자를 내지만 그 정도로는 대유행으로 발전하는 일이 적다. 그러나 돌연변이를 반복하는 가운데 병원성이 강한 것이 출현해 다른 동물이나 사람도 감염된다. 이것이 과거에도 반복적으로 발생해 온 대유행의 정체다.

지금까지의 대유행은 중국 남부를 기원으로 보는 일이 많았다. 집오리와 돼지, 사람이 공간 구분 없이 생활하고 있어서 유전자 재조합이 일어나기 쉬운 환경이기 때문이다. 스페인 독감도 중국 기원설을 주장하는 연구자가 있다. 유럽과 아메리카에서 창궐하기 전인 1916년 5월 중국 남부에서 인플루엔자와 비슷한 증상의 병이 유행했고 그것이 중국인 노동자를 통해 유럽과 아메리카로 번져 갔다는 설이다.

인플루엔자 바이러스는 RNA형에 속하는 바이러스로 DNA형의 바이러스처럼 증식할 때 복제 실수를 수정하는 효소를 갖고 있지 않다. 특히 A형은 돌연변이가 심하며 포유류가 100만 년이나 걸리는 진화를 1년 만에 해 버린다. 이 점에서 같은 RNA형인 에이즈 바이러스(HIV)와 공통적이며 끊임없이 돌연변이를 반복한다. 그렇기 때문에 바이러스가 완성될 즈음에는 모습이 바뀌어 있어 백신을 만들어도 효과가 없는 경우가 있다.

아시아에서는 근 20년간 축산 혁명[8]이라 불릴 정도로 가축 사육이 급격히 확대되고 있다. 국제 연합 식량 농업 기구(FAO)에 따르면 특히 닭의 경우에 세계 생산량의 40퍼센트에 달하는 약 90억 마리를 아시아에서 기른다. 최근에는 농가 마당에서 기르는 소규모 양계가 아니라 수만 마리를 한곳에 모아 기르는 공장식 양계가 급속하게 확대되고 있다. 이것은 자연광이나 바깥 공기가 거의 들어오지 않는 폐쇄형 닭장에 움직일 수 없을 정도로 많은 닭을 쑤셔 넣는 방식이다.

특히 독성이 강한 바이러스는 고병원성 인플루엔자 바이러스로 구별된다. 이 바이러스는 일단 발생하면 눈 깜짝할 사이에 닭장 안의 닭

전체에 감염된다. 때문에 한 마리라도 감염되면 닭장 전체의 닭을 처분해야 한다. 이로 인해 지금까지 세계에서 2억 마리가 넘는 닭이 처분되었다.

한편 중국이나 동남아시아 등지에서는 시장에서 생닭을 판매하는 일이 보통이다. 대량의 바이러스를 포함한 닭의 건조된 똥 때문에 바이러스 오염이 일어날 위험성은 충분하다. 위생 상태나 관리가 좋지 않은 시장, 닭 사육장, 애완동물 가게 등도 생닭을 파는 시장과 같은 상황이다.

세계적인 생활 수준의 향상은 육식 소비량을 늘렸고 이것 때문에 사육 가축의 숫자가 급증했다. 그 가축을 매개로 사람이 전혀 면역을 갖지 않은 새로운 유형의 병원체가 침입해 온다. 사람들은 신약으로 그것에 대항한다. 그러나 병원체는 저항성을 획득하고 결국은 이런저런 약제도 거뜬히 피해 가는 슈퍼 세균으로 진화하고 있다. 인과응보의 결과라면 더 할 말은 없겠지만, 이 다람쥐 쳇바퀴 돌기는 대체 언제쯤 끝날 것인가.

# 7장
# 아마존의 동쪽

### 하셰우 지 케이루스, 『가뭄』[1]

세계 최대의 열대림인 아마존의 동쪽 부근에 있는 노르데스테 지방에는 고비 사막을 뛰어넘는 거대한 건조 지대가 있다. 본래부터 심하게 건조한 지역이었으나 개발의 가속화로 생태계가 더욱 파괴되어 극심한 가뭄이 잇달아 발생한다. 바야흐로 그곳은 가뭄과 빈곤, 기아의 땅이 되었다.

### 『가뭄』 줄거리

무대는 브라질 노르데스테(Nordeste, 동북부) 지방의 건조 지대인 세아라 주다. 이야기는 가뭄으로 나무가 마르고 여물이 다 떨어진 까닭에 뼈가 다 드러나고 진드기가 잔뜩 꼬인 소의 모습에서 시작한다.

> 모든 곳이 열과 까슬까슬함으로 가득 찼고 바싹 마른 것처럼 보였다. 온통 갈색인 단조로운 풍경 속에서 초록색을 띤 것은 아직 잎을 다 떨어뜨리지 않은 주아제이로 나무 몇 그루뿐이었다.

주인공은 목동인 식코 벤트, 그리고 그의 처와 5명의 아들, 의붓 여동생인 모시냐 일가다. 주변의 호수는 완전히 말라붙어 마실 물이 사라졌고 먹을 것조차 없어졌다. 일가는 빼빼 마른 소와 팔릴 만한 옷가지를 처분하고 목장에서 떠나기로 한다.

이 가뭄이 이어지는 동안 그대로 굶어 죽을 수야 없다. 그에 비하면 세계는 넓고 아마존에는 고무가 있으니까…….

당나귀에 짐을 실은 그들은 세아라 주의 오지에서 해안에 있는 주도(州都) 포르탈레자로 향한다. 생사의 경계를 헤매는 도피의 시작이었다. 그러나 차츰 기아와 갈증이 심해졌고 도중에 아이 하나가 일행을 놓쳐 행방불명이 된다.

식코가 겨우겨우 카사바(브라질에서 주식으로 먹는 감자)를 입수하지만 아이 하나가 너무 배가 고팠던 나머지 그것을 생으로 먹어 중독을 일으키고 고통에 몸부림치다 죽어 버린다. 배고픔을 견딜 수 없었던 가족은 결국 목장의 아기 염소를 훔친다. 그러나 염소를 해체시키던 중에 목장 주인에게 발각되어서 쫓기게 된다. 많은 난민들이 거지꼴로 전락한 채 걸음을 계속한다.

겨우 수용소에 도착한 이 가족은 자원 봉사로 피난민들을 돕고 있던 목장 주인의 손녀와 만나게 되고, 그녀의 노력으로 토목 공사 일을 얻는다. 하지만 거기서 아마존으로 향할 생각이었던 식코 일가에게 그녀는 이런 충고를 던진다.

그렇지만 요즘에는 아마존도 갈 만한 데가 못 돼요. 고무도 돈이 되지 않는다고 하던 걸요.

일가는 상파울루로 향하는 배에 오른다. 12월 초에 그토록 기다렸던 비가 내리기 시작한다. 괴멸적인 피해와 수많은 사망자를 낸 대가뭄은 드디어 막을 내린다.

먼지가 자욱했던 포장 도로에 비가 떨어지고 이웃집의 아연 홈통으로부터 물이 쏟아지며 지붕에서는 빗물이 천천히 흐르는 모습을 바라봤다. 이 순간의 엄청난 감격 때문에 누구도 꼼짝 하지 않았고 입도 열지 못했다.

그러나 4년 후인 1919년에 또 다시 가뭄이 덮쳐 수많은 난민이 유랑 길에 올랐다. 그들은 도로변에 판잣집을 지어 놓고 집집을 돌며 구걸해 근근이 살았다. 특히 어린아이들은 중요한 구걸 수단이었다.

## 1915년 대가뭄

하셰우 지 케이루스(Rachel de Queiroz, 1910~2003년)는 일본에서는 지명도가 낮지만 브라질을 대표하는 작가 중 한 사람이다. 그녀는 대서양 쪽으로 튀어나온 브라질 노르데스테(그림 7-1) 지방 세아라 주의 주도 포르탈레자에서 태어났다. 케이루스는 역시 작가인 조제 지 알렝카르(José de Alencar, 1829~1877년)의 피를 이어받았다. 알렝카르는 『이라세마: 브라질 세아라의 선승』[2] 등의 작품으로 일본에도 잘 알려져 있는 작가다.

그림 7-1. 노르데스테 지방과 아마존 횡단 고속도로

케이루스는 5세 때 심각한 가뭄을 겪었고 그때의 악몽 같은 광경이 일생의 트라우마로 남았다. 이 1915년의 대가뭄으로 다수의 아사자와 피난민이 발생했다. 가뭄 뒤에 가족과 함께 리우데자네이루로 이주했으나 1919년에는 다시 고향으로 돌아왔고 16세 때 지방지《오 세아라》의 기자로 일을 시작했다.

가뭄의 체험에 정면으로 맞서 20세에 세상에 내보인 첫 작품이 『가뭄(O Quinze)』이다. 원제는 포르투갈 어로 15년을 의미한다. 1915년의 대가뭄이 이 소설의 소재다. 소설은 가뭄으로 난민이 된 사람들의 비참한 피난길과 이주로 갈가리 찢긴 인간의 마음을 사실적으로 묘사했다. 그런 점에서 『분노의 포도』(3장 참조)의 브라질 판이라고도 볼 수 있다.

『가뭄』은 세아라 주에서 자비 출판되었으나 전국에서 호평을 받아 케이루스는 작가로서 출발선을 끊는다. 1977년에는 권위 있는 브라질 아카데미에서 최초의 여성 회원으로 선출되었으며 문화인으로도 폭 넓게 활약해 국제 연합(UN)의 브라질 대표로도 일했다. 2003년 92세의 나이로 리우데자네이루 시내의 자택에서 사망했다. 그 죽음은 일본을 포함해 전 세계로 보도되었다.

## 노르데스테, 아마존 옆의 사막

아마존 하구의 마을 벨렘에서 리우데자네이루를 향해 날아오른 비행기는 짙은 녹음으로 대지를 채운 아마존의 열대 우림을 가로질러 대서양을 향해 삼각형으로 돌출된 노르데스테 내륙부에 다다른다. 밑으로 눈을 돌리면 믿기 어려운 광경이 펼쳐진다. 초록색은 거의 보이지 않고 바싹 메마른 목장과 밭에서 모래 먼지가 피어오르고 있다. 아마존 옆은 사막이었다.

연 강수량이 3000밀리미터를 넘는 아마존과 달리 이곳에는 수백 밀리미터에도 미치지 못하는 사바나나 그보다 더욱 건조한 카팅가(caatinga, 브라질 북동부의 반건조 지역에 분포하는 유자관목, 선인장, 용설란 등이 혼재하는 식생. 인디오 말로 '흰 숲'이라는 뜻이다. —옮긴이)가 펼쳐져 있다. 그 지방에서는 세르탕('오지'라는 의미)이라 불린다. 적도 부근에서 발생하는 저기압대인 열대 수렴대(intertropical convergence zone)의 이동 범위 밖이기 때문에 비가 상당히 변덕스럽게 내린다.

노르데스테는 북으로는 마라냥 주에서 남으로는 바이아 주까지 총

9개의 주로 구성되어 있다. 브라질 국토의 18퍼센트밖에 안 되는 노르데스테에 전 인구의 29퍼센트에 해당하는 약 5200만 명이 산다. 이 지대를 관통하는 20번 국도를 달리다 보면 곳곳에 목장과 농장도 보이지만 선인장이 자라는 멕시코의 사막과 별반 다르지 않은 황량한 풍경이 이어진다. 도로를 따라 늘어선 마을은 가난하며, 놀고 있는 아이들은 맨발에 매우 말라 있다.

노르데스테의 대서양 연안에는 사구가 줄지어 있고 내륙부에는 사막이 펼쳐진다. 가뭄이 빈번하게 발생하며 브라질 내에서도 특별히 가난한 땅이다. (그림 7-2) 인구의 반 이상이 후라게라도스(고꾸라진 사람들을 의미)라 불리는 빈곤층이다. 지금까지 자주 기아의 삼각 지대나 가뭄과 캉가세이로(Cangaceiro, 도적)의 땅이라는 형용사가 붙어 거론되었다. 그만큼 기아나 범죄가 많이 발생하며, 1964년의 군사 쿠

그림 7-2. 땅이 바싹 메마르고 수많은 가축이 희생된 2005년의 가뭄(노르데스테의 알라고아스 주)

데타에서 1985년 민주화에 이르기까지 번번이 폭동이 일어났다.

노르데스테에서는 농·목축지 소유 면적이 0.1제곱킬로미터 이하인 영세 농가가 70퍼센트를 차지하며 그 면적을 다 더해도 전체 농·목축지의 5퍼센트 정도다. 한편 1제곱킬로미터 이상을 가진 대지주는 농민의 0.5퍼센트에 지나지 않음에도 농·목축지의 70퍼센트를 소유한다.[3]

2003~2010년 브라질 대통령을 두 번 지냈던 루이스 이나시우 룰라 다 시우바(Luiz Inacio Lula da Silva) 전 대통령(통칭 룰라)은 노르데스테의 대서양에 면한 지역인 페르남부쿠 주의 극빈 가정에서 태어났다. 너무 가난해 7세가 될 때까지 빵이 무엇인지도 몰랐다고 잡지 인터뷰에서 말했을 정도다.

룰라는 7세 때 가족과 함께 약 3000킬로미터의 길을 유랑해 상파울루의 슬럼 가로 왔다. 이어 노동조합에 참가해 국제적으로 유명한 활동가가 되었고 정치가로 변신했다. 대통령으로 취임한 후에는 브라질 경제를 일으켜 세웠고 2016년 하계 올림픽을 리우데자네이루에 유치하는 데 성공했다.

## 가뭄에 시달린 노르데스테

18세기 후반에서 19세기에 걸쳐 세르탕에서는 면화 재배와 목축의 눈부신 성장으로 인구와 가축이 급증했다. 토지에 가하는 압박이 심해지자 땅이 약해졌고 비의 양이 적을 경우 가뭄 피해가 순식간에 번지게 되었다.

17세기에는 소규모의 가뭄이 6번밖에 일어나지 않았지만 18세기에는 14번, 19세기에는 11번, 20세기 들어서는 16번이나 발생했다. 기록에 남아 있지 않은 국지적인 가뭄은 이루 셀 수도 없다.

특히 1877~1879년에 이름 높은 대가뭄(Grande Seca)이 노르데스테 전역을 덮쳤다. 1월부터 전혀 비가 내리지 않았고 3월에 들어서자 사태는 한층 더 악화되었다. 5월에는 심각한 기아가 번져 파멸적인 상황에 이르렀고 100만 명이 넘는 사람들이 기아와 전염병으로 사망했다.[4] 현재도 중앙아메리카와 남아메리카 사상 최악의 자연재해라 불린다.

이 대가뭄이 가장 극성을 부렸을 때 이곳을 방문했던 미국의 박물학자 허버트 헌팅턴 스미스(Herbert Huntington Smith, 1851~1919년)는 다음과 같이 상황을 기록했다.[5]

잎이 사라진 나무에서 새들이 떨어져 죽어 있다. 여우나 아르마딜로(아메리카 대륙에 사는 가죽이 딱딱한 동물. 공격을 받으면 몸을 공 모양으로 오그린다. ─ 옮긴이)는 움 속에서 죽었다. 곤충들도 소멸했다. 가뭄 때문에 연안부의 숲이 메말랐고 강은 바닥을 드러냈으며 수천 명이나 되는 난민이 …… 내륙 지방의 마을로 모였다.

40만 명이나 되는 주민이 세르탕을 버리고 해안 지대로 들이닥쳤다. 모든 도로에 피난민이 넘쳐 났다. 성인 남녀는 물론 어린 아이들도 굶어서 쇠약해지고 헐벗은 몸으로 입에 풀칠할 것을 구하기 위해 가가호호 돌며 기도를 올리거나 구걸을 했다. 그들은 지친 발을 질질 끌며 평야를 가로질렀고 피가 나는 발로 암석 천지의 산길을 더듬었다. 길을 떠난 순간 이미 굶주

린 상태였다.

우선 반쯤 미친 부모를 허망하게 부르짖던 쇠약한 어린이들이 뒤쳐졌다. 이어서 어떤 남녀가 쓰러져 돌 위에서 죽어 가고 있었다. …… 도중에 10만 명의 사람이 죽어서 그대로 방치되었다고 한다.

이듬해인 1878년에도 세르탕에는 비가 내리지 않았고 오지는 황량한 들판으로 변하고 있었다. 도시로 흘러든 난민들은 여전히 고향으로 돌아갈 수 없었다. 정부의 원조도 거의 끊겼고 4월 이후로는 아사자가 세르탕 전체에서 급증했다. 오지는 거의 아무도 없는 상태가 되었다고 한다.[6]

그 후에도 크고 작은 가뭄이 간헐적으로 닥쳐와 1915년에는 2만 7000명의 사망자와 7만 5000명의 피난민이 발생했다. 대가뭄보다 피해 규모는 작았지만 국지적으로는 그에 뒤지지 않는 비참한 재난이었다. 『가뭄』은 1915년의 비극이 배경이다. 그 후로도 가뭄은 멎지 않았고 20세기 후반부터는 규모와 함께 빈도도 늘었다. 뒤에서 다시 이야기하겠지만 1969~1970년의 가뭄 역시 막대한 피해를 불러 왔다.

근년의 상황을 보면 노르데스테에서 1979~1983년 5년 연속으로 가뭄이 일어나 내륙부 농촌은 흉작을 겪었다. 가뭄 직전인 1978년과 비교했을 때 옥수수, 면, 담배의 수확량이 약 30~60퍼센트 줄었다.

다만 과거 대가뭄에서 교훈을 얻은 브라질 정부가 긴급 대책 사업을 실시해 식량과 물의 배급은 물론이고 다양한 공공 투자를 집중시켜 450만 명 이상의 고용을 창출했다. 이 덕분에 전처럼 다수의 기아자나 피난민 없이 상황을 수습할 수 있었다.

2005~2006년에 또다시 노르데스테에 비가 거의 내리지 않았다. 특히 에탄올 연료의 원료인 사탕수수 생산이 지역에 따라 반까지 줄어들어 세계적으로 에탄올 가격이 앙등했다. 가뭄은 아마존으로도 번졌고 지류가 바싹 말라 물고기가 대량으로 죽어 물 위로 떠올랐다. 그 탓에 하천의 통행이 불가능해져 원조용 식량조차 옮길 수 없는 상태가 되기도 했다.

## 노르데스테 개발의 역사

노르데스테는 브라질에서 최초로 개발된 지역이다. 크리스토퍼 콜럼버스(Christopher Columbus, 1451~1506년) 일행이 카리브 해에 도달한 지 8년 뒤인 1500년, 인도로 향했던 포르투갈의 함대 사령관 페드루 알바르스 카브랄(Pedro Alvares Cabral, 1468~1520년)이 현재의 노르데스테 지방 바이아 주의 포르투세구로에 상륙했다. 브라질의 영유권을 확정하려는 목적이었다.

포르투갈 인들이 당초 그곳을 차지하려던 목적은 브라질의 야생 대목인 파우 브라질(일본명은 브라질 나무)에 있었다. 줄기를 꺾어 끓이면 직물에 쓰이는 빨간 염료가 나왔기 때문에 유럽에서 귀하게 여겼다. 참고로 나라 이름 브라질 역시 이 나무에서 유래한다. 하지만 모조리 벌채되었기 때문에 현재 이 야생 나무를 볼 가능성은 희박하다.[7]

포르투갈은 이 나무를 가져오기 위해 식민지 개척자들을 브라질에 보냈다. 그러나 너무 딱딱한 이 나무를 베어 내어 운반용 가축 없이 배로 옮기는 일은 백인이 하기에는 도저히 불가능한 중노동이었다. 그리하여 이 노역에 원주민이 동원되었다.

1530년대가 되자 아조레스 제도에서 사탕수수가 전해져 설탕 생산이 시작되었다. 이윽고 설탕은 염료의 채취를 뛰어넘는 산업으로 발전했고 브라질은 1549년에 포르투갈의 왕실 식민지로 편입되었다. 그들은 설탕 생산에 열의를 기울이기 시작했다.

설탕 플랜테이션(Plantation, 중앙아메리카·남아메리카·동남아시아·아프리카에 많은 전근대적인 대농장 ― 옮긴이)은 대규모의 삼림 파괴를 초래했다. 재배를 위해 광대한 면적을 불에 태워야 했고 짜낸 원액을 졸이는 연료로 많은 나무가 필요했기 때문이다. 유럽의 식민지 침투가 시작되기 이전에는 해안 지대에 열대 우림이 띠처럼 촘촘하게 줄지어 있었지만 17세기 중반 즉 식민지가 되고 100년도 되지 않은 시점부터는 해안부의 삼림이 거의 다 모습을 감추었다.

### 설탕이 있는 곳에 노예가 있다

사탕수수는 처음에는 포르투갈의 식민지 개척자나 유형자 등을 동원해 재배했다. 그러나 설탕 생산에는 많은 노동력이 필요했기 때문에 점차 원주민들에게 의지하게 되었고 그들을 강제 노동으로 몰아넣었다. 대대적인 선주민 사냥이 16세기 중반 3대 총독 멤 데 사(Mem de Sá) 시대에 시작되었다. 선주민들은 칼과 머스켓 총으로 무장한 포르투갈 기병에게 저항할 방도가 없었다.

카리브 해의 섬나라 트리니다드 토바고의 초대 수상이자 저명한 역사학자였던 에릭 유스터스 윌리엄스(Eric Eustace Williams, 1911~1981년)는 "설탕이 있는 곳에 노예가 있다."라는 말을 남겼다. 대량의 값싼 노동력을 요구했던 설탕 재배는 아프리카나 카리브 해, 남아메리카에 이르기까지 정말로 수많은 노예를 만들어 냈다.

일단 노예가 되면 쇠사슬로 묶여 농장이나 광산으로 팔려 나갔고 하루도 쉬는 날 없이 채찍을 맞으며 죽을 때까지 일했다. 당시 선교사 중 한 사람은 선주민 사냥의 모습을 이렇게 기록했다.

그들(포르투갈 인)은 주로 마른 야자 잎으로 이루어진 마을 전체를 완전히 파괴하고 방화했으며 노예 되기를 거부하는 사람들을 그 안으로 들이밀어 산 채로 태워 죽였다. 무력을 사용하지 않아도 알아서 복종하는 인디언들도 있었지만 그것은 말로 표현 못할 기만에 따른 것이었다. 포르투갈 인들은 우선 국왕의 이름과 그의 성의를 내걸고 동맹과 우호를 약속했지만 인디언이 경계심을 풀고 무기를 버리자마자 그들을 억누르고 꼼짝 못하게 만들었다. 그렇게 노예로 만든 이들을 포르투갈 인들끼리 나누어 갖거나 더없이 잔학한 방법으로 팔아먹었다.

게다가 유럽 인들이 가져온 천연두, 홍역, 인플루엔자, 디프테리아, 말라리아, 유행성 이하선염, 백일해, 결핵, 황열병 등의 전염병은 미처 면역을 갖지 못한 선주민에게 치명적이었다. 당시 남북아메리카 대륙을 합쳐 적어도 2000만 명의 선주민이 살고 있었다고 추정되지만 콜럼버스가 도착한 지 200년도 안 되어 95퍼센트가 사라졌다고 전해진다.[8] (18장 참조)

농장이 확대되고 광산 개발이 진행될수록 노예의 수요는 점점 더 커졌다. 해안 지대에서는 더 이상 새로운 노예 공급원이 나오지 않았고 식민지 개척자는 상파울루 등지에서 생계가 곤란한 백인을 고용해 노예 공급을 의뢰했다. 반데이란테스(Bandeirantes, 17세기 브라질의 노예사냥꾼 집단인 '반데이라'의 일원 — 옮긴이)라 불린 용병 부대가 선주민을 찾아 속속 내륙부로 침투했다.

포르투갈 인이 오기 전까지 브라질의 해안 지대에는 수십만 명의 선주민이 살았다고 추정되나 16세기 말에는 9000명 남짓까지 줄어 버렸다. 이후로는 아프리카에서 끌려온 노예들이 중노동을 떠맡았다.

17세기에 들어서자 브라질 동쪽 해안은 대부분 포르투갈의 지배 하에 들어갔다. 백인 식민지 개척자들이 사탕수수 대농장 경영을 확립했고 세계 최대의 설탕 플랜테이션이 구축되었다. 17세기 중반쯤 서인도 제도에 그 지위를 빼앗길 때까지 이 일대는 세계의 설탕 단지라 불릴 정도로 생산을 지배했으며 포르투갈은 그 힘으로 경제를 지탱했다.

백인 식민지 개척자들은 해안부에 그치지 않고 내륙까지 침입했고 선주민을 쫓아내면서 대규모 목장을 건설했다. 1690년대 노르데스테에서 금이 발견되어 골드러시가 시작되자 선주민은 광산 채굴에 투입되는 노예로 부려졌다. 18세기 후반에는 유럽에서 면직물의 수요가 증가하자 노르데스테에서 면화 재배가 일거에 확대되었다.[9]

이렇듯 400년에 이르도록 토지를 혹사시키자 비옥했던 노르데스테의 해안 지방에서는 숲이 모습을 감추고 표토가 유실되어 토지는 황폐해졌으며 강수량이 격감해 계속 사막화의 길로 나아갔다. UNEP에 따르면 사막화의 위험이 있는 토지는 벌써 149만 제곱킬로미터로, 고비 사막의 면적을 웃돈다.

## 고무나무의 시대

사탕수수의 시절이 지나자 1840년경부터 이번에는 아마존에서 고무 경기가 과열되었다. 1839년 미국의 발명가 찰스 굿이어(Charles Goodyear, 1800~1860년)가 유황과 납을 섞으면 딱딱하게 굳는 가유화(加硫化) 현상을 발견했다. 그 뒤로 선주민들이 눈물 흘리는 나무라 불렀던 파라 고무나무(Para rubber tree)의 수액으로 만들 수 있는 우비나 타이어 등 고무 제품의 폭발적인 수요가 발생했다.

처음에는 야생 고무나무에서 수액을 채취했지만, 수요 급증과 함께 1876년에 고무나무의 재배에 성공하자 아마존 각지에 대규모 플랜테이션이 출현했다. 고무 생산량은 가파르게 상승해 1844년에는 367톤이었던 것이 1898년에는 2만 5000톤을 넘길 정도였다. 이 생산을 지탱한 노동력이 바로 대가뭄으로 대거 이주한 노르데스테의 난민들이었다.

고무의 집적지였던 아마존 하류 유역의 벨렘과 마나우스 두 도시는 남아메리카에서 최초로 노면 전차가 깔리는 등 당시 세계에서 가장 번화한 곳이기도 했다. 고무 졸부들이 옷은 파리에서 맞추고 그 세탁물을 리스본으로 보내며 아이들이 금으로 만든 장난감으로 놀면 남자 어른들은 100달러 지폐로 시가에 불을 붙였다는, 거짓말 같은 이야기가 입에서 입으로 전해지고 있다.

마나우스 거리의 중앙부에는 1896년에 완성된 테아트로 아마조네스(Teatro Amazones, 아마조네스 극장)가 최근에 호화로운 모습으로 복원되어 지난날의 영화를 실감하게 한다. 농장주들이 댄 자금으로 이탈리아에서 건축가를 초빙하고 유럽 각지로부터 대리석과 타일 등의 건축 자재를 옮겨 와서 건설했다. 테너 엔리코 카루소나 발레리나 안나 파블로바 등 유럽과 아메리카의 유명한 예술가, 극단이 파격적인 출연료를 받고 무대에 올랐다.[10]

그러나 이러한 호황도 1912년경부터 내리막길을 걷기 시작했다. 영국인이 고무나무의 씨앗을 몰래 반출해 실론 섬(스리랑카)이나 말라야(말레이시아)에 대규모 플랜테이션을 설립하며 독점이 깨졌기 때문이다. 그 후 제2차 세계 대전 중 일본의 점령으로 말레이시아에서 고무 공급이 끊기자 브라질의 고무 생산이 일시적으로 활력을 되찾기도 했지만 전후에 보급된 합성 고무에 밀려 고무 호황은 다시 돌아오지 않았다.

### 사람 없는 토지를, 토지 없는 사람에게

제2차 세계 대전의 종결과 함께 브라질에서는 전쟁으로 피폐해진 유럽에 판매하기 위한 육우 사육이 인기를 끌기 시작했다. 목장을 조성한다며 광대한 삼림을 모조리 불태웠다. 이 역시 고무와 같은 길을 걷더니 곧 유행이 되었다. 과도한 방목 탓에 토지가 피폐해져 풀이 자라지 못하게 되자 새롭게 삼림을 태워 목장을 넓히는 일을 반복했다. 현재 브라질은 소의 사육 마릿수로 세계 최대이며, 소고기 생산량은 미국에 이어 두 번째다.

그에 더해 아마존 개발에 박차를 가한 것이 300만 명에 이르는 재해 피해자를 낸 1969~1970년의 가뭄이었다. 노르데스테의 8개 주에서 재해를 입은 면적은 60퍼센트가 넘었고 브라질 정부는 사태를 방치할 수 없었다.

에밀리우 가라스타주 메디시(Emílio Garrastazu Médici, 1905~1985년) 당시 브라질 대통령은 1969년 노르데스테에서 아마존에 이르는 지역으로의 국가적인 이주 정책을 발표했다. 이것이 유명한 '사람 없는 토지(아마존)를, 토지 없는 사람(노르데스테 주민)에게' 정책이었다.

이 정책을 실시하려면 노르데스테에 있는 사람과 물자를 아마존으로 옮길 도로가 필요했다. 브라질 사람들이 "달에서 보이는 인공 건축물은 만리장성과 아마존 횡단 고속 도로뿐"이라고 자랑하는 거대한 고속 도로는 이 때문에 건설되었다.

이 공사는 1970년에 국가의 최우선 사업으로 시작되었다. 전체 길이는 노르데스테의 토칸칭스 강 유역의 파라이바 주 카베델로를 기점으로 하여 페루 국경에 가까운 크루제이루두술까지 5300킬로미터에 이른다. 육군 공병대를 투입하는 등 수단을 가리지 않고 단숨에 길을 뚫는 공사였다. 습지 가운데 기계를 들여놓을 수 없는 곳에서는 베트남 전쟁에서 사용된 고엽제가 살포되었다.[11]

1975년 그동안 사람들이 들어오는 것을 저지해 왔던 아마존에 폭 50미터의 인공적인 구멍이 생겼다. 고속 도로 완성을 계기로 대규모의 아마존 개발이 시작되었고 삼림의 대량 벌채, 개간, 수력 발전소 건설, 선주민 박해가 잇달았다. 아마존은 이주자의 대거 유입으로 브라질 내에서도 인구 증가가 가장 도드라진 지역이 되었다.

열대 우림의 파괴는 현재도 여전히 이어지고 있다. 석유 가격이 크게 오르자 브라질 정부는 2005년부터 사탕수수로 바이오 연료를 대량 생산하는 데 착수했다. 석유로 환산했을 때 2004년에는 5700만 톤이었던 대체 에너지를, 2020년까지 1억 2400만 톤으로 2배 이상

그림 7-3. (위) 아마존이라고는 생각할 수 없는 건조 지대가 펼쳐져 있다.
(아래) 2005년의 가뭄으로, 많은 가축이 철조망 때문에 도망가지 못하고 죽었다.
(두 사진 모두 바이아 주의 카팅가)

늘릴 계획이다.

사탕수수의 재배 면적을 넓히기 위해 아마존과 내륙 건조지에 있는 세하도(Cerrado)의 개간 속도가 빨라지고 있다. 특히 아마존에서 경작 면적이 급격하게 확대되는 중이다. 숲과 나무를 불태워 사탕수수를 심는 조방(粗放) 재배 탓에 토지가 매우 건조해져 사막으로 변하고 있다. (그림 7-3) 브라질에서는 생산된 설탕의 반을 에탄올 연료로 전환하고 있다. 세계 총생산량의 10퍼센트를 에탄올로 바꾼 것만으로도 설탕 가격은 2배로 뛰어올랐다.

지금 속도로 아마존의 숲과 나무를 베어 낸다면 2050년까지 아마존 열대 우림의 40퍼센트에 해당하는 200만 제곱킬로미터가 없어질 가능성이 있다. 아마존의 생물 다양성이 손실되면 전 세계로부터 비난이 쇄도하기 때문에 브라질 농업부는 2008년 브라질·파라과이·볼리비아 3국에 걸쳐 펼쳐진 광대한 판타날 습지를 사탕수수 밭으로 전환하는 것을 금지했다.

## 검은 신, 하얀 악마

기아, 빈곤, 착취, 폭력, 전염병 등 노르데스테의 특이한 지리적·사회적 조건은 노르데스테 문학 혹은 노르데스테 다큐멘터리라 불리는 그룹의 작품과 작가를 낳았다. 케이루스는 그 대표 격으로 빈곤층뿐만 아니라 도적, 지역의 광신적인 종교 지도자들, 노르데스테에서 생활하는 사람들의 모습을 생생하게 그려 냈다. 『가뭄』 외에도 『주앙 미겔(João Miguel)』(1931년), 『돌의 길(O caminho das pedras)』(1937년), 『3명의 마리아(As três Marias)』(1939년) 등 사회성 짙은 작품을 발표했다.

노르데스테 문학의 시초 격인 작품은 주제 아메리코 지 알메이다(José Américo de Almeida, 1887~1980년)가 쓴 『사탕수수 찌꺼기(A Bagaceira)』다. 이 작품은 노르데스테 오지의 참혹한 생활을 그리고 있다. 알라고아스 주에서 태어난 그라실리아누 라모스(Graciliano

Ramos, 1892~1953년)는 『황폐한 삶(*Vidas Sêcas*)』으로 상상조차 어려운 세르탕의 가혹한 자연을 표현했다. 그 속에는 지역 사회를 장악한 대농장주, 악덕 경관들과 싸우면서도 꿋꿋이 살아가는 목동이 등장한다.

조르지 아마두 지 파리아(Jorge Amado de Faria, 1912~2001년)는 『굶주림의 길』에서 빈농들의 비참한 유랑 길을 주제로 했고, 『카카오(*Cacau*)』, 『끝없는 대지(*Terras do Sem Fim*)』 등 바이아 주의 카카오 지대를 소재로 한 연작을 썼다. 이 외에 조아킹 마리아 마샤두 지 아시스(Joaquim Maria Machado de Assis, 1839~1908년)의 『브라스 쿠바스의 추억(*Memórias Póstumas de Brás Cubas*)』, 에우클리데스 다 쿠냐(Euclydes da Cunha, 1866~1909년)의 『오지(*Os Sertões*)』, 주제 페레이라 다 그라사 아라냐(José Pereira da Graça Aranha, 1868~1931년)의 『가나안(*Canaan*)』 등이 알려져 있다. 이들은 자신이 태어나고 자란 노르데스테의 곤궁과 차별에 주목했다.

한편 브라질은 과거 100년 동안 3000편 가까운 영화를 제작한 영화 대국이기도 하다. 지금까지 국제적인 상도 50여 회 수상했다. 소설과 마찬가지로 영화에서도 노르데스테를 무대로 한 작품이 많다.

이들 작품에는 노르데스테 내륙부에서 가난하게 살아가는 영세 농민들의 가혹한 현실이 그려져 있다. 라모스의 원작 소설을 넬슨 페레이라 도스 산토스가 영화로 옮긴 「메마른 삶」(1963년)은 가뭄으로 고향에서 내쫓긴 일가의 이야기다. 글라우버 로샤 감독의 「검은 신, 하얀 악마(Deus E O Diablo Na Terra Do Sol)」(1964년)에서는 가뭄 때문에 난민 생활을 강요당한 가족에게 권력자의 착취와 폭력이 더해진다.

해피엔딩인 영화도 있다. 월터 살레스 감독의 「중앙역(Central Do

Brasil)」(1998년)은 베를린 국제영화제에서 금곰상을 수상했고 아카데미상 외국어 부문 후보에 오르기도 했다. 가족들에게도 무시당하며 고독하게 살던 여성이 고아를 데려다 어머니의 애정을 쏟는 이야기다. 이야기는 노르데스테의 건조한 대지와 검푸른 하늘을 배경으로 전개된다.[12]

브라질은 역사의 전환기에 반드시 등장하는 나라다. 유럽에서 설탕이 들어간 홍차가 인기를 끌 때는 설탕 단지가 되었고 19세기에 카페가 유행하자 전 세계 커피의 절반을 생산했으며 자동차가 발명되자 타이어의 원료인 고무의 공급지로 변했다. 또한 세계 대전이 일어나자 식량 기지의 역할을 맡았고 이제는 석유 가격이 올라서 바이오에탄올의 거대 생산지가 되고 있다. 그러나 그때마다 대자연은 난도질을 당했고 노르데스테는 역사에 농락당했다. 노르데스테 문학은 그러한 토지에도 사람들의 삶이 있다는 것을 알려 주는 절규가 아니었을까.

# 아프리카 코끼리의 비극

### 조지프 콘래드, 『암흑의 핵심』[1]

아프리카 대륙을 식민지로 삼은 서구 열강들은 '하얀 다이아몬드'라 불렸던 상아 획득에 광적으로 매달렸다. 1880년부터 단 30년 만에 200만 마리나 되는 아프리카 코끼리가 희생되었다. 상아는 장식품이나 당구공, 피아노의 건반이 되어 서구인들의 허영심을 자극했다.

### 『암흑의 핵심』 줄거리

어느 날 해질녘, 영국인 선원 말로가 템스 강에 정박한 배 위에서 젊은 시절의 체험을 이야기한다. 선원이 되어 아시아 각지를 여행했던 말로는 어느 날 문득 아프리카 중앙부의 콩고에 가기로 마음을 먹고 콩고 강을 오가는 배의 선장으로 취직한다. 아프리카 오지에 있는 기업의 주재소를 돌며 상아를 모으는 것이 그의 업무였다.

런던을 떠난 그는 30일 넘는 항해 끝에 콩고 강 하구의 주재소에 부임한다. 거기에서는 선주민들이 가져오는 상아를 구슬이나 면직물 따위와 교환해 주고 있었다.

증기선의 수리를 기다리는 동안, 말로는 더 깊은 오지에 있는 주재소를 전담하는 커츠라는 주재원에 대한 이야기를 듣는다. "참으로 상아 산지라고 할 만한 곳에서 아주 중요한 교역소 하나를 책임지고 있다는 사실을 알아냈지." 그곳에서 많은 상아를 보내오는 우수한 인물로 나중에는 회사의 요직에 오를 것이라는 평판이었다.

수리를 마친 배가 콩고 강을 거슬러 올라간다. 배는 다음과 같은 풍경을 지난다.

(그 강의 상류 쪽으로 올라가는 일은) 마치 이 세상이 처음 시작되던 시대로 되돌아가는 것 같았다네. 그 옛날에는 이 지상에서 초목이 어지럽게 자라고 키 큰 나무가 왕처럼 행세하지 않았겠나. 하나의 텅 빈 강, 거대한 정적, 그리고 침투하기 어려운 숲 등이 바로 그런 느낌을 주었지. 공기는 텁고 진했으며 무겁게 맥이 빠져 있었어. …… 은빛 모래톱 위에서는 하마와 악어들이 나란히 햇볕을 쬐고 있었고…….

도중에 항행이 불가능해져 육로로 우회할 수밖에 없게 된다. 말로는 60명의 대상(隊商)들과 함께 육로로 전방 300킬로미터의 주재소로 향한다. 그러던 가운데 다시 커츠의 소문을 듣는다. 오지에서 상아를 싣고 중부 주재소로 향하던 중에, 병에 걸렸는데 미처 회복되지 않았다며 되돌아갔다는 것이다.

커츠의 주재소가 있는 강의 모래톱에 가까워질 때 갑자기 화살과 창이 비처럼 쏟아지고 조타수가 배에 창을 찔려 죽고 만다. 뭍에 이르러 커츠의 거처에 다가갔을 때 말로는 소스라치게 놀란다. 집 주변을

에워싼 말뚝 위에, 바싹 오그라든 사람의 머리가 꽂혀 있었던 것이다. 본보기로 살해당한 선주민들의 머리였다.

병으로 쇠약해진 커츠는 들것에 실려 배로 옮겨지지만, 그는 "무서워라! 무서워라!(The horror! The horror!)"라는 말을 남기고는 숨을 거둔다.

## 유럽 식민주의의 그림자

조지프 콘래드(Joseph Conrad, 1857~1924년)는 러시아 점령하에 있던 폴란드의 베르디체프(현 우크라이나령)에서 태어났다. 지주 계급이었던 아버지가 폴란드 독립 운동에 참가했다 체포되었고 5세 때 일가 전체가 시베리아 강제 노동 수용소로 보내졌다. 부모는 그곳에서 사망했고 그는 폴란드로 돌아온 뒤 숙부 손에 자랐다.

콘래드는 선원이 되기 위해 폴란드를 탈출, 16세 때 프랑스 상선의 선원이 되었고 이후 영국 배로 옮겨 선장 자격을 취득했다. 세계 각지를 항해했으며, 이때의 체험이 이후 콘래드 해양 문학의 골격이 되었다. 그는 27세에 영국으로 귀화한 후로는 건강 문제로 뭍에 올라와 소설을 쓰기 시작했다.

폴란드 어, 러시아 어, 프랑스 어에 통달했지만 소설은 영어로 썼다. 1895년 말레이시아를 무대로 한 『올메이어의 어리석음(Almayer's Folly)』을 시작으로 『섬의 부랑자(An Outcast of the Islands)』, 『나르키소스호의 검둥이(The Nigger of the Narcissus)』, 『로드 짐(Lord Jim)』, 『비밀 정보원(The Secret Agent)』, 『서구인의 눈으로(Under Western Eyes)』, 『청춘(Youth)』 등을 발표했다. 1902년에 출판된 『암흑의 핵심(The Heart of

Darkness)』은 그의 대표작이다.

유럽 식민주의의 어두운 이면을 폭로한 『암흑의 핵심』은 작가가 선원 시절 콩고 강에서 일했던 경험에 기반을 두고 쓰였다. 제목은 직접적으로는 아프리카 오지의 암흑을 의미하지만 인간의 마음속 암흑, 서구 문명의 암흑이라고 해석될 수도 있다. 랜덤하우스 출판사의 모던라이브러리가 선정한 '20세기 영국에서 씌어진 최고의 소설 100편' 중 하나로 뽑히기도 했다.[2]

유진 글래드스턴 오닐(Eugene Gladstone O'Neil, 1888~1953년), 토머스 스턴스 엘리엇(Thomas Stearns Eliot, 1888~1965년), 조지 오웰 등 많은 소설가가 『암흑의 핵심』에서 영향을 받았다고 고백한 바 있다. 최근에 이 소설이 다시금 각광받은 것은 영화 덕분이다. 『암흑의 핵심』은 1979년에 영화 감독 프랜시스 포드 코폴라가 이야기의 무대를 베트남으로 옮겨 번안해 「지옥의 묵시록(Apocalypse Now)」이라는 제목의 영화로 재탄생했다.

## 약탈의 땅, 콩고 자유국

작품의 무대가 된 콩고 강 일대는 후에 벨기에령 콩고를 거쳐 콩고 민주 공화국이 되는 콩고 독립국이었다. 이렇게 불렸지만 사실상 벨기에 국왕 레오폴드 2세의 '사유지'였다. 다른 나라들은 비꼬는 의미에서 '콩고 자유국'이라고 불렀다.

콩고 식민지 경영에 지대한 관심을 보였던 왕은 영국에서 미국으로 귀화한 신문 기자이자 탐험가인 헨리 모턴 스탠리(Henry Morton Stanley, 1841~1904년)를 현지에 파견했다. 그는 동아프리카 오지에서 행방불명이 되었던 탐험가이자 선교사인 데이비드 리빙스턴(David Livingstone, 1813~1873년)을 1871년에 구출했고 아프리카 대륙을 횡단해 콩고 강 유로를 발견한 영웅이었다.

국왕의 명을 받은 스탠리는 콩고 내 수십 곳에 전선 기지를 설치하고 교통망을 정비했으며 현지 부족의 수장들과 이런저런 불평등한 착복 관계를 맺었다. 폭력과 잔혹한 행위로 아프리카를 수탈하는 데 앞장섰고 그가 건설한 도로는 노예 무역과 상아 운반에 이용되었다. 따라서 후에 비판 세례를 받았다.[3]

레오폴드 2세가 콩고에 품은 야심은 국제적인 경계심을 불러일으켰다. 이전부터 아프리카 연안부에 진출해 있던 포르투갈이 반발했고 결국 1882년에 콩고 강 하구 지역에 대한 주권을 선언했다. 콩고 식민지화를 둘러싼 열강들의 이해 조정을 위해 독일의 수상 비스마르크가 나섰고 그의 주선으로 1884~1885년 베를린 회의가 열렸다.

이 회의 당시 레오폴드 2세는 이곳저곳을 돌아다니며 외교적 수완을 부렸고 그 결과 벨기에보다 80배나 넓은 콩고를 손에 넣어 사유화하는 데 성공했다. 그의 콩고 지배 기간은 1885~1908년이었는데 유럽에서는 이 기간의 그가 사유 재산을 투입해 지역민들의 복지 향상에 힘쓰고 노예업자로부터 선주민을 보호한 자비심 깊은 군주로 알려져 널리 칭송을 받았다.

하지만 감춰졌던 콩고의 실제 상황은 겉의 평판과는 아주 달랐다. 왕은 잔혹한 지배자였다. 선주민을 노예로 삼고 자신이 소유한 대규모 고무 농장에서 죽을 때까지 혹사시켰으며 상아를 쓸어 모으게 했다. 본보기로 노동자의 손을 절단하기도 했고 그들의 목을 매단 사진도 수없이 남아 있다. 레오폴드 2세는 콩고에서 뽑아 올린 막대한 부로 본국에 차례로 왕궁을 건설해 호화로운 생활을 누렸다.

식민지화가 시작된 이래 겨우 20여 년 만에 선주민 인구는 2500만 명에서 1500만 명으로 격감한 것으로 추정된다. 고무나 상아를 할당량 이상 모으지 못한 선주민들이 살해당했기 때문이다.

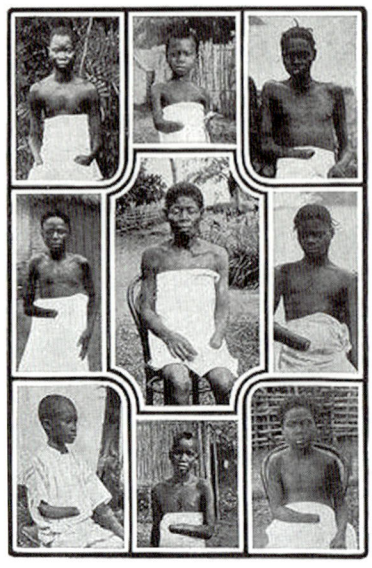

그림 8-1. 마크 트웨인의 소책자에 등장하는 손목이 잘린 콩고 사람들의 모습

미국의 작가 마크 트웨인(Mark Twain, 1835~1910년)은 선교사에게 전해 들은 콩고에서 일어난 잔학 행위를 바탕으로 1905년에 소책자[4](그림 8-1)를 발표했다. 이 속에서 그는 다음과 같이 고발했다.

만일 레오폴드 왕이 콩고에서 살해한 무고한 사람들의 피를 양동이에 담아 일렬로 늘어놓는다면, 그 길이는 2000마일(약 3200킬로미터)이나 될 것이다. 만일 그가 아사시키거나 학살한 1000만 명의 해골을 일으켜 일렬로 행진시킨다면 전부가 통과할 때까지 7개월하고도 나흘이 걸릴 것이며, 그것들을 나란히 세워 두기만 해도 세인트루이스 만국 박람회의 부지가 꽉 찰 것이다.

이 만국 박람회는 1904년 미국 미주리 주 세인트루이스에서 개최된 것으로 회장의 면적은 5.14제곱킬로미터였다.

『암흑의 핵심』이 무대로 삼은 이 시대는 커츠의 집 주위에 꽂혀 있던 선주민의 잘린 목이 상징하듯 학살이 횡행하던 시대였다. 주인공인 말로는 쇠사슬에 엮여 끌려가는 현지인들을 목격한다. 그 앞잡이는 같은 선주민들로 구성된 공안군이었다. 그들은 선주민이 반항할 경우 가차 없이 진압했다.

그런데 나치가 유대 인들을 학살하기 40년 전쯤에 일어났던 이 대량 학살은 사람들의 기억에서 깨끗하게 지워졌다.[5] 이건 도대체 어째서일까?

1990년대 유고슬라비아와 아프리카의 르완다에서 거의 같은 시기에 각각 내전이 발생했다. 유럽과 아메리카는 유고슬라비아 내전의 중지와 평화를 위해 어떤 노력도 아끼지 않았으나 르완다는 내버려 두었고 결국 100만 명이 넘는 희생자가 발생했다. 콩고 역시 이러한 국제 사회의 아프리카 경시와 맞닿아 있는 경우가 아니었을까.

## 상아의 망령들

열강들이 아프리카의 식민지를 나눠 가진 목적은 그곳의 자원과 시장에 있었다. 그들은 선주민들로부터 토지를 빼앗아 고무, 땅콩, 면화, 사이잘삼(용설란과의 여러해살이풀. 잎에서 채취한 섬유는 어업·선박·포장 따위의 밧줄을 만드는 재료가 된다. — 옮긴이) 등 상품 작물의 재배를 강요했다. 이에 머무르지 않고 다양한 사원을 강달해 갔다. 그들이 특히나 탐낸 것은 하얀 다이아몬드라 불렸던 상아였다. 기니 만에 면한 나라 코트디부아르(Côte d'Ivoire)의 의미는 문자 그대로 상아 해안이며 상아 선적항이었던 과거의 흔적이다.

벨기에가 콩고를 수탈한 목적도 다이아몬드, 금과 함께 바로 상아에 있었다. 수탈의 최전선에서 커츠가 하던 일도 현지인을 고용해 상아를 모으는 것이었다. 말로가 커츠에 대해 이렇게 말하는 장면이 나온다.

상아가 산더미처럼 쌓여 있었어. 그 낡은 진흙 오두막은 상아로 꽉 차 있었다구. 그 일대에서는 땅속에서건 땅 위에서건 코끼리의 어금니를 더 이상 찾아볼 수 없겠구나 하는 생각이 들 지경이었으니까.

우리는 기선에 상아를 가득 채웠고 갑판에도 많은 상아를 쌓아 두어야만 했네.

커츠뿐 아니라 많은 백인들이 상아를 찾아 오지로 들어오고 있었다. 말로는 그러한 상아의 망령들을 목격한다.

그래서 내가 그 주재소를 바라보기라도 하면 …… 백인 몇 명이 뜰에 비치는 햇볕 속에서 아무런 목표도 없이 어슬렁거리는 모습이 보였어. 나는 그게 모두 무엇을 뜻하느냐고 나 자신에게 물어보고는 했지. 그들은 그 우습게 생긴 기다란 막대를 손에 들고 여기저기 헤매고 다녔는데 그건 마치 신앙을 상실한 일단의 순례자들이 어떤 썩은 울타리 속에서 마술에 걸려 있는 것 같았어. 상아라고 하는 낱말이 허공에서 울리고 있었어. 그 말은 속

삭여지기도 했고 또 더러는 한숨 속에 섞여 있기도 했지.

19세기 말부터 20세기 초에 걸쳐 코끼리의 대살육이 횡행했다. 대물을 잡으려는 사냥꾼들이 유럽과 아메리카에서 아프리카로 몰려들었다. 반출된 상아의 양으로 역산해 보면 1880년부터 1910년까지 겨우 30년 동안에만 200만 마리나 사냥을 당했다. (그림 8-2)

그림 8-2. 상아를 옮기는 선주민들(다르에스살람, 20세기 초)

상아의 무한한 창고로 여겨졌던 콩고에서는 끝도 없는 코끼리 살육이 전개되었다. 상인들은 무일푼의 사냥꾼이나 상아를 집하하는 이들에게 돈을 빌려 주고 시장 거래 가격의 반값에 불과한 상아로 갚게 했다. 상아 열풍(Fever)이 일어났고 많은 백인들이 일확천금을 꿈꾸며 몰려들었다.

그중에서도 콩고 자유국의 서쪽 끝에 위치한 라도엔클레이브(현 우간다)에서, 19세기 말부터 20세기 전반에 걸쳐 1011마리의 코끼리를 사살했던 캐나다의 사냥꾼 월터 D. M. 벨이 유명하다. 소구경의 라이플로 단 한 발에 코끼리의 머리통을 뚫는다는 소문이 자자했고 당시에는 영웅으로 추앙되며 상아로 막대한 부를 축적했다. 하지만 최근에 와서는 코끼리 살육자라는 평가로 바뀌었다.

상아는 보석 장신구나 장식품으로 왕족과 귀족의 사랑을 받았다. 그러다 1799년부터 상아 제품을 대량 생산하기 시작했다. 빗을 제조하는 기계가 발명되어 서민들도 상아로 만든 물건을 손에 넣을 수 있게 된 것이다. 19세기 초반, 상아로 만든 빗은 여성들이 동경하는 물건이었다.

대량 생산의 중심은 미국의 코네티컷 주였다. 아프리카의 상아가 이곳으로 왕성하게 수출되었고, 빗뿐만 아니라 고급 단추나 당구공이 만들어졌다. 1913년의 기록을 보면 이 주는 매년 약 200톤의 상아를 수입했다. 이것은 전미 수입량의 90퍼센트에 상당하는 양이다. 지금도 같은 주 동부에 있는 아이보리턴(Ivoryton)의 지명이 상아 가공의 역사를 말해 준다.[6]

코끼리 학살이 가장 성행했던 1905년 파리에서 세계 최초의 코끼리 보호 운동 단체가 탄생했다. 자연사 박물관 관장을 맡고 있던 에드몽 페리에와 당시 인기 절정을 달리던 작곡가 카미유 생상스(Camille Saint-Saëns, 1835~1921년) 등 각계의 명사들이 이름을 내건 '코끼리의 친구들'이다.

생상스는 코끼리를 좋아했던지 「동물의 사육제」에서도 백조와 함께 코끼리를 등장시켰다. 그러나 이 운동은 살롱의 영역을 벗어나지 못해 실제 코끼리 보호에는 거의 공헌하지 못했다.

### 흰 건반, 검은 건반

피아노는 17세기 말 이탈리아 메디치 가문의 장인이 발명했다. 초기의 피아노 건반은 견고한 회양목류의 나무로 만들어졌다. 쳄발로에

그림 8-3. 흑과 백의 건반이 지금과는 반대인 모차르트 시대의 피아노(복제품)

서 초기 피아노인 포르테 피아노로 이행하던 시기에 활약한 음악가는 요한 제바스티안 바흐(Johann Sebastian Bach, 1685~1750년)를 꼽을 수 있는데, 그 차남인 카를 필리프 에마누엘 바흐(Karl Philip Emanuel Bach, 1714~1788년)의 시대에 이 포르테 피아노는 검은 건반과 흰 건반이 서로 색이 다른 목재였다.

이후 18세기 후반 모차르트 시대에 급속하게 보급되었던 피아노는 19세기에 들어 기술 혁신으로 성능이 비약적으로 향상된다. 그런데 목제 건반은 연주하면서 표면이 거무스름해져 검은 건반과 흰 건반을 분간하기 어려워진다는 단점이 있었다.

건반을 보호하기 위해 표면에 소뼈, 진주조개, 거북이 등껍질 따위를 붙인 것들이 만들어졌고 이윽고 고급 피아노에는 상아를 덧붙인 건반이 등장한다. 상아는 손가락을 올려놓았을 때 착 감겨 붙는 감촉이 있었고 연주할 때 땀을 흘려도 미끄러지지 않았기 때문에 난이도 높은 곡을 치기 쉬워서 환영받았다.

모차르트가 연주하는 풍경을 묘사한 그림이나 그를 주인공으로 한 영화 「아마데우스」를 보면 현재 우리가 쓰는 피아노의 검은 건반과 흰 건반의 배색이 반대다. (그림 8-3) 즉 현재의 흰 건반은 검은색이며 검은 건반은 흰색이라는 이야기다. 당시 피아노 제작의 중심지였던 오스트리아 빈에서는 이러한 건반 배색이 보통이었다.

고가의 상아를 수가 많은 내추럴 키(현재의 흰 건반)에 사용하면 그만큼 제작비가 커졌다. 따라서 초기에는 양이 적은 샤프 키(현재의 검은 건반)에 상아를, 내추럴 키에는 흑단을 사용했다.

그러나 상아의 공급이 늘어남에 따라 내추럴 키에 상아를 쓰게 되었고 19세기에 활약했던 쇼팽이나 리스트의 현존하는 피아노를 보면 흰 건반과 검은 건반이 현재와 같다. 상아 건반 위에서 여성의 손이 좀 더 아름답게 보인다는 이유로도 인기가 높았다고 한다. 이 흰 건반의 역전으로 건반의 상아 사용량은 약 9배나 늘었다.

18세기 후반이 되자 산업 혁명과 프랑스 혁명이 일어나 중산층이 성장했다. 유럽과 아메리카에서는 피아노가 사회적 신분의 상징이 되었다. 상아로 만든 고급스러운 흰색 건반이 특히 사랑받았다. 아이보리턴의 빗 공장도 상아 건반을 대량 생산해 보급하기 시작했다.[7]

피아노 생산이 늘어나면서 상아의 수요가 급증했고 뉴욕 시장에서 상아의 가격은 1885~1905년에 그때까지의 2배에 달하는 킬로그램당 9달러까지 치솟았다. 이 가격 폭등이 코끼리 수렵에 더욱 박차를 가했다. 한편 검은 건반에도 역시 아프리카산 고급 목재인 흑단이 사용되었으니 피아노는 그야말로 식민지 수탈이 만들어 낸 악기라고 할 수 있다.

1980년대 이후 세계적으로 코끼리를 보호하자는 외침이 높아졌고 흰 건반과 검은 건반은 합성수지가 대체하게 되었다. 현재 상아는 콘서트용의 고급 그랜드 피아노 등 극히 일부에만 사용되고 있을 뿐이다.

### 코끼리의 섬

인류와 상아의 관계는 그 역사가 길다. 고대 이집트를 비롯해 지중해 연안에서 번창했던 여러 고대 문명의 유적들에서 상아제의 장식품, 장신구, 잔, 여신상 따위가 발굴된다. 또 상아를 깎고 난 뒤의 조각들로 어지럽혀진 상아 세공 공방으로 보이는 터도 발견되고 있다. 가공되지 않은 상아는 교역에 쓰이거나 왕들 간의 답례품으로 쓰였다. 이집트의 왕릉에서도 주사위, 향료 용기, 도장, 칼자루 등 상아로 된 부장품들이 대량으로 발견된다. 투탕카멘 왕의 묘에서 발견된 상아제 의자는 특히 유명하다.

나일 강 상류의 아스완에는 엘레판티네 섬이라는 모래톱이 있다. 관광 명소로 잘 알려진 곳이다. 이름은 코끼리의 섬을 의미하는데 당시에는 사람이 코끼리를 길렀다.

최초로 상아를 상업적인 거래 대상으로 삼은 것은 고대 지중해 세계의 교역 민족인 페니키아 인이라고 전해진다. 대량의 상아가 아프리카 대륙 각지에서 카르타고로 모여들었고, 거기에서 지중해 주변 나라들로 팔려 나갔다. 호메로스의 서사시에는 상아로 장식된 옥좌나 침대가 등장한다. 그 밖에 그리스의 조각가 페이디아스가 제작한 제우스 신상이나 파르테논 신전의 신상 등에도 상아가 쓰였다.[8]

과거 아프리카 전역에서 중동까지 분포했던 아프리카 코끼리는 고대 이집트 왕조 시대에 들어서는 기원전 2750~기원전 2000년에 지중해 동부 연안부터 모습을 감추기 시작해 이집트의 벽화나 부조에도 등장하지 않게 된다. 중동에서 마지막까지 남아 있던 시리아에서도 기원전 500년경을 경계로 해 코끼리를 유적에서 찾아볼 수 없게 된다. 마구잡이식 사냥과 기후의 급격한 건조화가 원인으로 여겨진다.

기원전 218년 37마리의 코끼리 부대와 함께 뗏목으로 론 강을 건너고 알프스를 넘어 로마로 쳐들어갔던 카르타고의 장군 한니발은 기원전 218년 코끼리를 포획하기 위해 알제리의 아틀라스 산맥까지 원정을 가야 했다.[9]

그래도 상아의 수요는 늘어만 갔다. 고대 로마의 박물학자 플리니우스는 저서에 "에티오피아에서는 문설주나 사다리에 상아를 사용한다."라고 적었다. 또한 비잔틴 제국, 유럽의 다른 기독교 국가에서도 그리스도상이나 주교 지팡이 등 종교적인 물건 외에도 책의 장정, 뿔피리, 보석함, 빗, 체스의 말 등을 만드는 데 상아를 사용했다.

이슬람 세계에서는 모스크의 문이나 설교단을 장식하는 데 상아를 사용했다. 예로부터 아프리카에 진출했던 이슬람 교도들은 아프리카 오지 곳곳에서 금과 상아와 노예를 모아 동해안의 잔지바르(현 탄자니아)에서 오만으로 옮겼고 거기서부터 아라비아, 이집트, 페르시아는 물론이고 인도나 중국 같은 멀리 떨어진 나라로도 옮겼다.[10]

15세기 말 아프리카 서해안에 당도한 포르투갈 배가 기니 만 일대에서 금과 상아의 교역을 개시했다. 현재의 나이지리아에 위치했던 베냉 왕국은 포르투갈 인들이 단골로 상아를 사들이는 지역이었기에 대량의 상아가 모였고 상아 공예도 발달하게 되었다.

거기서 아프리카 대륙의 동해안으로 진출했던 포르투갈은 아랍 상인들이 상아를 거래하는 것을 보고 재빨리 많은 상아를 사들여 서쪽으로는 유럽에, 동쪽으로는 이슬람 국가들과 동아시아에 수출하게 되었다.

아시아에서도 어느 시대나 상아의 인기는 높았다. 인도나 중국에서 상아 세공의 역사는 5000년 전으로까지 거슬러 올라간다. 왕족과 귀족들은 왕좌에서 팔찌까지 몸 주변의 모든 것에 상아를 사용했다. 일찍이 한 대에는 실크로드를 거쳐 상아 제품을 유럽으로 팔기도 했다.

18세기가 되자 유럽에서는 중국이나 인도에서 들어온 정교한 상아 세공이 인기를 끌었다. 장식품이나 그리스도상 등 다양한 상아 조각품이 만들어졌고 칼자루나 총의 개머리판, 재봉 도구, 화장 도구, 부채, 코담배 갑, 봉봉(속에 위스키 등을 넣고 초콜릿 등으로 싼 과자 — 옮긴이) 갑 등 일상용품에 이르기까지 상류 계급 사이에서 크게 유행했다.

상아로 만든 공을 치는 당구는 루이 14세 때부터 마리 앙투아네트 시절까지는 왕족과 귀족만의 놀이였지만 프랑스 혁명 후 대중화되어 널리 확대되었다. 또한 상아나 그 세공품으로 장식하는 일도 부의 상징으로 유행했다.

## 중국 코끼리의 운명

쇼소인(正倉院, 나라의 도다이지(東大寺)에 있는 보물 창고. 쇼무 천황의 유품 등 1만여 점이 소장되어 있음 — 옮긴이)의 황실 공예품 중에는 상아로 만든 것이 많다. 상아는 산호와 대모갑과 함께 진귀하게 여겨지는 소재였다. 주로 중국·동남아시아로부터 수입한 아시아 코끼리의 상아였다. 고대에는 남부에 상당수 남아 있었다는 중국 코끼리도 당 대에는 거의 절멸했다고 전해지며 현재는 윈난 성에 극히 소수가 있을 뿐이다.

에도 시대에는 인롱(도장이나 약을 넣는 주머니 — 옮긴이)이나 네쓰케

(돈주머니 등을 허리에 찰 때, 끈의 끝에 매달아 허리띠에서 흘러내리지 않도록 하는 조그만 세공품 — 옮긴이) 등의 상아 공예가 발달했다. 메이지 이후 상아의 수입량이 늘어나자 샤미센의 활이나 실패에도 사용되었고 다이쇼·쇼와 시대에 들어서자 서구의 파이프 담배 문화가 도입되어 상아제 파이프가 유행했다. 제2차 세계 대전 후에는 네쓰케나 인롱이 그 고유의 정교한 가공과 디자인으로 국제적인 인기를 끌어 많은 수집가들이 생겼다.

특히 1960년 이후 상아를 대량으로 수입한 곳은 일본, 중국, 홍콩 그리고 일부 아랍 국가들이었다. 인감 재료와 피아노 건반을 비롯한 악기 부품, 마작 패 등을 만들기 위해 상아 수요가 늘었다. 대만과 홍콩은 뛰어난 공예 기술을 살려 일본이나 아랍 등에 사치품으로 고가의 상아 제품을 파는 데 성공했다.

1970년대 일본에서는 고액 상품을 담보로 하는 대출이 보급되었고 고가의 상아로 만든 인감(印鑑)의 수요가 비약적으로 늘었다. 수입된 상아의 90퍼센트가 인감 재료로 쓰일 정도였다. 동물 위법 거래를 감시하는 국제 NGO인 트래픽(TRAFFIC)은 1980년 전후에 연간 200만 개의 상아 인감이 제조되었다고 추정한다.

상아 거래가 정점을 이루었던 1983년에는 476톤의 상아가 일본에 수입되었다. 이것은 10만 마리의 아프리카 코끼리가 죽었다는 사실을 의미한다. 1984년의 통계를 보면 일본의 수입량은 아프리카 대륙 전체 수출량의 약 80퍼센트에 이른다. 1980년대 10년 동안 아프리카 코끼리의 숫자는 134만 마리에서 62만 5000마리로 반감했는데 일본은 여기에 크게 일조한 셈이다.

밀렵은 상아를 사는 사람이 있기에 성립한다. 이 악순환을 끊기 위해 세계 자연 보전 연맹(IUCN)이나 세계 자연 보호 기금(WWF) 등 국제 자연 보호 단체들이 수출 저지 캠페인을 펼쳐 왔다.

국제 사회가 기를 쓰고 코끼리를 지키는데도 마지막까지 상아 수입을 포기하지 않은 나라와 지역이 있다. 그 가운데서 '워스트 3'으로 비판받은 것이 일본과 홍콩, 중국이다. 1989년에는 일본과 홍콩 단 두 곳이 상아 수입의 80퍼센트를 차지했다. 홍콩과 중국이 수입하는 상아도 가공되어 일본으로 재수출하는 경우가 많았기에 실질적으로 일본이 세계의 상아를 독점하고 있었다.

### 아프리카 내전과 코끼리 밀렵

1960년 전후에 독립을 이룬 아프리카의 여러 나라들에게 상아와 코끼리 사냥의 허가는 외자를 벌어들이는 요술 방망이이기도 했다. 동아프리카의 탄자니아에는 전체 길이 약 2000킬로미터의 탄잠 철도(현 그레이트 우후루 철도)가 있는데 1970년부터 1975년에 걸친 건설 공사의 비용 중, 일부는 하청을 받은 중국에 상아로 지불했을 정도다.

코끼리의 불행은 값나가는 어금니를 가진 데 있었다. 40살 정도의 수컷이라면 한 마리에 50킬로그램이나 되는 상아를 얻을 수 있었다. 트래픽에 따르면 위법 상아의 최저 가격은 2009년 초 시점에서 1킬로그램당 약 1500달러나 된다. 이 가운데 밀렵자가 취하는 분은 1킬로그램당 약 38달러라는 것이 케냐 정부의 조사 결과다. 코끼리 한 마리를 죽여 50킬로그램가량의 상아를 얻는다면, 밀렵자가 가져가는 수입은 2000달러에 가깝다. 이것은 연간 국민 평균 수입의 3년분

에 가깝다. 운 나쁘게 적발되어 붙잡혀도 벌금은 놀랄 만큼 가볍다.[11]

1970년대 후반부터 에티오피아와 소말리아의 국경 분쟁, 우간다 아민 정권의 전쟁, 차드와 짐바브웨의 내분, 모잠비크의 게릴라전, 르완다 내전, 1998~2003년에 17개국을 휩쓸어 400만 명 가까운 희생자를 낸 아프리카 대전 등으로 아프리카 각지에는 혼란이 가득했다.

냉전이 종결될 때까지 아프리카는 미국과 러시아(당시 소련)의 대리 전장이었고 양 진영에서 최신 무기가 대량으로 유입되었다. 병사들의 규율은 흐트러져 있었고 심지어 만성적인 식량 부족에 시달렸다. 병사 스스로 밀렵의 선두에 섰고 무기는 암시장에서 누구나 살 수 있었다. 코끼리를 간단히 죽일 수 있는 성능 좋은 총들이 널리 퍼졌고 상아 밀수로 전비를 벌어 들여 전투는 장기화되었다. 반정부 세력은 활동 자금을 벌기 위해 상아 밀수 조직까지 만들었다.

야생 동물들의 불운은 그들의 주요 서식지가 국경 부근이었다는 것이다. 원래 그랬다기보다 나라의 중심부에 있는 도시에서 개발이 진행됨에 따라 국경 근처에서야 겨우 살 수 있었기 때문이다. 그런데 분쟁의 무대는 언제나 국경 부근이다. 식량의 자급자족을 도모하는 게릴라에게 이 동물들은 최고의 단백질 공급원이었다.

그때까지의 밀렵은 코끼리 무리를 가시 철선의 울타리 안으로 몰아넣고 도처에 도망갈 길을 터 준 뒤 그곳에 함정이나 올가미를 장치하는 것이었다. 밀렵자들은 상아뿐만 아니라 팔릴 만한 것은 무엇이든 가져갔다. 고기는 말할 것도 없었고 꼬리는 목걸이나 파리채를 만들기 위해, 발은 우산 꽂이나 쓰레기통, 팔찌로 만들기 위해, 귀는 식탁이나 북을 만들기 위해, 가죽은 벨트나 부츠로 만들기 위해 ……

그러나 무기가 나돌고 나서부터는 밀렵 방법도 바뀌었다. 자동 소총을 난사해 코끼리를 죽인 다음 상아만 가져갔다. 심해진 단속 때문에 현장에 오래 있을 수 없게 되자 상아만 가져가는 것이 고작이었다.

**워싱턴 조약**

유럽 열강이 아프리카를 식민지화하기 이전에는 콩고 한 나라에만 50만 마리의 코끼리가 있었으리라고 추정된다. 아프리카 대륙 전역으로 치면 그 50배 이상의 코끼리가 초원이나 삼림에서 평화로운 생활을 영위했을 것이다. 그래도 19세기 중반까지는 여전히 300마리를 넘는 무리가 드물지 않았고 때로는 2킬로미터에 달하는 코끼리 행렬이 있었다는 기술도 발견된다.

그러나 1981년 스위스에 본부를 둔 IUCN이 조사했을 때 아프리카 대륙 전체에서 확인된 코끼리는 겨우 119만 마리였다. 1989년에는 코끼리 서식지인 37개국에서 조사를 벌인 결과 62만 마리로 반감했음을 확인했다. 가장 최근에 실시한 2006년 제4회 조사에서는 어림잡아 47만~69만 마리가 남아 있을 것으로 추정된다.

일찍이 아프리카에서도 코끼리 개체 수로 최대급을 자랑했던 콩고에서는 과거 50년 사이에 개체 수가 약 10만 마리에서 2만 마리로 감소했다. 다만 아프리카 전체로 볼 때는 전회의 조사에 비해 약 7만 마리가 증가해 현재까지의 조사 중 처음으로 전회보다 상승했다. 세계적인 보호 운동의 효과가 뒤늦게나마 드러난 것으로 보인다.

국제 여론이 높아지면서 1973년에는 '절멸 우려가 있는 야생동식물 종의 국제 거래에 관한 조약(워싱턴 조약)'이 채택되었고 1989년에는 예외적인 경우로 취득하는 극히 일부의 상아를 제외하고 상아의 거래가 전면적으로 금지되었다. 그러나 그 금지 조치 직전까지 일본은 수입을 계속하고 있었다. 1980년에 겨우 워싱턴 조약의 체결국이 된 일본은 1990년부터 상아 거래를 전면 금지했다.

**암흑의 핵심**

과거 한때보다 밀렵의 속도가 떨어졌다 해도 트래픽은 지금도 연간 약 3만 7000마리의 아프리카 코끼리가 밀렵꾼에 희생된다고 경고한다. 부유해진 중국에서 상아의 수요가 상승한 것이 밀렵에 영향을 미치는 주요한 원인 중 하나로 보인다.

2006년 8월 이래 차드의 자쿠마 국립 공원 부근에서는 약 100마리의 코끼리가 학살되었다. 수단 내전에서 도망친 20만 명 이상의 난민들이 생활고 때문에 코끼리를 죽여 상아를 가져갔기 때문이다. 우간다에서 인기가 높은 퀸엘리자베스 국립 공원에서는 코끼리가 3000마리에서 150마리까지 격감했다.[12]

케냐의 국립 박물관에는 무게가 100킬로그램이 넘고 길이는 3미터에 가까운 초대형 상아가 전시되어 있다. 이런 어금니를 가진 코끼리는 이미 100년도 전에 모습을 감추었다. 상아 암시장에서는 품귀 현상이 심각해졌고 어금니가 작은 암컷이나 어린 코끼리까지 살육당하고 있다.

암시장에 나오는 상아의 크기가 눈에 띄게 작아졌다. 지금까지 상품 가치가 거의 없었던 개당 4킬로그램이하의 것들이 90퍼센트를 차지한다고 한다. 이것은 결국 같은 양의 상아를 얻기 위해 과거의 몇

배나 되는 코끼리들이 죽어야 했다는 것을 의미한다. 동시에 커다란 어금니를 가진 계통이 선택적으로 도태되어 유전적으로 작은 어금니를 가진 코끼리만 살아남게 되었음을 암시한다.

상아와 인간이 품은 욕망의 역사 속에서 아프리카 인이 자신들을 위해 상아를 취한 적은 거의 없었다. 다른 나라의 부추김으로 아프리카 인들이 사냥에 나서 상아를 공급했을 뿐이다. 아프리카 코끼리를 막다른 골목으로 몰아붙인 것은 결국 부유한 나라들의 탐욕, 그리고 사치품을 갈구하게 만든 유행이었다. 아프리카의 『암흑의 핵심』은 여전히 진행형이다.

# 9장
# 아이누의 초록색 나라

이사벨라 버드, 『이사벨라 버드의 일본 기행』[1]
에드워드 모스, 『일본의 나날들』[2]

메이지 유신이 일어나고 얼마 되지 않은 시기에 영국의 여성 여행가와 미국의 동물학자가 차례로 일본을 방문한다. 공통점은 일본 각지를 돌아다니며 상세한 기록을 남겼다는 것. 두 사람 모두 일본의 아름다운 자연과 상냥한 일본인에 매료되어 완전히 일본의 팬이 되었다.

## 『이사벨라 버드의 일본 기행』 줄거리

1878년 5월 20일 46세의 자그마한 영국 여성이 배 위에서 보이는 후지 산의 아름다움에 넋을 잃은 채로 요코하마 항에 도착한다. 일본은 이제 갓 개항해 외국인이 국내를 자유롭게 여행하기는 힘든 시대였다. 하지만 그녀는 외국에 아직 알려지지 않은 일본의 오지를 여행하기 위해 이곳에 왔다. 기행 작가 이사벨라 루시 버드(Isabella Lucy Bird, 1831~1904년. 1889년 결혼해 이사벨라 버드 비숍(Isabella Bird Bishop)이 된다. ─ 옮긴이)가 바로 그 주인공이다.

영어를 할 줄 아는 18세 청년 이토(伊藤)를 통역으로 고용한 그녀는 6월 10일 인력거로 영국 공사관 앞을 출발한다. 첫 번째 행선지는 당시 도쿄에 거주하던 외국인들의 단골 코스였던 닛코(日光)였다.

닛코부터는 비경(秘境)의 여행이다. 아이즈니시(會津西) 가도에서 에치고(越後) 가도를 지나 니가타에 도착한다. 그리고 에치고주산도우게(越後十三峠) 가도에서 고개를 넘어 야마가타 현 요네자와 시로 진입한다. 그녀가 여행에서 가장 깊은 인상을 받았다는 곳이다.

그 뒤에는 현재의 난요 시에서 야마가타 시, 가네야마 정을 차근차근 밟았고 유자와, 요코테, 오마가리를 지나 아키타 시에 도착했다. 이 아키타 시도 마음에 들었던 모양이다. 히야마, 고쓰나기, 오다테, 구로이시를 지나 아오모리에 이른다.

여기에서 연락선을 타고 홋카이도로 건너가 하코다테, 오샤만베, 무로란, 시라오이, 도마코마이, 비라토리, 몬베쓰 등지를 돌아다니고 염원하던 아이누 족과의 교류를 달성한 뒤 9월 중순 하코다테에서 배를 타고 도쿄로 돌아온다. 3개월, 약 1600킬로미터의 대장정이었다.

인력거, 숙박 시설마다 사람과 말을 빌려주는 역체(驛遞) 제도, 그리고 배를 교통수단으로 이용했다. 길이 나지 않은 길을 넘어야 했고 몇 번이나 위험과 조우했다.

세심하고 냉정한 관찰력과 발군의 묘사력으로 당시의 서민들과 아이누 족의 생활을 따뜻한 시선으로 촘촘히 엮고 있다. 또한 화가 수준의 스케치로 당시의 풍속을 보여 준다.

### 열정의 여행가 이사벨라 버드

이사벨라 버드가 일본에서 본국에 있는 여동생 헨리에타 버드에게 보낸 59통의 편지를 귀국한 후에 정리해서 낸 것이 바로 이 책이다. 『이사벨라 버드의 일본 기행(Unbeaten Tracks in Japan, 일본 미답의 길)』은 1880년에 출판되었고 초판 후 1년 만에 4판을 거듭할 정도로 커다란 반향을 불러일으켰다. 일본어 번역본은 1880년 이래 여러 번 출판되었다.

요크셔의 목사 집안에서 장녀로 태어난 버드는 어린 시절부터 병약해 수많은 병을 달고 살았다. 의사는 건강과 기분 전환을 위해 여행을 권유했고 그녀는 여행을 다니는 동안만큼은 거짓말처럼 건강했다고 한다.[3]

23세 때 그녀는 미국에서 말을 타고 로키 산맥을 넘는다. 이 여행은 최초의 기행문인『로키 산맥 답파 여행(A Lady's Life in the Rocky Mountains)』[4]으로 출판되었다. 이후에도 호주와 뉴질랜드, 하와이[5]를 여행했다. 그리고 일본을 찾아와 도호쿠, 홋카이도를 여행한다. 홍콩과 말레이 반도, 이집트로도 발길을 옮겼다.

이 긴 여행의 이듬해인 1880년에 여동생을 잃고, 같은 해 에든버러 출신의 의사 존 비숍과 약혼해 다음 해인 49세 때 결혼했다. 자주 병에 걸렸던 남편과는 5년 후에 사별하고 전도사가 될 목적으로 의학 공부를 시작한다. 그 후 인도 카슈미르 지방의 스리나가르에 사별한 남편을 기념하는 전도 병원을 건설한다. 네팔 국경과 가까운 암리차르에도 여동생을 기념하는 헨리에타 병원을 기증했다. 그 후에도 이라크, 이란, 터키, 청나라, 페르시아, 쿠르디스탄(현 쿠르드 족 자치구와 그 주변부) 등을 여행했다.

1894년에 다시 일본에 찾아와 오사카, 교토 등 서일본을 돌았다.

이해부터 4회에 걸쳐 조선[6]을 방문한다. 65세가 되었어도 여행을 향한 시들지 않은 열정으로 양쯔 강을 거슬러 올라가 5개월간 중국[7]을 여행한다. 70세 무렵에도 6개월간 모로코를 돌았고 72세에 사망했다.

전 세계에 걸친 그녀의 족적을 선명하게 추적한 가나사카 기요노리(金坂清則) 교토 대학교 교수는, 키 149센티미터의 병약한 여인의 어디에서 그런 에너지가 나왔느냐며 경탄한다.

### 일본의 첫인상

버드는 일본에 오기 6년 전에 완성된 철도로 요코하마에서 도쿄로 향한다. 그 도중에 차창으로 바라본 첫인상을 이렇게 풀어내고 있다.

> 어디를 보아도 싱싱하고 신선한 초록색이 가득 차 있고 무성한 초목의 아름다움 속에 있습니다. 깎아지른 듯한 언덕과 그림 같은 작은 골짜기가 있는 요코하마 근교는 정말이지 아름답습니다. …… 해안에서는 에도 만의 푸른 수면이 몇 킬로미터에 걸쳐 쏴아 쏴아 물결을 일으키고 수없이 많은 어선의 하얀 돛이 광채를 빛내고 있습니다. …… 어느 곳이든 땅은 매우 정성스럽게 갈려 있고 …… 근면한 농민들의 땅에서 잡초라고는 하나도 보이지 않습니다.

약 1세기 전인 1775년에 네덜란드 상관의 부속 의사로 일본에 왔던 스웨덴의 식물학자 칼 페테르 툰베리(Carl Peter Thunberg, 1743~1828년)[8]도 나가사키에서 에도로 향하던 도중 같은 감상을 피력했다.

이곳에서 나는 파종을 거의 마친 경작지에서 잡초를 하나도 발견하지 못했다. …… 농부들이 모든 잡초를 꼼꼼하게 뽑아내고 있었다.

외국인 내지(內地) 여행 면허장이 발행되어 외국인의 일본 국내 여행이 가능해진 때는 1875년이었다. 그전까지 외국인은 거류지에서 10리(약 40킬로미터, 한국의 1리는 약 394미터로 10리를 약 4킬로미터로 계산하지만 일본의 1리는 약 3490미터이기에 10리는 40킬로미터라는 계산이 성립한다. — 옮긴이) 이상 떨어진 곳으로 이동할 수 없었다. 재일 외교단의 집요한 요구로 겨우 허가가 내려진 것이다. 그래도 아직 제한이 남아 있었는데 버드는 당시 영국 공사였던 해리 파크스가 힘을 써 준 덕에 자유로운 여행이 가능한 허가증을 손에 넣었다.

장맛비 속을 출발해 최초 목적지인 닛코에 이르렀을 때 그녀가 받은 인상을 보자.

비가 내리는 삼나무 숲을 8마일(약 13킬로미터)쯤 올라왔습니다. …… 식생은 풍부했고 어느 바위나 이끼로 뒤덮여 있었으며, 길의 양쪽은 녹조와 다양한 종류의 우산이끼로 파릇파릇했습니다. 우리가 있었던 곳은 정상까지 숲으로 뒤덮인 가파른 난타이(男體) 산의 산기슭으로, 그곳에서 흐르는 엄청난 규모의 시냇물 소리는 시끄러울 정도입니다. …… 하늘을 덮는 가파른 지붕과 무성한 소나무 숲, 곳곳의 침엽수로 뒤덮인 산악은 마치 스위스 같은 인상을 줍니다.

그녀는 눈부시게 아름다운 도쇼구(東照宮, 1603년부터 1868년까지

250년 이상 일본을 통치한 도쿠가와 바쿠후의 창건자인 도쿠가와 이에야스의 웅장한 묘 ― 옮긴이)에 경탄한다. 닛코에서는 아악 지휘자이자 촌장인 가나야 씨의 집(후에 가나야 호텔)에 묵게 된다.

> 주젠지(中禪寺) 호의 물이 떨어져 내리는 화엄(華嚴)의 깊은 폭포 웅덩이, 기리후리노타키(霧降の瀧)의 눈부신 아름다움, 대일당 정원의 사랑스러움, 다이야(大谷) 강이 상류에서부터 용솟음쳐 흐르는 울창한 고개의 장대함, 철쭉과 태산목의 화려함, 일본에서도 유례없을 식생의 풍부함.

## 동양의 아르카디아

지적 호기심이 매우 왕성했던 그녀는 학교와 병원, 경찰과 공장도 찾아 다녔으며 장례식이나 결혼식에도 때때로 변장까지 하고 얼굴을 내밀었다. 여행을 계속하는 동안 그녀는 점점 일본에 매료된다. 특히 야마가타 현의 요네자와를 마음에 들어 해서 최상급의 표현으로 절찬했다.

> 날씨 좋은 여름날이었습니다. 매우 더웠지요. 줄지어 솟아 있는 봉우리들도 햇빛을 받아 번쩍번쩍 빛났기에 아직도 꼭대기에 눈을 얹고 있었지만 별로 시원해 보이지 않았습니다. 요네자와의 평야 남쪽에는 번화한 요네자와 시내가 있고 북쪽에는 탕치객(湯治客)이 자주 찾아오는 온천 마을인 아카유(赤湯)가 있습니다. 마치 에덴동산 같은 이곳은 쟁기가 아닌 그림 붓으로 경작된 듯하며 쌀과 면, 옥수수, 담배, 미, 쪽, 대두, 가지, 호두, 참외, 오이, 감, 살구, 석류를 끊임없이 생산해 내고 있습니다. …… 동양의 아르카

디아(고대 그리스 펠로폰네소스 반도 오지에 있었다고 전해지는 이상향 ― 옮긴이)가 아닐까요.

그녀는 일본의 문화를 미개하다고 단정하지 않았고 서구 문명과 동격으로 평가하며 때로는 그 이상으로 경의를 표하고 있다. 세계 각지를 떠돌았던 버드의 눈에 도호쿠 지방 사람들은 압정으로 고통 받을 일 없이 자유로운 생활을 하는 것처럼 보였다. 오히려 일본의 나쁜 점은 외국인의 영향 때문이라고 단언한다. "근면하고 소박하며 예의 바른 일본인들이 개항장에서는 외국인과의 교류 탓에 품위가 떨어지고 상스러워졌다."라고 변호하기도 한다.

"내륙 사람들은 야만인과는 거리가 멀고 친절하고 상냥하며 예의 바르다." 또한 "외국 여성이 현지의 종자 이외에 수행원을 거느리지 않고 사람들이 거의 찾지 않는 지방을 1200마일(약 1930킬로미터) 여행해도 무례한 취급을 당하거나 강탈 행위와 만난 적은 단 한 번도 없다."라고 자랑스레 이야기한다.

다만 가난한 지방의 사람들이 볼품없는 집에서 살고 줄곧 단벌 기모노만을 입으며 목욕도 거의 하지 않아 자주 피부병이나 눈병에 걸린 것은 눈에 띄었던 모양이다. 숙소에서는 모기와 벼룩에 심하게 물려 고생하기도 한다. 먹을 것도 대개 백미와 달걀뿐이었고 그 밖에는 오이가 있는 정도였다.

버릇이 나쁜 말을 마음대로 다룰 수 없었던 것과 개에 대한 가혹한 취급에는 불만을 가졌다. 동물 애호의 심정이 엿보인다. 이러한 여행 속에서 "아름다운 일본의 자연과 예의 바르며 돈에 집착하지 않는 일본인들이 마음을 밝게 만들어 준다."라고 강조한다.

많은 고장의 사람들이 그녀의 끈질긴 호기심에 응답했다. 당시까지 외국인이 온 적 없는 도호쿠와 홋카이도에서 백인 여성이 혼자 하는 여행에 대해 이래저래 말이 오가지 않을 리가 없다. 마을 사람들은 그녀를 구경하러 빠짐없이 모여들었다. 숙소의 이웃집 지붕 위로는 너무나 많은 구경꾼들이 몰려들어 그 무게 때문에 집이 무너지는 사건까지 일어났다.

아키타 현의 요코테에서 북상해 오모노 강을 나룻배로 건너 로쿠고에 이르렀을 때는 아무래도 진이 빠졌던 모양이다. "전에 없던 엄청난 기세로 몰려든 구경꾼들 때문에 하마터면 질식할 뻔했습니다."라고 적혀 있다.

### 에조의 추억

아오모리에서 증기선을 타고 하코다테에 도착한 버드는 원시의 자연에 마음을 빼앗겼다. 부탁받은 환자를 간단히 치료해 주면서 그녀는 아이누 인과 만나기 위해 오지를 헤치고 들어갔다. 당시 하코다테의 인상은 이렇다.

> 사람이 침입할 수 없는 내륙의 원시림에는 야생의 조수들이 엄청나게 서식하고 있었다. 하코다테의 시장에서는 계절마다 설조(雪鳥), 산토끼, 메추라기, 도요새, 상오리, 사슴고기, 산도요새, 들오리, 곰고기가 적절한 가격에 팔리고 있었다. 또한 곰의 모피와 사슴 가죽은 중요한 수출 품목이다.

그녀는 이곳에서 자유의 공기를 느낀다.

에조(蝦夷, 홋카이도의 옛 이름 — 옮긴이)는 …… 혼슈보다 공기가 자유롭게 순환하고 있을 뿐 아니라 사람도 짐승도 손발을 쫙 펼칠 만큼 공간이 충분하다. …… 말을 구해 내키는 대로 돌아다녀도 침입 금지 팻말이나 논 같은 것에 방해 받지 않는다. …… 강에서 헤엄을 치거나 산을 타거나 숲에 불을 내는, 반쯤은 미개한 생활을 해도 규칙에는 어긋나지 않는다. …… 에조에서의 생활, 그 가뜬함과 자유! 나의 마음을 빼앗은 이런 점들이 어떤 의미에서는 에조에서의 기억을 일본에서 얻은 추억 중 가장 즐거운 것으로 생각하게 만들었다.

하코다테를 지나 오누마의 습지대에 들어선다. 그녀는 일본의 정적을 사랑했고 그것은 책 속에 몇 번이고 등장한다.

지금 나는 조용한 호수 위로 솟구친 듯한 2층 방의 바깥에 앉아 있습니다. 저물어 가는 태양은 숲이 있는 곳을 적자색(赤紫色)으로 물들였고 그림자 진 부분을 한층 더 진하게 만들고 있습니다. …… 고요한 밤기운에 흘러드는 소리는 매미 울음소리 그리고 초목들이 가볍게 서로의 몸을 부딪치는 소리뿐입니다.

### 아이누의 마을, 코탄
겨우 아이누의 마을인 코탄에 도착한다.

피, 담배, 호박을 재배하는 자그마한 밭 가운데에 있습니다. …… 가옥의 외부가 굉장히 잘 정돈되어 있고 청결해서 매우 놀랐습니다. …… 개의 밥그릇 말고는 그 어디에도 쓰레기나 잡동사니가 보이지 않습니다. …… 더러운 웅덩이나 오물 무더기도 없으며 모래땅 위에 말쑥하게 서 있는 모든 가옥에는 구석구석 손질된 흔적이 엿보입니다.

여기서도 그녀는 큰 환영을 받는다. 숙소에서는 솜씨 좋게 거적을 커튼 대용으로 만들어 편안한 공간을 만들어 준다. 버드는 일본어를 아는 단 한 명의 아이누 족 젊은이와 이토의 이중 통역으로 그들의 생활 습관을 세세하게 묻는다.

내게는 매우 두근거리는 체험으로, 모두 돌아간 뒤에 별이 총총한 하늘 밑으로 살짝 나가 보았습니다. 오두막집은 모두 캄캄하고 조용했으며 …… 들려오는 것은 주변의 숲을 스쳐가는 산들바람이 내는 소리뿐입니다.

그들의 미소는 '우미(優美)와 명지(明知)'를 띠었으며 …… 목소리는 내가 지금까지 들은 그 어떠한 것보다도 우아하고 아름다우며 낮고 음악적이었습니다. …… 노인들의 얼굴은 숭고했으며 그 태도에서 풍기는 기묘할 정도의 위엄과 바른 예의가 잘 조화되어 있었습니다.

신의 선물이라고 할 만한 이 위대한 자질은 대체 무엇일까요? 하늘은 이 민족으로 하여금 어린아이처럼 가장 순박하고 아름다우며 또한 애정 넘치는 기질을 갖게 한 것입니다! 그들은 마치 그리스도가 재래한 것처럼 아름답습니다. 아무것도 모르고 아무것도 두려워하지 않습니다. 두려워하는 것은 오로지 신뿐입니다.

그러나 히다카의 비라토리에서는 "일본 정부 측에는 여기서 들은 우리의 풍습에 대해 말하지 말아 달라."라는 간청을 듣는다. 이것은 당시의 강력한 동화 정책의 영향으로 해석할 수 있다. 또한 그녀는 여기에서 이토에게 불쾌감을 갖는다. 아이누에게 정중한 태도를 취하는 그녀에게 이토는 "그들은 개나 다름없다."라며 불만을 털어놓았기 때문이다.

거기서부터 우치우라 만(內浦灣, 분카(噴火) 만이라고도 함)을 따라 레분게(禮文華)를 지나 하코다테로 나선다. 사람의 흔적이 거의 없는 짐승의 길을 지나면서 그 광경을 다음과 같이 묘사한다.

굉장한 경치였습니다. 여기는 정말로 낙원입니다. …… 나무가 보기 좋게 우거진 커다란 곳. 초록색의 거대한 파도가 위풍당당하게 굽이쳐 들어오는 작고 깊은 만. 대담하게 뻗은 담쟁이덩굴로 발 디딜 틈 없으며 운치 있는, 잿빛의 가파른 낭떠러지. …… 햇살을 끼얹은 채 잔물결을 일으키거나 거품 고리를 흩뿌리고 있는 푸르고 눈부신 바다. 뒤덮인 숲 사이로 초록색으로 충만한 멋진 협곡을 끼고 있는 내륙의 산들.

하코다테에서 배로 55시간을 여행해 요코하마로 돌아온다.

그녀는 일본에서 아이누와의 만남이 가장 감동적이었다고 써 놓았다. "지금까지 이처럼 이름 없는 많은 피정복 민족을 받아들여 온, 저

광대한 묘지에 몸을 뉘어 가는 진보의 여지가 없는 무해한 사람들"이라고 표현했다.

## 홋카이도의 아이누

이 일본 여행에서 그녀의 가장 큰 목적은 홋카이도에서 아이누와 만나는 것이었다고 생각된다. 기행의 약 3분의 1이 홋카이도와 아이누에 대한 기술이었기 때문이다. 그녀가 방문했을 때는 일본 정부의 포고에 따라 명칭이 에조지에서 홋카이도로 바뀐 지 얼마 되지 않은 시점이었다. 그러나 에도 시대 이래 이어져 온 식민지 상황에는 변함이 없었고 아이누의 동화 정책이 강제적으로 진행되고 있었다.

와진(和人, 홋카이도 이남의 일본인들 — 옮긴이)의 이주 촉진 정책에 따라 본토에서 대규모로 인구가 유입되어 1872년에는 약 8만 9000명이었던 홋카이도의 인구가 1882년에는 24만 명으로 팽창했다. 많은 아이누 족이 자신들의 땅에서 추방당했고 중요 자원인 연어와 사슴을 빼앗겨 생활이 빈곤해졌다.

아이누 족의 생활을 고기잡이와 사냥에서 농경으로 전환시키기 위해 1872년에 홋카이도 토지 불하 규칙(土地拂下規則)이 제정되어 가옥, 토지, 농기구, 종자 등이 지급됐다. 하지만 농경의 문화도 토지 소유의 관습도 없던 아이누 족들은 농사에 나서지 않았고 와진들의 감언에 넘어가 지급된 땅을 술과 바꾸어 잃기도 했다.

1899년에는 토지 몰수, 어업·수렵 금지, 고유의 관습·풍습의 금지 등 아이누 족의 동화를 목적으로 한 홋카이도 구도인(舊土人) 보호법이 시행되었다.[9] 국내외에서 "근대 민주 국가의 수치"라는 비판을 받으며 법률이 폐지되고 '아이누 문화의 진흥 및 아이누의 전통 등에 관한 지식의 보급 및 계발에 관한 법률(아이누 문화 진흥법)'이 시행된 것은 약 100년 후인 1997년이다. 이 과정에서 정부는 "아이누 측이 빼앗긴 토지나 자원, 자치 등의 권리를 요구하는 게 아니냐."라며 시종일관 전전긍긍했다.

그러한 차별은 현재도 남아 있다. 2006년의 조사에 따르면 홋카이도 내에는 약 2만 4000명의 아이누 족이 산다. 생활 보호 수급자의 비율은 3.8퍼센트로 전국 평균의 약 3배에 이른다. 단기 대학·대학교 진학률은 17.4퍼센트로 전국 평균의 3분의 1에 머물고 있다.

버드가 아이누 족에 쏟은 시선은 따뜻했다. 아이누의 음주 습관이 종종 등장하지만 그것을 비난하지는 않았다. 오히려 개척사(開拓使, 메이지 시대 초기에 홋카이도와 그 부속 도서의 행정과 개척을 관장했던 관청―옮긴이)의 개발 계획 대부분이 완전히 실패했다고 비판하면서 담배나 피우고 수다나 떨 줄밖에 모르는 쓸모없는 공무원들이 부정 소득을 착복했다며 분노를 표출한다.

## 클라라의 메이지 일기

코탄이 있는 비라토리로 향하던 도중 버드는 나가사키 데지마의 네덜란드 상관 부속 의사이자 박물학자였던 필리프 프란츠 폰 지볼트(Philipp Franz von Siebold, 1796~1866년)의 차남 하인리히 폰 지볼트(Heinrich von Siebold, 1852~1908년)(그림 9-1) 그리고 그의 동반자인 디 스바흐 백작과 만난다. 그들은 비라토리에서 말을 달려 돌아오던 중이었다.

하인리히 폰 지볼트는 유럽과 미국에서 일본으로 관광을 오는 왕족과 귀족들의 가이드도 맡고 있었다. 일행은 벼룩이나 모기로 고생하고 불쾌한 일이 겹치며 체력이 소모된 데다 현지 답사가 실패로 끝나 철수하려던 시점이었다.

하인리히 폰 지볼트의 아버지인 필리프 폰 지볼트는 소유

그림 9-1. 하인리히 폰 지볼트

나 거래가 금지된 물품인 이노 다다다카(伊能忠敬)의 『대일본연해여지전도』의 축도를 국외로 반출하려고 해 1829년에 국외 추방 처분을 받았으나 1859년에 추방이 해제되어 장남 알렉산더 게오르게 폰 지볼트(Alexander George von Siebold)를 데리고 다시 일본을 찾았다.

그에게는 3남 3녀가 있었다. 딸 중의 한 명인 구스모토 이네(楠本いね)는 일본 여성과의 사이에서 가진 아이였다. 구스모토 이네는 일본 최초의 여성 산부인과 의사가 되었고 메이지 천황의 아이들이 태어날 때 입회하기도 했다. 알렉산더는 재일본 영국 공사관의 통역을 시작으로 유럽의 일본 공사관 등에서 근무했고 이노우에 가오루(井上馨) 외무상의 비서 등을 포함해 약 40년간 일본의 공무원으로 일했다.

차남 하인리히 폰 지볼트는 뒤늦게 일본에 왔다. 일본에서는 외교관이나 고고학자로 활약했고, 부친과 혼동하기 쉬워서 '작은 지볼드'라 불렸다. 뒤에서 이야기할 에드워드 모스의 오모리 패총(貝塚) 발

굴이나 아이누 족 연구 등에서는 모스의 라이벌로서 일본 고고학의 발전에 공헌했다. 그때까지의 호고학(好古學)을 고고학으로 정착시킨 것은 그의 공적이다.

버드는 홋카이도 사람들에게도 강렬한 인상을 남겼다. 그녀의 사후 100년이 되는 2004년에는 홋카이도의 비라토리 등 각지의 연고지에서 그녀를 기리는 강연회나 전시회가 열렸다. 또한 홋카이도에서는 '이사벨라 버드의 길을 따르는 모임(회장 가네코 마사미(金子正美) 라쿠노가쿠인 대학교 교수)'이 정기적으로 그녀의 발자취를 따르고 있다.

그런데 동시대 일본에 있던 다른 외국인의 눈에는 어떻게 비쳤을까? 메이지의 원훈이었던 가쓰 가이슈(勝海舟)의 아들 중 한 사람인 우메타로(梅太郎)와 결혼한 미국인 교사의 딸 클라라 휘트니(Clara Whitney)의 『클라라의 메이지 일기(クララの明治日記)』[10]에는 영 탐탁지 않은 노부인으로 등장한다.

"말을 타고 일본을 여행하는 기묘한 부인"과 만났을 당시의 인상이 "그녀는 책을 쓸 요량으로 누구를 만나든 집요하게 이것저것 탐문하려고 하기에 누구도 곁에 가고 싶어 하지 않는다."라고 쓰여 있다.

바쿠후 말기부터 메이지에 걸쳐 하코다테를 거점으로 20년간이나 일본에 체재했던 무역상이자 동물학자인 영국 출신의 토머스 라이트 블래키스턴(Thomas Wright Blakiston, 19장 참조)도 다음과 같이 비판한다.[11] "우치우라 만 북동부 루트로 가면 천국에 이르는 것 같다고 아첨 투성이의 말을 쓰는 꼴이라니. 현대 여행자들에 대한 불성실이라고 말하고 싶다." 그 루트는 "에조에서 최악인 한편 가장 꺼림칙한 도로 중 하나"라는 것이다. 그 외에도 많은 비판을 받아 버드는 초판을 내고 5년 후에 일부를 삭제한 개정판을 낸다.

### 통역사 이토의 활약

이 『이사벨라 버드의 일본 기행』에서 빼놓을 수 없는 것이 이토라는 통역사의 존재다. 그가 없었다면 여행은 달라졌을 것이다.

버드는 요코하마의 영국 영사관에서 처음 이토와 만났을 당시의 인상을 "이 정도로 우둔하게 생긴 일본인을 본 적이 없다."라고까지 말하고 있다. 150센티미터에도 못 미치는 작은 체형에 안짱다리인데다 비정상적으로 납작한 둥근 얼굴이었다. 눈은 가늘고 길며 눈꺼풀이 무겁게 처져 있어, "일본인의 일반적인 특징을 골계화하고 있을 정도라 생각되었다."라고 혹평했다.

그러나 함께 여행을 계속하는 동안 평가도 변한 모양인지, "직업 통역사보다도 훨씬 영어를 잘한다."라며 그의 영어 실력을 높이 평가하고 있다. 여행 구석구석까지 마음을 썼고 요리에서 세탁까지 도맡았으며 놀랄 만큼 영리한 구석이 있다고까지 절찬한다. 하지만 숙박비의 수수료를 챙기는 만만찮음에 질색을 하는 장면도 나온다.

지금까지는 정체불명의 인물로 거의 무시되었으나 가나사카의 오랜 기간에 걸친 추적으로 그 인물상이 밝혀졌다. 그 연구에 따르면 본명은 이토 쓰루키치(伊藤鶴吉, 1858~1913년)이며 유년 시절 요코하마에 주둔하던 영국군 밑에서 일하면서 영어를 습득했던 듯하다. 버드를 수행한 후에도 오랫동안 통역 가이드로 활약했고 통역의 명인, 통변의 원훈 등으로 인정받았다고 한다. 일본을 방문한 많은 저명인사들이 그에게 신세를 졌다.

### 『일본의 나날들』 줄거리

에드워드 실베스터 모스(Edward Sylvester Morse, 1838~1925년)는 1877년 6월의 어느 심야, 샌프란시스코에서 요코하마로 입항하는 여객선 시티 오브 도쿄 호에 올라탔다. 그날이 39세 생일이었다. 일본은 세이난(西南) 전쟁(1877년 규슈 가고시마에서 사이고 다카모리(西鄕隆盛) 등이 일으킨 반정부 내란. 메이지 유신 초기 사족의 최대이자 최후의 반란이었고, 정부는 이 반란을 제압해 권력의 기초를 닦았다. ─옮긴이)이 한창이라 소란스러웠다.

그가 일본에 온 목적은 조개와 닮은 동물인 완족류(腕足類)를 연구하기 위해서였고 3개월 체재 예정이었다. 도착 당시의 모습을 일기인 『일본의 나날들(Japan Day by Day)』에 다음과 같이 적었다.

우리가 요코하마에 닻을 내렸을 때 바깥은 벌써 어두웠다. 호텔에서 보낸 일본풍의 쪽배가 우리가 탄 배에 바짝 붙었고 승선 중이던 수 명이 그리로 옮겨 탔다. …… 쪽배는 겨우겨우 해안에 가 닿았다. 나는 소리치고 싶을 정도로 즐거운 기분이 되어(실제로는 정말 작은 소리로 외쳤지만) 일본의 해안으로 뛰어올랐다.

요코하마에서 1박을 한 다음날 아침에 기차를 타고 신바시 역으로 향한다. 종점에서 두 역 전에 있는 오모리 역을 지나고 얼마 안 되어 선로변 끝에 드러난 조개껍데기를 본다. 오모리 패총의 발견이었다. 이것은 우연이 아니었다. 미국에서도 패총을 조사한 적이 있는 그에게 이것은 이미 방일 목적 중 하나였다.

처음 도쿄에 갔을 때, 기차의 창문 너머로 선로 옆구리 끝에 조개껍데기가 퇴적된 것을 발견하고 곧 진짜 패총인 것을 알아챘다. 누군가 선수를 치지 않을까 끊임없이 신경을 쓰면서 몇 달 동안 그곳을 방문할 기회를 기다렸다. …… 우리는 목적한 장소에 도착하자마자 훌륭한 고대 토기의 파편을 주울 수 있었다. …… 나는 기뻐서 오로지 그것밖에 보이지 않았고 학생들도 나와 마찬가지로 열중했다.

도쿄에서 오랜 지인인 도야마 마사카즈(外山正一) 도쿄 대학교 교수(후에 도쿄 대학교 총장과 문부상을 역임)와 재회하고 그의 간청으로 도쿄 대학교에 초빙된다. 그해 여름은 에노시마에서 보내며 염원하던 완족류 채취에 열중한다. 이곳에 오두막을 빌려서 뜯어고친 뒤 일본 최초의 임해 연구소인 에노시마 임해 실험소를 개설했다.

그때까지 일본에 진화론은 단편적으로 소개되어 있었을 뿐 거의 알려지지 않았다. 도쿄 대학교에서 모스는 개강 즉시 3회에 걸친 진화론 특별 공개 강연을 갖는다. 『일본의 나날들』에서 그는 이날의 정경을 이렇게 적었다.

500 내지 600명의 학생들이 출석했고 대부분이 노트 필기를 하고 있었다. …… 출석한 사람들은 관심이 깊어 보였다. 고국에서 자주 만났던 종교적 편견에 방해 받지 않고 진화론을 이야기할 수 있다니 멋진 일이다. 이야기가 끝났을 때 힘찬 박수가 일제히 터져 나와 스스로 뺨을 붉힐 정도였다.

유럽과 미국에서는 진화론을 받아들이기까지 기독교 신자들과 심각한 알력이 반복되었다. 그것은 현재까지도 이어지고 있다. 1925년에는 테네시 주 데이턴의 공립 고교에서 진화론을 가르치던 선생이 반진화론법 위반 혐의로 하급심에서 유죄 판결을 받은 사건까지 일어나 찬반양론이 펄펄 끓었다. 이 법률은 1967년에 폐지되었다. 모스는 진화론이 저항다운 저항도 없이 받아들여지는 일본의 모습에 놀라고 말았다.

쇼와 초기에 3개의 필명을 사용하며 활약했던 소설가 마키 이쓰마(牧逸馬, 1900~1935년)는 『백일의 유령(白日の幽靈)』[12]에서 진화론을 다루었다. 미국 유학 경험이 있던 그는 진화론을 둘러싼 미국의 논란을 한껏 비꼬며 야유했다.

> 나는 테네시 주의 진화론 금지를 괴기 실화의 일종으로 다뤄보고 싶다. 그만큼의 괴기적 가치는 충분히 있다고 믿는다. 그야말로 기괴천만이다. 정말이지 근대에 있어서 최대의 당치 않은 걸작이 아닐까.

당시의 일본에서는 진화론이 이미 상식이 되어 있었다는 사실을 알 수 있다.

도쿄 대학교의 집요한 유임 요청을 거절한 모스는 1879년 9월 요코하마에서 귀국길에 오른다. 일본에 체재한 기간은 2년 3개월이었다.

### 조개 연구가 에드워드 모스

모스는 미국 북동부 메인 주의 오래된 항구 도시 포틀랜드에서 태어났다. 부친은 모피상이었다. 모스 신호로 유명한 새뮤얼 핀리 브리즈

모스(Samuel Finley Breese Morse, 1791~1872년)와는 먼 친척에 해당한다. 동식물이나 천문 등 박물학에 관심이 많았던 어머니의 영향으로, 어린 시절부터 조개 수집을 시작했다.

감당 못할 문제아로 초등학교에서는 퇴학을 당했고 고등학교에서도 학교를 옮길 때마다 3번이나 출교(出校) 처분을 받았다. 결국은 형의 소개로 제도공으로 일하는 길밖에 없었다. 동물 표본 등 사생화의 명수라 불린 기초를 여기에서 쌓았다.

이윽고 아마추어 조개 수집가로 유명해졌고 그 덕분에 하버드 대학교의 루이 애거시 등 저명한 연구자들에게 능력을 인정받아 하버드 대학교의 학부생 조교로 2년을 보낸다. 이것이 그의 유일한 학력이다. 1859년에 찰스 로버트 다윈(Charles Robert Darwin, 1809~1882년)의 『종의 기원』이 출판되어 그 찬반을 둘러싸고 학회가 소란스러워졌을 무렵이다.

애거시는 강경한 진화론 부정론자였기에 다윈의 열렬한 지지자였던 모스를 용인할 수 없었다. 그는 애거시의 밑을 떠나 보스턴 교외의 세일럼에 신설된 피바디(Peabody) 과학 아카데미(현 피바디 에섹스 박물관)에 조수로 취직한다. 그곳에서 일본 근해가 완족류의 보고라는 사실을 알게 되고 친구에게 돈을 빌려 3개월간 머무를 예정으로 일본으로 향한다.[13]

오모리 패총의 발견과 발굴은 일본에 석기 시대가 존재했다는 사실을 입증했다. 이와 함께 패총에서는 새끼줄 문양이 찍힌 토기가 발굴되었는데 후에 '조몬 토기'라 불리는 토기다. 발견 장소는 현재 '오모리 패총 유적 정원'이 되어 있고, 모스가 토기를 조사하고 있는 동

그림 9-2. 모스가 찍은 아이누 인의 사진

상이 그 앞에 세워졌다.

모스가 '누군가 선수를 칠까 봐 끊임없이 신경을 쓰면서' 패총 발굴의 기회를 엿보고 있었던 이유는 이사벨라 버드가 홋카이도에서 만난 하인리히 폰 지볼트[14]라는 라이벌이 있었기 때문이다. 하인리히 폰 지볼트는 「에조 섬에서의 아이누의 민족학적 연구」, 「아이누의 독화살」 등의 논문을 발표했고 아이누 연구(그림 9-2)에서도 오모리 패총에서도 모스와 경합했다.

모스가 영국 과학 잡지 《네이처(*Nature*)》 1877년 12월 19일호에 오모리 패총 발견에 대한 논문을 투고하고 하인리히 폰 지볼트가 1878년 1월 31일호에 자신이 오모리 패총을 발견했다는 내용의 논문을 보내면서 두 사람은 첫 발견자의 공을 다투었다. 도쿄 대학교가 도쿄 부로부터 발굴 조사에 대한 독점 허가를 얻은 것도 하인리히 폰 지볼트의 팀을 배제하기 위해 모스가 사주한 결과였다는 설도 있다. 또한 일본인의 기원을 둘러싸고도 모스는 아이누 이전에 있던 다른 민족이 기원이라는 프리 아이누설을, 하인리히 폰 지볼트는 아이누설을 주창하며 대립했다.

최종적으로는 모스가 오모리 패총의 연구 논문을 1879년에 출판하고 하인리히 폰 지볼트는 본업인 외교관 업무가 바빠 고고학 연구에서 손을 떼는 것으로 결론이 났다.

모스는 일본의 도기, 민구(民具), 간판 등의 아름다움에 끌려 방대한 수집품을 모았고 일본 각지를 여행하며 주거, 풍속 등의 스케치, 도면, 사진을 수없이 남겼다. 수집품 가운데 도기는 보스턴 미술관에, 민구 등은 귀국 후에 관장으로 근무했던 피바디 에섹스 박물관에 수장되어 있다. 만년에는 간토 대지진으로 도쿄 대학교 도서관의 장서가 전소되었다는 사실을 알고 1만 권이 넘는 장서를 기증했다.[15]

또 하나의 공적은 도쿄 대학교에서 미국인 교수를 찾아 달라는 의뢰를 받아 어니스트 프란시스코 페놀로사(Earnest Francisco Fenollosa, 1853~1908년)를 소개한 일이다. 그는 1878년 25세의 나이로 일본에 와서 도쿄 대학교에서 정치학과 이재학(경제학)을 담당했다. 그의 제자로는 소설가 쓰보우치 유조(坪內雄藏), 사회학자 아루가 나가오(有賀長雄), 고도칸(講道館, 1882년 설립된 일본의 유도 도장 — 옮긴이)을 개설한 가노 지고로(嘉納治伍郎), 정치가 마키노 노부아키(牧野伸顯), 미술 운동의 지도자인 오카쿠라 가쿠조(岡倉覺三) 등이 있다.

페놀로사는 미술 전문가는 아니었지만 보스턴 미술관 부속 학교에서 회화를 배웠던 적이 있으며 미술에 대한 관심이 높았다. 일본의 문화재 보호나 해외로의 소개에 앞장섰고 오카쿠라 가쿠조와 함께 도쿄 미술 학교(도쿄 예술 대학교 미술학부의 전신)의 설립에도 힘썼다.

박물지의 역사를 써 이름이 알려진 이소노 나오히데(磯野直秀)는 저서에서 "메이지 초기 일본은 유럽과 아메리카의 근대 문명을 따라잡기 위해 수천이나 되는 외국인을 고용했다. 다행히 그 외국인의 대부분은 우수한 인재였고 젊은 나라 일본을 위해 몸을 아끼지 않고 일하며 최신의 지식과 기술을 전해 주었다. …… 그중에서 모스만큼 크고 넓은 영향을 준 인물은 많지 않다."라고 높이 평가했다.

### 산업 혁명 전의 일본

『일본의 나날들』 속에서 모스는 집요할 정도로 일본인의 청결함이나 결벽성을 강조한다.

> 도쿄의 사망률이 보스턴의 그것보다 낮다는 것을 알고 놀란 나는 이 나라의 보건 상태에 관해 다소의 연구를 했다. 그에 따르면 적리(赤痢) 및 소아 콜레라는 전혀 없었고 말라리아에 의한 열병은 그 예를 찾을 수는 있지만 많지는 않았다.
>
> 우리나라(미국)에서 좋지 않은 배수나 불완전한 변소, 그 외의 이유로 기인한다는 여러 병들의 경우 일본에는 없거나 있어도 매우 드물다고 한다. 그 원인은 배설물 처리에 있을지도 모른다. 이곳에서는 도시의 모든 배출물이 사람 손으로 옮겨지고 농장이나 논에 비료로 이용된다.
>
> 우리나라에서는 이 하수가 아무 제약 없이 크고 작은 만으로 흘러들어 물을 불결하게 만들고 수중 생물을 죽인다. 그리고 부패물과 오물에서 코를 쥐지 않을 수 없는 냄새가 흘러나와 사람들을 덮치고 참혹한 꼴을 맛보게 한다. 하지만 일본에서는 이를 소중하게 이용해 토양을 비옥하게 만든다. 도쿄와 같은 커다란 도회지에서 수백 명이나 되는 사람이 각자 정해진 구역을 갖고 이러한 노역을 수행하고 있다니 믿을 수 없다는 생각이 든다.

에노시마에서 도쿄로 돌아오는 도중의 일이다.

도쿄에 가까워지면서 긴 방해벽(防海壁)이 있는 작은 만을 가로질렀다. 이 방해벽에 잇닿아 소박한 주택이 늘어서 있는데 청결하며 생김새가 좋다. 시골 마을, 도회 할 것 없이, 부유한 집, 가난한 집 할 것 없이 깨끗하다. 결코 부엌 쓰레기나 폐품, 잡동사니 따위로 어지럽혀 있지 않은 것을 보면 거짓말 같다. 우리나라의 조용한 전원 촌락의 풍경에서 볼 수 있는 폐품이나 조개껍데기, 그 외의 커다란 쓰레기들은 어디서도 볼 수 없다.

이러한 일본인의 청결함에는 자연을 사랑하는 마음이 담겨 있다고 모스는 생각한다.

이 지구에 사는 문명인 가운데 일본인만큼 자연의 모든 형상을 사랑하는 국민은 없다. 폭풍우, 바람이 멎어 잔잔해진 바다, 안개, 비, 눈, 꽃, 계절에 의한 색채의 변천, 온화한 강, 울려 퍼지는 여울, 나는 새, 튀어 오르는 물고기, 우뚝 치솟은 봉우리, 깊은 계곡, 이러한 자연의 모든 형상은 단순히 찬미되는 데서 그치지 않고 사생화나 족자로 몇 번이고 묘사된다.

1877년 당시의 일본 인구는 3587만 명으로 현재의 30퍼센트에도 미치지 않았다. 노동 인구의 60퍼센트는 농업에 종사했고 경지 면적은 약 6만 제곱킬로미터로 현재보다도 20퍼센트 이상 넓었다. 결국 모스가 바라본 일본은 1904년 러일 전쟁 후 중공업을 중심으로 산업 혁명을 진행하기 전의 조용한 전원 국가였다.

### 130년 전 일본의 자연

바쿠후 말기부터 메이지에 걸친 기간 동안 일본을 찾은 외국인들은 예외 없이 일본의 아름다운 자연을 절찬했다. 프랑스 해군 사관으로 1866년에 일본에 왔던 덴마크 인 에두아르드 스엔손(Edouard Suenson, 1842~1921년)은 1년 정도 일본에 체재하며 일본 최초의 해저 케이블을 부설했다. 마침 후지 산이 분화 연기를 내뿜었던 때라 그것을 보고 깜짝 놀라는 대목도 있다.

당시 살고 있던 요코하마 근교를 산책하면서 "일본은 세계에서 가장 아름다운 나라 중 하나"라며 최대의 찬사를 보낸다. 그리고 저서인 『에도 막말 체재기(江戶幕末滯在記)』[16]에 이런 관찰이 등장한다. "일본인은 광신적인 자연 숭배자이다. 지극히 평범한 노동자들조차 차를 음미하는 동시에 아름다운 경치에 충분히 만족할 줄 안다."

오스트리아-헝가리 제국의 외교관이었던 알렉산더 휴브너는 약 2개월 체재한 일본의 인상을 이렇게 말했다.[17]

> 일본인은 자연을 좋아한다. 유럽에서 미적 감각은 교육으로 형성되며 길러진다. …… 그런데 일본의 농민은 그렇지 않다. 일본의 농민에게 있어서 미적 감각은 타고 나는 것이다.

버드와 모스 두 사람의 저작에는 우리가 완전히 잊어버린 일본의 원풍경이 고스란히 담겨 있어 130년 전으로 타임슬립해 함께 여행하는 듯한 흥분을 일으킨다. 민속학자인 미야모토 쓰네이치(宮本常一)는 다음과 같이 썼다.[18]

당시의 일본의 모습을 기록한 모스나 어니스트 사토(Ernest Satow)의 일기를 보면 일본의 모습을 매우 칭찬하고 있지만 사실 칭찬이 아닐지도 모릅니다. 그 사람들 눈에 비친 그대로가 일본이었다고 말해도 좋지 않을까 생각합니다.

## 가로수 길과 메이지 유신

그러나 메이지 유신과 함께 시작된 근대화 정책으로 일본의 자연도 큰 전환점을 맞는다. 먼저 가로수 벌채를 두고 논쟁이 표면화되었다. 이것은 이와마쓰 무쓰오(岩松睦夫)의 『초록색의 대회랑: 숲이 일본인에게 보내는 메시지(緑の大回廊: 森が語る日本人へのメッセージ)』[19]에 자세하게 나와 있다.

당시 일본인들 사이에서는 개국 이전의 온갖 것들은 낡고 나쁘다며 과거의 일본을 전면 거부하자는 풍조가 횡행했다. 그러나 외국인들 사이에서는 급속한 문명개화나 근대화 정책을 향한 의문의 목소리가 나왔다. 1871년에 요코하마에서 열린 재일 외국인의 모임에서 영국 공사 파크스는, 기술 지도로 와 있던 영국인 기술자를 인용해 "전기 공급을 서두르는 정부가 전신주를 세우기 위해 각지에서 방해가 되는 가로수를 베어 내기 시작했다."라고 보고했다.

참석자 중 한 사람인 미국의 법률가 R. G. 왓슨이 "가도의 가로수는 후세에 전해야 할 가치가 있는 일본의 문화이다. 우리가 일본 정부에 대해 가로수 벌채에 반대하는 성명을 내야 하는 것이 아닐까."라고 제안했다. 확실히 일본에는 예로부터 가도, 참배로, 경마장, 제방, 연안 등에 가로수가 조성되었고, 문화적, 경관적인 가치가 높았다. 요코하마에서 발행되고 있던 외국인 대상의 신문 《재팬 가제트》도 요코하마와 오다와라 사이의 가로수가 전신선 가설 때문에 베어졌다는 뉴스를 전했다.

『고사기(古事記)』를 영역한 것으로도 알려져 있는 도쿄 대학교의 교수 바질 홀 체임벌린(Basil Hall Chamberlain, 1850~1935년)은 『일본 사물지(日本事物誌)』[20]에서 그간의 사정을 이렇게 정리했다.

> 일본의 많은 도로는 높은 삼나무 등으로 된 가로수 길이다. 전신이 이 나라에 도입되자마자, 일본인들은 문명이라 믿는 것에 너무 열심인 나머지 이들 기념해야만 할 수목을 베어 내기 시작했다. …… 요코하마의 외국 신문에서 반대의 목소리가 높아졌고, …… 남아 있는 가로수 길은 무사할 수 있었다.

이러한 반대의 목소리 때문에 일본 정부는 1873년 가로수 벌채를 중지하라는 통달을 관계 부현에 내렸다. 하지만 부국강병책이 강행되면서 외국인이 절찬했던 일본의 자연도 황폐해 간다.

현재까지 그 원형을 간직한 가로수는 매우 드물다. 닛코 삼나무 가로수나 바바다이몬(馬場大門, 도쿄 후추 시)의 느티나무 가로수처럼 특별 천연기념물이나 사적 명승 천연기념물로 보호되고 있는 가로수는 7곳에 불과하다. 닛코의 가로수도 노령화나 자동차 공해 탓에 매년 고사해서 남은 것은 맨 처음의 절반인 약 1만 2700그루뿐이다.

# 모자 장수는 왜 수은 중독에 걸렸을까

### 루이스 캐럴, 『이상한 나라의 앨리스』[1]

땅 밑 이상한 세계의 미로에 빠진 앨리스 앞에 '매드 해터'라 불리는 이상한 모자 장수가 등장한다. 이 모자 장수는 무서운 직업병인 수은 중독에 걸렸다. 3000년에 이르는 인간과 수은의 긴 역사 속에서 많은 사람들이 수은에 희생되었다.

### 『이상한 나라의 앨리스』 줄거리

언니와 함께 소풍을 간 앨리스는 언니가 책 읽는 데 빠지자 지루해져 멍하니 앉아 있었다. 그때 옷을 입은 흰 토끼가 앨리스의 바로 옆을 뛰어간다. 회중시계를 꺼내더니 "이런, 큰일 났군! 큰일 났어! 이러다간 늦겠는데!"라며 혼잣말을 하면서 지나가는 것이다.

흥미가 동한 앨리스는 흰 토끼를 뒤쫓는다. 그러자 흰 토끼는 커다란 굴로 뛰어든다. 앨리스도 뒤를 따르지만 흰 토끼를 놓치고 만다. 조금 걸어 가자 탁자 위에 병이 놓여 있고 거기에 "날 마셔요."라고 적혀 있다. 그것을 마시자 앨리스의 몸은 점점 작아져 신장이 반으로 줄어든다. 다음으로 케이크를 발견하고 그것을 먹자 이번에는 몸이 커져 버린다.

숲을 걷노라니 입이 큰 체셔 고양이가 나무 위에서 앨리스에게 길 안내를 해 준다. 앨리스가 고양이에게 묻는다.

"이 근처에 누가 살고 있니?" "저쪽에는 ······." 고양이가 오른쪽 발을 들어 올리며 말했다. "모자 장수가 살고 있고, 저쪽에는 ······." 고양이가 다른 발을 들어 올리며 말했다. "3월의 토끼가 살고 있어. 둘 다 미쳤으니 너 좋을 대로 찾아가 봐."

앨리스는 그 길로 토끼를 찾아간다. 토끼는 굴뚝이 토끼 귀 같은 모양으로 생겼고 지붕은 털로 덮여 있는 이상한 집에서 살고 있었다. 앨리스는 걱정된다. "3월의 토끼가 아주 미쳤으면 어쩌지? 차라리 모자 장수를 보러 갈 걸 그랬나?" 그 모자 장수가 이 장의 주인공이다. 그 별난 행동 때문에 자주 매드 해터(Mad Hatter, 미친 모자 장수)라 인용되어 온 캐릭터다.

앨리스는 그리핀(사자의 몸에 독수리의 머리와 날개가 달린 신화상의 동물 — 옮긴이)과 만나 법정으로 향한다. 거기에서는 '누가 파이를 훔쳤나?'를 두고 재판이 한창이다. 하트 여왕이 종일 만든 파이를 누군가가 훔쳐간 것이다. 훔친 용의자로 붙잡혀 온 것은 하트 잭이다.

법정에 들어섰을 때만 해도 앨리스의 몸은 작았지만, 재판 중 점점 커진다. 앨리스 역시 증인으로 나서 여러 가지 질문에 답하지만 여왕은 화가 나 "저 애의 목을 쳐라!"라고 명령한다. 앨리스가 "당신들은 고작 카드일 뿐이야!"라고 소리 지르자 모든 카드가 공중으로 솟아오르더니 팔랑팔랑 앨리스 쪽으로 날아든다. 정신을 차려 보니 앨리스는 강둑 위에서 언니의 무릎을 베고 누워 잠에 빠져 있었다.

## 옥스퍼드의 수학자 루이스 캐럴

『이상한 나라의 앨리스(Alice's Adventures in Wonderland)』는 영국의 수학자이자 작가였던 찰스 루트위지 도지슨(Charles Lutwidgs Dodgson, 1832~1898년)이 루이스 캐럴(Lewis Carroll)이라는 필명으로 1865년에 출판한 아동 문학이다.

도지슨은 1832년 체셔 지방의 작은 마을인 데어스베리의 목사관에서 교구 목사의 장남으로 태어났다. 1845년에 명문 럭비 스쿨에 들어갔고 이후 옥스퍼드 대학교의 크라이스트처치 칼리지에 입학했다. 최우수 성적으로 학교를 졸업해서 그대로 모교의 수학 강사로 부임해 26년간 근무한다.

친구의 딸인 3명의 소녀들과 함께 템스 강에서 보트 놀이를 하던 어느 날 도지슨은 앨리스라는 이름을 가진 여자 아이의 모험 이야기를 즉흥적으로 지어 소녀들에게 들려주었다. 실제로 3자매 중 둘째인 10세의 소녀가 앨리스라는 이름을 갖고 있었다.

이야기를 마음에 들어 한 앨리스는 자기를 위해 그것을 글로 남겨 달라고 조른다. 이것이 1863년에 쓴 『지하 세계에서 앨리스의 모험(Alice's Adventures Under Ground)』이다. 여기에 직접 삽화를 덧붙여 이듬해 크리스마스에 앨리스에게 선물한다. 그는 화가나 사진가로도 뛰어난 솜씨의 소유자였다.

그림 10-1. 『이상한 나라의 앨리스』 초판 표지

이 육필의 책을 읽은 친구의 권유로 출판된 것이 이 책(그림 10-1)이다. 대폭 가필했고 화가 존 테니얼이 삽화를 그렸다. 어린아이들뿐만 아니라 어른들에게도 열렬히 사랑받아 폭발적인 판매고를 올렸고 오늘날까지 전 세계에서 쇄를 거듭하고 있다. 1871년에는 속편인 『거울 나라의 앨리스(Through the Looking-Glass and What Alice Found There)』가 출판되어 호평을 받았다. 이 작품은 거울 너머의 세계에서 미로에 빠져드는 이야기다.

일본에는 1908년에 지쓰교노니혼샤(實業之日本社)에서 창간한 《소녀의 친구》 1~3호에 연재되면서 처음 소개되었고 1912년에 단행본으로 나왔다. 처음에는 『앨리스』라는 제목이었지만 1930년 나가사와 사이스케(長澤才助)의 번역으로 『이상한 나라의 앨리스』라는 제목이 자리를 잡았다. 지금까지 나온 십수 종류의 다른 번역본 중에는 아쿠타가와 류노스케와 기쿠치 간이 공역한 『앨리스 이야기』(1927년)도 있다.

두 권의 앨리스 이야기 이외에도 『스나크 사냥(The Hunting of the Snark)』, 『실비와 브루노(Sylvie and Bruno)』 등의 작품을 남겼으며, 수학 분야에서도 『행렬식 초보』, 『기호 논리학』, 『이상한 나라의 논리학』 등의 전문서나 입문서를 저술했다.

『이상한 나라의 앨리스』는 1903년 이래 여러 번 영화로 만들어졌고 일본에서는 1983~1984년에 전 26화의 TV 애니메이션으로 방영되기도 했다. 속편인 『거울 나라의 앨리스』와 함께 구성된 작품도 많다.

도지슨이 사망한 뒤 그가 소아 성애자, 그중에서도 소녀애자(롤리타 콤플렉스, 로리콘)였다는 설이 나왔고 아직까지도 잊을 만하면 부상하고는 한다. 그는 독신 생활을 고집했으며 당시 보급되기 시작했던 사진에 빠져 수많은 소녀의 사진을 남겼다. 사후에 파기되었지만 소녀의 누드나 세미 누드도 있었다고 전해진다.

러시아 태생의 작가 블라디미르 나보코프(Vladimir Nabokov, 1899~1977년)는 『이상한 나라의 앨리스』의 러시아 어 번역본을 출판했으며, 도지슨의 작품과 인생에 큰 영향을 받았다고 말한다. 나보코프는 도지슨을 자신의 작품 『롤리타(Lolita)』의 주인공 험버트 험버트에 비유한다. 이 작품은 12세 미소녀를 사랑하는 중년 대학 교수의 이야기이다.

그러나 도지슨이 소녀의 사진을 찍을 때는 반드시 부모가 동석했다든가 성인 여성에게도 관심이 높았다든가 하는 반론도 많다. 그들은 도지슨이 로리콘이었다는 설은 전기 작가들이 날조한 것이라며 전면 부정한다.[2]

## 미친 모자 장수

그림 10-2. 매드 해터(초판본의 삽화)

2010년에 공개된 영화 「이상한 나라의 앨리스」에서 배우 조니 뎁은 매드 해터(그림 10-2)로 분했다. 거대한 모자와 우악스러운 머리 모양 그리고 커다란 나비넥타이. 정말이지 미친 모자 장수다. 도쿄 디즈니랜드의 판타지 랜드에는 더 매드 해터(The Mad Hatter)라는 이름의 모자 가게도 있다.

　매드 해터의 모델은 당시 옥스퍼드에서 가구점을 하던 티오필러스 카터로 알려져 있다. 언제나 거대한 모자를 쓰고 가게 앞에서 호객행위를 하던 명물이었다. 유별난 발명가였고 1851년 런던 만국 박람회에 알람 침대를 출품해 화제를 독차지했다. 시간이 되면 침대가 회전하여 잠들어 있는 사람을 옆에 있는 욕조에 떨어트리는 장치다. 캐럴의 제안으로 화가 테니얼이 그를 모자 장수의 삽화 모델로 삼았던 모양이다.

　이야기에 등장하는 매드 해터는 수은 중독의 희생자였다고 전해진다. 그 당시 해터(모자 장인)의 심각한 직업병이었다.

　모자의 원료로 쓰였던 펠트에는 다양한 전설이 있다. "노아의 방주 안에 깔았던 양모가 얽혀 만들어졌다."라든가, "중세 프랑스의 수도사들이 구두 쓸림을 방지하기 위해 양모를 그 속에 깔았던 것이 기원"이라든가 하는 이야기들이다.

공업적인 펠트 생산 기술은 17세기 중반 프랑스에서 개발되었다. 질산수은을 사용해 양모 섬유를 치밀하게 변화시켜 펠트로 제작하는 축융(縮絨) 기술이다. 이 결과 프랑스가 펠트 생산을 독점했다.

그러나 1685년 루이 14세가 낭트 칙령을 폐지하고 프랑스가 다시 가톨릭 국가로 돌아가면서 펠트 생산의 독점도 깨졌다. 1598년 앙리 4세가 공포한 낭트 칙령은 근대 유럽에서는 처음으로 개인의 신앙 자유를 인정한 칙령이었다. 칙령 폐지 후 박해를 받아 영국으로 몸을 옮긴 신교도 장인들이 기술을 전해 영국도 펠트를 왕성하게 생산할 수 있었다.

19세기 들어 유럽에서 모자를 쓰는 습관이 정착되어 수요가 급증했고, 모자 제작 과정에서 수은 증기를 들이마시는 바람에 장인 중 수은 중독 환자가 많이 나왔다. 도지슨의 주변에도 그런 모자 장인이 있었는지 모른다.

미국에서도 1860년 전후부터 모자 장인의 직업병이 문제가 되기 시작했다. 1941년에는 모자 제작에 수은 화합물을 쓰는 것이 금지되었다. 제2차 세계 대전이 시작되자마자 폭약의 뇌관 장치 등으로 인해 수은의 수요가 커져 펠트 제조에 쓸 여유가 없었기 때문이다.[3]

수은의 공업적 용도가 확대됨에 따라 수많은 중독 환자가 출현했다. 세계 최초의 실용적 사진 기법이라 불리는 다게레오 타입을 발명한 프랑스 인 루이 자크 망데 다게르(Louis Jacques Mandé Daguerre, 1789~1851년)도 수은 중독의 희생자였다. 그는 은에 요오드 증기를 쏘인 다음 빛에 노출시킨 뒤 뜨거운 수은 증기를 쏘이면 상이 보존된다는 사실을 1839년에 발표했다. 일본에서는 은판 사진이라고도 불렸으며 습판 사진 기법이 확립될 때까지 가장 널리 보급된 사진 기법이었다.

그러나 그 기법을 사용한 지 10년 정도 지난 시점부터 다게르는 수은 중독이 원인인 듯한 환각에 사로잡히게 되었다. 세상의 종말이 가까워졌다면서 다양한 기행을 보였다고 한다.[4]

### 폼페이 레드의 유혹

빨간색은 피의 색깔, 즉 생명의 상징이다. 따라서 인류는 붉은 안료나 염료를 계속해서 찾아 왔다. 가장 오래된 안료는 화성 표면의 불그스름하게 퇴색한 색으로 잘 알려진 적산화철(벵갈라)이다. 알타미라 동굴 등 구석기 시대의 동굴 벽화에 쓰였고 고대 이집트에서 지위가 높은 여성들의 입술연지가 되기도 했다.

탄산납의 연백(鉛白)을 구워서 만드는 연단(鉛丹)도 고대부터 19세기까지 도자기의 유약이나 동양화에 쓰는 분말 색소, 배가 녹슬지 않도록 칠하는 도료 따위의 빨간색 안료로 쓰였다. 고대 아테네에서 연백을 쌓아 둔 배가 화재를 일으켜 그 흔적에서 발견되었다는 전설이 있다. 연백은 에도 시대 이래 화장용의 백분(白紛)으로 보급되었으나, 메이지 시대의 가부키 명배우인 고다이메 나카무라 우타에몬(伍代目中村歌右衛門)이 백분 탓에 납 중독에 빠진 일로 때문에 독성이 널리 알려져 그 후에는 화장품에 사용하는 것이 금지되었다.

그중에서 가장 인기가 높았던 것은 황화수은의 빨간색이다. 여기에는 2000년 하고도 수백 년의 역사가 있다. 기원전 2세기부터 기원후 1세기에 걸쳐 유대교의 한 분파가 기록으로 남긴 『사해문서(*Dead Sea Scrolls*)』에도 황화수은이 빨간색 잉크로 사용되었다. 황화수은은 그리스·로마 시대에 들어서 애용되기 시작했는데 당시의 색조는 고대 로마의 폼페이 유적에서 발굴된 벽화를 통해 알 수 있다. 인기 관광지인 비의장(秘儀莊, Villa dei Misteri)의 벽화에도 이 주홍색을 띤 선열(鮮烈)한 빨간색이 칠해져 있어서 폼페이 레드라는 이름으로 사람들을 매료시켜 왔다. 당시 이것은 고가였다.

유럽에서 황화수은의 최대 생산지는 스페인 남부의 알마덴이며 중국이나 인도에서도 산출된다. 8세기에 중국에서 수은과 유황으로 이것을 합성하는 방법이 발명되었고, 12세기에는 유럽으로 전해졌다. 17세기 네덜란드에서 처음으로 저가의 제조 방법이 개발되었고 이것은 버밀리온(vermilion)이라 불리며 많은 화가들이 즐겨 사용했다.

예를 들어 17세기 네덜란드의 화가 얀 페르메이르(Jan Vermeer, 1632~1675년)의 작품 곳곳에도 버밀리온이 쓰였다. 페르메이르의 작품이 맞는가 하는 의문의 목소리가 있기는 하지만 「빨간 모자를 쓴 소녀」의 선명한 빨간 모자나 립글로스를 바른 듯한 젖은 느낌의 입술이 바로 버밀리온의 공이다. 「포도주 잔을 든 여자」나 「포도주 잔」의 빨간 드레스 등에도 사용되었다.

2010년 이탈리아 중부 토스카나 주의 지하 성당에서 두개골과 대퇴골이 발견되었다. 전문가 그룹은 뼈의 DNA 분석과 연대 측정을 통해 바로크 회화의 선구자였던 미켈란젤로 다 카라바조(Michelangelo da Caravaggio, 1573~1610년)의 유골이라고 판단했다. 뼈에서 고농도의 수은이 발견되었는데 그 오염은 버밀리온을 다량으로 사용했기 때문에 일어났을 가능성이 있었다.[5] 카라바조는 무뢰배로 유명했던 화가로, 번번이 폭력 사태를 일으켰고 몇 번 투옥되기도 했다.

황화수은은 19세기에 합성 아닐린이 등장할 때까지 화가들이 가장 애용한 염료였다.[6] 그러나 수은의 독성이 문제가 되면서 현재는 수은을 카드뮴으로 치환한 황화카드뮴이 널리 쓰인다. 이 빨간색도 버밀리온이라고 불린다.

### 진시황의 수은 중독

일본에서 사람과 수은의 관계는 조몬(繩文) 시대(기원전 1만 3000년 경부터 기원전 300년까지의 기간 — 옮긴이)까지 거슬러 올라간다. 황화수은으로 색을 입힌 토기가 도쿠시마 현 야노(矢野) 유적(수혈식 주거의 흔적이 100채 가까이 발견된 조몬 시대에서 중세에 걸친 유적 — 옮긴이)이나 미에 현 오지히로(王子廣) 유적(토기, 수혈 주거 등이 있는 조몬 후기의 유적 — 옮긴이) 등 각지에서 발견되고 있다. 황화수은은 오래전부터 적색을 의미하는 단(丹)이라 불렸고 이 외에도 진사(辰砂), 단사(丹砂), 주사(朱砂), 수은주 등 부르는 방법이 다양했다. 단정학(丹頂鶴) 역시 머리 꼭대기 부분이 빨간 데서 유래하는 이름이다. 금속 수은은 황화수은에 열을 가해 제조했다.

1986년에 발견된 사가 현의 요시노가리(吉野ヶ里) 유적(약 0.5제곱킬로미터에 걸친 야요이 시대의 촌락 유적 — 옮긴이)에서는 야요이 시대의 옹관 무덤이 3000기 이상 발굴되었다. 그 옹관 속에서 황화수은이 검출되었다. 관 내부의 장식을 위한 염료로 여겨졌으나, 중국의 황제들이 진귀하게 여기던 불로불사의 선약(仙藥)이었을 가능성이 높다.

일본의 고대 부족 국가 야마타이(邪馬台) 국의 등장으로 유명한 중국의 정사『위지 왜인전』에는 "그들의 몸에 단이 칠해져 있다.", "산에서 단을 생산한다."와 같은 기술이 나온다. 또 일본에서 단을 헌상했다는 내용도 등장한다. 당시의 야마타이 국의 생산물에 광업이 관련되어 있다는 증거로 생각할 수 있다.

신사 도리이(鳥居, 신사 입구의 문 — 옮긴이)의 주홍색도 황화수은으로, 위와 같은 전통의 살아 있는 화석인 셈이다. 눈에 띌 뿐만 아니라 방부 효과도 컸다. 황화수은의 산지에는 니우(丹生)라는 지명이 붙은 곳이 많다. 동쪽의 야마가타 현 니우 강(오바나자와 시)부터 서쪽의 사가 현 니우 강(우레시노 정)까지 전국 23곳에 이른다.『속일본기(續日本紀)』에는 698년에 이세(伊勢), 히타치(常陸), 비젠(備前), 이요(伊予)(모두 일본의 옛 지명들 — 옮긴이)에서 주사(朱沙)가 헌상되었다고 나온다. 이것이 일본에 남아 있는 수은의 기록으로는 가장 오래된 것이다.[7]

고대 중국 사람들은 연단술(鍊丹術) 등에서 알 수 있듯 수은을 불로불사의 묘약이라고 믿었다. 수은이 들어간 약이나 음식을 복용한 진시황을 비롯해 수많은 권력자가 수은 중독으로 오히려 목숨이 단축되었다고 전해진다.

기원전 1세기 전한(前漢) 시대에 사마천이 편찬한『사기』는 발굴되지 않은 황제릉으로 유명한 시황제의 지하 궁에 대해 상세히 기술하고 있다. 무덤은 지하의 거대한 궁전으로 거기에는 수은을 가득 채운 바다나 강이 있었다고 한다. 이 땅속 궁전은 2003년 중국 과학 기술부의 지하 탐사 조사로 동서 170미터, 남북 50미터, 높이 15미터의 존재가 확인되었다. 토양 시추로 고농도의 수은이 검출되어『사기』의 신빙성이 확실해졌다.

『진서(晋書)』에는 동진(東晋)의 애제(哀帝)가 단약 중독으로 25세의 나이에 유명을 달리했다는 기술이 있다. 또 중국의 고전 소설『수호전』을 보면 양산박의 부두령인 노준의가 조정 고관의 음모로 수은이 들어간 식사를 억지로 먹고 돌아오던 배에서 떨어져 사망한다. 당시에도 수은의 독성이 알려져 있기는 했던 것이리라.

후난 성에서 발굴된 전한 시대의 마왕퇴 한묘(馬王堆漢墓)에 있던 여인 미라에서도 비소, 납 등과 함께 수은이 발견되었다. 이 여성이 당시 황제의 사촌 남매에 해당하는 고귀한 신분이었다는 것을 염두에 두면 수은을 단약으로 복용했다고 짐작할 수 있다. 중국 의학에서는 주사(朱砂)나 단사(丹砂)라 불렸고 현재도 진정이나 최면의 목적으로 사용되고 있다.

### 파렌하이트에서 빨간약까지

이후로도 우리는 수은과는 끊으래야 끊을 수 없는 관계를 이어 오고 있다. 최근에 와서는 규제로 인해 사용하지 않게 된 것도 있지만 우리 주변에서 흔히 사용되어 온 것을 들어 보자면 혈압계나 체온계, 온도계나 압력계, 충치에 채워 넣는 치과용의 충전제, 진동으로 개폐되는 석유 난로의 경사 스위치, 전지, 형광등, 배터리, 살충제나 훈증제, 빨간색 안료, 백신의 방부제 따위가 있다. 이 외에 대형 전력을 발생시키는 정류기나 금속 정련, 도금 등의 산업 용도로도 수없이 등장해 왔다.

수은을 이용한 온도계는 네덜란드에서 활약한 기술자 다니엘 가브리엘 파렌하이트(Daniel Gabriel Fahrenheit, 1686~1736년)가 1714년에 발명한 물건이다. 현재도 영어권에서 사용되는 온도의 화씨 눈금 파렌하이트(°F)에 이름을 남겼다.

인장의 인주 역시 원래는 황화수은이었으며, 중국에서는 송 대부터 쓰이기 시작했다. 일본에서도 전국 시대부터 문서에 인장을 찍는 관습이 확대되었고 오다 노부나가는 천하포무(天下布武)라 새겨진 인장을 사용하기도 했다. 에도 시대부터는 중요한 문서를 '주인장(朱印狀)'으로 구별하기도 했다. 그러나 현재 인주의 빨간색에는 대부분 유기 안료를 쓴다.

살균 소독약인 '빨간약'은 1919년 미국에서 태어나 가정 상비약으로 전 세계에서 널리 사용되어 왔다. 수은 화합물인 머큐로크롬액이 정식 명칭이지만 빨간 요오드팅크라는 의미에서 이런 이름이 붙었다. (빨간약의 일본 이름은 '아카친(赤チン)'으로 빨간 요오도친키(赤いヨードチンキ)를 축약한 말이다. — 옮긴이) 제조 공정에서 수은이 발생한다는 이유로 일본에서는 1973년에 제조가 중지되었다. 1990년경 미국에서도 연방 식품 의약국(FDA)이 수은 중독의 위험성을 지적하며 판매 중지를 호소했고 이를 계기로 전 세계적으로 사용을 삼가기에 이르렀다.[8]

### 수은이 일으킨 재앙들

수은의 역사는 곧 중독 환자의 발생이나 환경 오염과 같은 다양한 문제의 역사이기도 하다. 수은은 무기냐 유기냐의 형태 차이에 따라 생체 내의 흡수성이나 독성이 크게 달라진다. 무기 금속 수은의 경우 축적성은 낮지만 그 증기를 흡입하면 허파에서 문제를 일으킨다.

그러나 총칭 알킬수은이라 하는 유기수은은 식물 연쇄를 따라 자연계에 농축되기 쉬워서 어패류 따위를 섭취한 사람이나 야생 생물을 중독시킨다. 특히 뇌에 축적되어 시야 협착, 운동 실조, 지각 장애, 언어 장애 등의 중추 신경 장애를 초래한다. 이것은 미나마타병 등의 원인이 되기도 했다.

2010년 일본에서는 헤이죠 천도(平城遷都) 1300주년을 맞아 다양한 행사가 거행되었다. 그런데 710년부터 784년까지 현재 나라 시가의 서쪽 교외에 있었던 도읍인 이 헤이죠쿄를 세울 때 도다이지(東大寺)에 대불을 조성하면서 대규모의 수은 오염이 발생했다는 설을 시라스카 고헤이(白須賀公平) 등이 주창하고 있다. 말하자면 일본 내 대규모 공해의 시작이었던 셈이다.[9]

나라의 대불(노사나불, 盧舍那佛)은 749년에 완성되어 752년에 개안공양(새로 건립된 불상을 사원에 안치한 후 거행하는, 생명력을 불어넣는 의식 — 옮긴이)을 열었다. 완성 당시에는 금으로 도금해 황금색으로 빛났다고 한다. 청동으로 주조한 불상의 표면에 금과 수은을 섞은 아말감을 바른 뒤에 350도 정도로 가열해 수은을 증발시키면 황금색 본체가 떠올랐다.

『도다이지 대불기』는 이 도금에 수은이 약 2150킬로그램, 금이 약 473킬로그램 사용되었다고 전한다. 이 시대로서는 막대한 양이었다. 수은 증기는 호흡기나 신장을 덮쳤고 요독증과 운동 실조 등을 초래했다. 총 약 218만 명의 인부가 동원되었는데 이들 사이에 원인을 알 수 없는 병이 유행해 사망자가 나왔다고 적혀 있다. 이제까지 신의 재앙이라 여겼던 이 현상에 수은 중독의 가능성이 지적된 것이다.

시라스카는 중국의 장안을 모델로 해 장대한 구상으로 만들어진 헤이죠쿄가 고작 74년으로 그 역사를 끝내고 나가오카쿄(長岡京)로 도읍을 옮겨야만 했던 것이 이 수은 중독 현상의 잦은 발생 때문이 아니겠냐는 결론을 내리고 있다. 다만 이 주장을 뒷받침할 과학적 데이터는 발견되지 않았다.

요즘처럼 수은 공해가 세계에 알려지게 된 것은 2개의 비참한 사건이 있었기 때문이다. 1941~1968년에 구마모토 현 미나마타 시 주변 해역으로 신일본 질소 비료 미나마타 공장에서 나온 메틸수은이 유입되었다. 메틸수은은 물고기 등에 농축되었고, 물고기를 먹은 주민들이 수은 중독에 걸리고 말았다. 우리가 미나마타병이라 부르는 그것이다. 세계적으로도 최대 수준의 공해 피해였으며 많은 주민들이 현재까지도 여러 장애로 괴로워하고 있다.

국가가 인정한 미나마타병 환자는 구마모토, 가고시마 두 현을 합쳐 약 2300명이었고 또한 1960년대에 니가타 현 아가노 강 유역에서 발생한 제2 미나마타병의 경우 인정 환자는 약 700명이었다. 각종 재판을 통해 미나마타병으로 인정받은 환자는 약 7900명이지만 잠재 환자까지 합칠 경우 총수는 2만~3만 명에 이를 것으로 추정된다.

또 하나의 사건은 1971~1972년에 걸친 겨울에 이라크 남부의 바스라를 중심으로 일어난 메틸수은 집단 중독이다. 메틸수은 살균제로 소독한 밀가루를 파이로 만들어 약 10만 명의 주민이 먹었다. 그 결과 약 6500명이 중독되어 운동 실조, 시각 저하, 난청 등의 후유증에 시달렸으며 입원 중에 사망한 사람만 해도 459명이라고 발표되었다. 입원하지 않은 상태로 죽은 사람까지 포함하면 1만 명을 넘을 것이라는 설도 있다. 또한 태내에서 중독된 유아들에게 뇌성 마비나 발육 부진 등이 나타났다.

원인은 식량 증산을 위해 멕시코에서 수입한 다수확 품종의 밀이었다. 이 밀은 옮겨오는 도중에 곰팡이가 피지 않도록 사전에 살균제로 소독되었다. 항구에서 짐을 내릴 때의 혼란으로 농민의 손에 2개월 늦게 닿았는데, 농민들은 파종을 끝낸 상태였다. 그런데 때마침 흉작 때문에 식량이 부족했던 사정도 있어 빵으로 만들어 먹은 결과, 집단 중독에 이르고 말았다. 당시 이라크는 사담 후세인의 군사 정권하에 있었기에 사건의 전모는 양지로 나오지 못했다.

## 목숨 걸고 먹은 약, 수은

수은은 상온에서 액체 상태인 유일한 금속이다. 그 특이한 성질 때문에 신비한 능력이 있는 것으로 받아들여졌고 예로부터 약재로 사용되었다. 특히 콜럼버스의 배에 탔던 선원을 거쳐 신대륙에서 16세기 유럽과 아시아로 전파되어 대유행했던 매독의 경우에는 많은 감염자들이 이 수은 요법에 운명을 걸었다. 콜럼버스의 첫 번째 신대륙 항해(18장 참조)에 함께 나섰던 90명의 승조원 중에서 지금까지 이름이 알려진 인물은 후안 데 모게르 정도일 것이다. 그는 카리브 해에 도착하자 오로지 현지 선주민 여성과의 '교류'에 힘썼다. 1493년에 스페인에 돌아와 잠시 시간이 흐르자 열이 나더니 피부가 발진으로 뒤덮였다. 이윽고 두통과 망상이 심해졌고 2년 후에 대동맥 파열로 죽었다. 말하자면 구세계의 매독 0호 환자였다. 그 후 매독은 선 세세로 퍼져 나갔고 무수히 많은 사람들을 불행의 나락으로 빠트렸다.

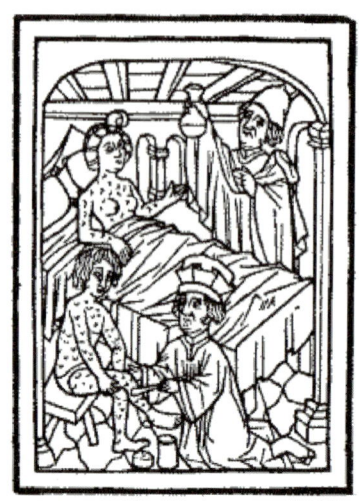
그림 10-3. 매독에 걸린 부부가 치료를 받는 풍경(15세기의 목판화)

모게르가 매독에 걸린 그해 스페인에서 대유행이 시작되었고 1495년 프랑스-이탈리아 전쟁에서 프랑스 군에게 감염되어 눈 깜짝할 사이에 유럽 전체로 퍼져 나갔다. (그림 10-3) 1498년에는 바스코 다가마가 인도 항로를 발견하면서 아시아로 확산되었다.

프랑스의 철학자 볼테르(Voltaire, 1694~1778년)의 『캉디드(Candide)』[10](1759년)는 천진난만한 주인공 캉디드의 모험 이야기다. 여기에서 볼테르는 매독의 감염 경로를 신나게 비꼬고 있다.

캉디드의 스승이 남작 부인의 예쁜 몸종을 차지한 것까지는 좋았으나 매독에 옮아 버린다. 그녀는 수도사에게서 감염된 것이고 수도사는 백작 부인에게서 백작 부인은 어느 기병 대위에게서 …….

원인을 추적하다 보니 예수회 신부까지 등장한다. 그리고 "그 신부는 수련 기간 중에 크리스토퍼 콜럼버스의 동료 중 한 사람으로부터 직접 (매독을) 물려받았다고 해."라고 결론 내리고 있다.

'수상쩍으면 남의 나라 것'이라는 속담대로 영국에서는 프랑스 병, 프랑스에서는 나폴리 병, 이탈리아와 네덜란드에서는 스페인 병, 포르투갈에선 카스티야 병, 러시아에서는 폴란드 병, 폴란드에서는 러시아 병이라 부르며 감염 원인을 서로 떠넘겼다.

일본 최초의 기록으로 남은 것은 1512년 오사카에서였다. 교통이 발달하지 않은 시대임에도 콜럼버스 일행이 매독을 유럽에 들인 지 겨우 20년 만에 지구를 거의 한 바퀴 돈 셈이다. 특히 오키나와에서 크게 유행했기에 본토에서는 류큐 병, 오키나와에서는 남만 병이라 불렸다.

당시의 콜레라, 매독 같은 병에는 수은 복용이나 증기의 흡입, 수은이 들어간 연고밖에 치료법이 없었다. 수은 요법은 일본에서도 이루어졌는데 1775년에 네덜란드 상관 소속 의사로 데지마(出島)에 부임한 스웨덴의 의사 칼 툰베리가 처음으로 수은 치료를 지도했다.

그래서 매독 치료에는 많은 수은 중독자가 따랐다. 이탈리아의 바이올리니스트이자 작곡가인 니콜로 파가니니는 매독 진단을 받고 수은 요법을 받았는데, 거기다 결핵 판정도 나서 감홍(甘汞, 염화제일수은)을 처방받았다. 차차 수은 중독이 진행되었고 다양한 합병증을 일으켜 사망했다. 모차르트나 슈베르트의 죽음의 원인에 대한 수많은 설 가운데도 매독 치료에 의한 수은 중독설이 있다.

중독자가 너무도 많았던 탓에 유럽에서는 수은 요법 긍정파와 부정파가 나뉘어 격한 논쟁을 벌이기도 했다. 그러나 1910년에 독일에서 비소 화합물인 살바르산이 개발되기 전까지는 가장 보편적인 치료법이었다.[11]

### 미나마타 조약과 수은의 운명

수은에 의한 환경 오염은 여전히 이어지고 있다. 치과에서 치료할 때 쓰는 아말감도 오염원이다. 새로운 치과 치료법이 이루어지는 한편, 여전히 수은이 사용되고 있는 것이다. 영국의 한 조사에서는 치과 의사들이 체내 수은 축적량은 물론 신장 질환이나 기억력 감퇴 등의 중독 증상을 보이는 비율도 일반인보다 높게 나타났다. 또한 과거에 사용되었던 수은을 포함해 제품 폐기에 따른 환경 오염도 지적된다.

생태계에도 수은이 남아 있다. 참치나 상어 등과 같은 대형 어류에 포함된 수은 화합물이 허용 기준치를 초과하는 경우가 자주 있기 때문에 미국 FDA는 임신 중이거나 임신 예정이 있는 여성은 참치 통조림을 많이 먹지 않도록 경고하고 있다. 석탄에도 수은이 포함되어 있어서 일본 내 60개에 이르는 석탄 화력 발전소로부터 1년에 600킬로그램이나 되는 수은이 배출되고 있다.

이러한 수은 오염을 저지하기 위해 국제 사회는 수은의 배출 억제나 수출입의 규제를 내용으로 하는 미나마타 조약을 2013년 조인 목표로 추진하고 있다. 일본 정부는 이 조약의 명칭을 미나마타 조약으로 정하도록 유도할 방침이다. 단 한 종류의 중금속 규제를 위해 국제 조약을 만드는 것은 처음 있는 일이다. 인류에게 다양한 혜택을 가져다 준 수은이었지만 마지막은 유해 물질로 규제되는 운명을 맞았다.

## 이상한 숲 속의 헨젤과 그레텔

**그림 형제, 『그림 동화집』[1]**

'옛날 옛날, 어떤 곳에서'로 시작되는 『그림 동화집』은 아이들을 꿈의 세계로 이끈다. 개정판이 여러 번 나왔지만, 그 가운데서도 초기의 판본을 읽어 보면 인간성의 어둠을 훔쳐보는 듯한 음침한 세계가 그려져 있다. 이 전승의 배후에는 중세 유럽을 덮었던 깊은 숲과 빈곤이 가로놓여 있다.

**『그림 동화집』 줄거리**

백설 공주의 어머니인 왕비가 자기보다 아름다운 백설 공주를 죽이려 하는 장면은 초기 판에서 원래 이런 내용이었다. 첫 번째 시도로 왕비는 사냥꾼에게 "소금 간을 해 삶아 먹을 테니 백설 공주를 죽인 뒤 그 증거로 허파와 간을 가져오라."라고 명령한다. 두 번째는 왕비가 행상으로 변장해 그녀를 찾아가 끈으로 목을 졸라 죽이려고 한다. 세 번째는 머리에 독이 묻은 빗을 찔러 넣는다. 모두 다 실패하고 마지막으로 독이 든 사과로 죽이는 데 성공한다.

그러나 왕자가 백설 공주를 구하고 그녀는 살아난다. 결혼식에 초

대된 왕비의 발에는 시뻘겋게 달구어진 철구두가 신겨지고 죽을 때까지 춤을 춰야 하는 벌을 받는다. 스즈키 쇼(鈴木晶)의 『그림 동화: 메르헨의 심층(グリム童話: メルヘンの深層)』[2]에 따르면 초판에서는 백설 공주를 학대하는 사람이 계모가 아니라 진짜 엄마였다. 이것이 4판 이후부터는 계모로 바뀌어 동화로서의 배려가 이루어졌다고 한다.

『그림 동화집』에는 잔혹하기 짝이 없는 이야기들도 수록되어 있다. (이하는 모두 요약된 내용이다.)

형제가 어느 날 아버지가 돼지를 도살하는 모습을 본다. 형이 동생에게 "너는 아기 돼지가 되렴. 내가 아버지처럼 도살할 테니."라며 동생의 머리에 작은 칼을 내리꽂는다. 갓난아이를 목욕시키고 있던 어머니가 우연히 이 비명 소리를 듣고 부랴부랴 달려와 작은 칼을 뽑아서 형의 심장을 찌른다. 이 사이에 대야 속에 있던 갓난아이는 익사한다. 어머니는 절망하며 목을 매고 이 모든 상황을 본 아버지는 미쳐서 죽는다.

옛날에 고집이 아주 센 아이가 있었다. 아이가 엄마의 말을 절대로 듣지 않았기에 신은 아이를 괘씸히 여겨 병에 걸려 죽게 한다. 무덤 속에 아이의 시체를 내려놓고 흙을 덮자 갑자기 아이의 팔 하나가 불쑥 튀어나온다. 온 힘을 다해 다시 팔을 밀어 넣으려고 했지만 그 조그만 팔이 몇 번이고 튀어나온다. 그래서 할 수 없이 아이 엄마가 회초리를 가져와 아이의 팔을 때렸더니 비로소 팔이 움츠러들었고 아이는 땅속에서 조용히 잠들었다.

가난한 어머니와 두 딸이 있다. 먹을 것이 없어지자 어머니는 입을 줄이기 위해 두 딸을 죽이려 한다. 딸은 먹을 것을 찾아오겠다는 조건으로 목숨을 부지한다. 그러나 가져온 먹을 것은 겨우 한줌이라 순식간에 동이 난다. 세 모녀는 드러누워 죽음을 기다리기로 한다. 딸들은 죽고 어머니는 행방을 감춘다.

## 질풍노도의 시대

형 야코프 그림(Jakob Grimm, 1785~1863년)과 동생 빌헬름 그림(Wilhelm Grimm, 1786~1859년)은 독일 중부 헤센 주의 하나우에서 태어났다. 아버지는 재판관이었다. 하나우 시청사 앞의 광장에는 형제의 동상이 세워져 있다. 슈타이나우, 카셀 등 형제가 살았던 곳에는 박물관이나 기념관이 있으며 형제의 이름을 딴 거리도 있다.

형이 엄격한 학자 타입이었고 동생은 예술가 기질이 강해 성격은 달랐다. 둘은 함께 마르부르크 대학교를 졸업했고 마지막에는 훔볼트 대학교에서 교편을 잡았다. 또한 19세기 독일의 언어학과 민속학 분야에서 지도적인 지위에 올랐고 전 16권 32책의 『독일어 사전(*Deutsches Woerterbuch*)』의 편찬에 착수하는 등 많은 학문적 업적을 남겼다.

그러나 오늘날까지 이어져 내려오는 명성은 『그림 동화집』 편찬 덕분이다. 『어린이와 가정을 위한 옛이야기집(*Kinder-und Hausmärchen*)』이라는 이름으로 1812년 크리스마스에 1권이, 3년 후인 1815년에 2권이 출판되었다. 1권에는 86화, 2권에는 70화가 수록되었다.

그러나 그 내용에는 잔혹한 장면이나 성에 관한 기술이 있었기에 결코 아이들이 읽을 만한 것이 못 되었다. 그 후 여러 번 손질을 가하며 판을 거듭했고 지금과 같은 동화집 체제를 정비해 갔다. 현재 널리 읽히는 것은 마지막으로 출판된 7판(1857년)으로, 초판과 비교해 내용이 크게 변경되었다. 동화 200편과 아이들을 위한 성인(聖人) 전설 10편으로 이뤄졌다.

초판에서는 전해 들은 민담을 충실하게 기록하는 것이 목적이었다고 한다. 그러나 판을 거듭할수록 구전 민담에서 창작 동화풍으로 차츰 변신을 도모했고 전 세계가 애독하는 현재의 형태가 되었다.[3] 독일어권에서는 성서 다음으로 여겨지는 베스트셀러이다.

독일에서는 18세기 말부터 19세기에 걸쳐 중산층의 대두와 함께 초등 교육의 의무화가 진행되었다. 그때까지 민담이나 옛이야기는 어른의 전유물이었지만 읽고 쓰기가 가능한 아이들이 늘어나면서 아이들이 즐길 수 있는 동화가 요구되었다.

그림 형제의 시대에 독일은 아직 300개 이상의 소국들이 난립한 상태였다. 1701년에 프로이센 왕국이 성립했지만 전쟁은 끊이지 않았다. 1806년 프로이센 군은 나폴레옹 군에 패배해 국토의 절반을 점령당했고 형제가 살고 있던 카셀도 프랑스 어가 공용어가 되는 굴욕을 맛보았다.

18세기 말부터 19세기에 걸쳐 독일은 슈투름 운트 드랑(Sturm und Drang, 질풍노도, 독일의 극작가 프리드리히 클링거(Friedrich Klinger)의 격정적인 희곡 제목 「질풍노도」에서 이름이 유래한, 반합리주의·반계몽주의의 문예사조—옮긴이) 운동과 함께 낭만주의가 발흥해 문화적 절정기를 맞았다. 문학에서는 괴테, 실러, 철학에서는 칸트, 피히테, 음악에서는 슈만이나 슈베르트 등이 대표적이었다. 민족주의와 애국심이 고양되었고 이 영향으로 문화의 정신적 고향을 찾아 나서는 운동도 불타올랐다. 예로부터 말로 전해 내려오던 민담을 복권하는 일도 이러한 시대의 풍조와 잘 맞았다.

그림 형제도 "나폴레옹 때문에 식민지적 상황에 처해 사기를 잃어버린 독일인들에게, 옛이야기 속 민족의 기상을 널리 알려 자긍심을 되돌려 주고 싶다."라는 이유로 동화집을 출판하기로 결심했다는 기록을 남기기도 했다. 결국 출간 동기에는 민족주의의 고양이 있었던 셈이다.[4]

낭만주의는 유럽의 다른 나라로도 확대되었다. 덴마크에서는 『안데르센 동화집』이 탄생해 『그림 동화집』과 함께 전 세계에서 사랑을 받았다.

## 사랑받는 『그림 동화집』

누군가 "그림 동화 중에서 알고 있는 이야기는?"이라 묻는다면 당신은 몇 개를 들 수 있는가. 많은 사람들이 「빨간 모자」, 「재투성이 아셴푸텔(신데렐라)」, 「찔레꽃 공주(잠자는 숲 속의 공주)」, 「헨젤과 그레텔」, 「늑대와 7마리 아기 염소」, 「브레멘 음악대」 등은 알 것이다.

일본 최초의 『그림 형제 동화집』 완역본은 1924년 가네다 기이치(金田鬼一)의 번역으로 나왔다. 개역되어 현재도 이와나미의 문고본으로 읽을 수 있다. 그 외에도 다양한 번역이 있지만 그림책으로 읽었다거나 애니메이션이나 디즈니 영화로 봤다거나 하는 사람이 대부분일 것이다.

아름다운 공주님, 백마 탄 왕자님, 화려한 무도회와 그 반대의 축인 사악한 마법사, 심술궂은 계모나 배다른 자매, 굶주림과 병치레는 너무나 대조적이다. 마법사의 주문이 풀려 불행했던 고아가 마지막에는 공주님이 되는 것으로 두 세계는 하나가 되고, 마법사나 계모는 재판에 끌려가 벌을 받는다.

그림 형제 이전에도 민담은 여러 번 수집되었지만 민담을 소재로 한 창작이라는 측면이 강했다. 그림 형제의 작품이 처음부터 높은 평가를 받은 것은 전과 달리 민담을 충실하게 기록하려는 순수한 자세가 있었기 때문이라고 여겨져 왔다. 그러나 스즈키 쇼에 따르면 그림 형제가 민담을 취재한 상대는 이야기를 대대로 전해 온 서민 계층의 할머니보다 교양 있는 중산 계층의 여성이나 외국에서 망명해 온 사람이 많았다는 사실이 근년의 연구로 명백해지고 있다.

### 무시무시한 그림 동화

사실 그림 동화를 죽 읽다 보면 11장을 시작하며 다루었듯이 '해피엔딩의 어린이 책'이라는 이미지와는 거리가 먼 구석이 있다. 최근에 와서는 『알고 보면 무시무시한 그림 동화(本當は恐ろしいグリム童話)』[5], 『어른들도 오싹해 하는 초판 그림 동화(大人もぞっとする初版グリム童話)』[6], 『초판 그림 동화집(初版グリム童話集)』[7] 등이 잇달아 출판되는 등 초판의 그로테스크한 내용이 화제가 되고 있다.

최종판까지 남은 「가시덤불 속의 유대 인」이라는 이야기가 있다. 무골호인에 어수룩한 유대 인이 등장하는데 엄청나게 바보 취급을 당한 끝에 마지막에는 다른 사람 대신에 처형된다는 이야기다. 지금이라면 누구라도 곤혹스러워 할 만한 노골적인 유대 인 차별이 그려져 있다.

나치 독일은 이 이야기를 '반유대 인 감정'을 부추기는 데 이용했다. "건전한 인종적 본능이 있는 어린이들은 인종적으로 순수한 동화로 교육되어야 한다."라는 주장이었다. 제2차 세계 대전 후 "마음 깊숙한 곳에서부터 유대 인을 싫어하는 독일인들은 『그림 형제 동화집』이 길러 낸 것이다."라는 극단적인 이야기가 나오는 원인이 되기도 했다.

중세의 일상생활에서 가장 큰 즐거움은 수다였다. 성인들은 난롯가에 둘러앉아 대대로 전해져 내려오는 민담, 사람을 놀랠 만한 무섭고 잔혹한 이야기, 꿈 같은 왕후 귀족들의 생활, 현실에서 일어나지 않을 괴기 현상 따위를 그들만의 오락으로서 이야기했으리라. 아이들에게 들려줄 만한 동화가 아니었다.

### 하멜른의 피리 부는 사나이

그림 동화에는 아이들이 실제 부모나 양부모 등 어른들로부터 냉혹한 대우를 받는 이야기가 많다. 「백설 공주」, 「헨젤과 그레텔」, 「재투성이 아셴푸텔」처럼 잘 알려진 이야기부터 '줄거리'에서 언급했던 「고집 센 아이」 등 덜 유명한 이야기까지 유아 학대가 수없이 등장한다.

실제로도 유아 학대가 일상적으로 이루어졌다. 『그림 동화집』에는 18~19세기에 만연했던 유아 학대가 반영되어 있다고 전해진다. 필립 아리에스의 『아동의 탄생(L'enfant et la vie familiale sous l'ancien regime)』[8]에 따르면 현재와 같은 의미의 어린이라는 개념은 중세 유럽에는 존재하지 않았다.

아베 긴야(阿部謹也)도 『유럽 중세의 우주관(ヨーロッパ中世の宇宙

觀)』[9]에서 당시 어린이들의 상황을 이렇게 설명한다. 중세에는 어린이만의 어떤 독자적인 가치가 인정되지 않았다. 어린이는 어른과 같은 조건에 놓여 있었다. 어린이용의 옷도 구두도 없었다. 16세기 플랑드르의 화가 브뤼헐이 그린 유명한 작품「농민의 결혼식」에 묘사된 어린이도 어른과 같은 크기의 옷을 입고 헐렁헐렁 큼지막한 모자를 쓰고 있다.

「하멜른의 피리 부는 사나이」(그림 11-1)는 그림 형제의『독일 전설집(Deutsche Sagen)』에 수록된 이야기다. 이 전설은 14~17세기 사이에 몇 개나 다른 기록이 남아 있으며, 1300년 이전에 제작된 하멜른 어느 교회의 스테인드글라스에도 그 모습이 묘사되어 있는 것으로 볼 때 실제로 있었던 사건이라 생각된다.

기아나 전염병이 이웃처럼 도사리고 있던 당시로서는 귀한 식량을 빼앗는데다 병원균을 퍼뜨리는 쥐가 기피 대상이었고 따라서 쥐를 잡는 상업적 거래도 성립되었다. 렘브란트의 1632년 작「죽은 쥐를 가지고 다니는 행상인」과 같은 그림도 많이 남아 있다.

그림 11-1. 하멜른 번화가에 있는 '피리 부는 사나이'상

1284년 6월 26일 하멜른 시에 자신을 쥐잡이라 칭하는 화려한 옷차림의 남자가 등장해, 자신에게 보수를 주면 그 대신

거리를 어지럽히는 골칫거리인 쥐를 쫓아내겠다고 제안한다. 사람들이 동의하자 남자는 피리를 불며 쥐떼를 한데 모이게 하더니 베저 강으로 유인해 모든 쥐를 익사시켰다.

그러나 마을 사람들은 보수를 선뜻 내놓으려 하지 않았다. 화가 난 피리 부는 사나이가 다시 피리를 불기 시작했더니 이번에는 아이들이 모여들었다. 남자는 어린이 130명을 이끌고 사라졌으며 그도 아이들도 끝내 돌아오지 않았다.

이 집단 실종 사건은 다양하게 해석되어 왔다. 아베 긴야의 『하멜른의 피리 부는 사나이(ハーメルンの笛吹き男: 傳說とその世界)』[10]에 따르면 이 이야기는 중세의 아동 집단 납치에 기원을 두고 있는 것으로 보인다. 이러한 설 외에도 사고나 페스트 따위의 전염병설도 있는데 비교적 지지를 받고 있는 것 중 하나가 소년 십자군설이다. 당시 각지에서는 십자군에 참여할 병사의 징집, 모집이 일어나고 있었다. 1212년 프랑스에서는 어린이들로 결성된 소년 십자군이 성지 탈환에 나섰다가 도중에 상인이 노예로 팔아 버린 사건도 있었다.

또 하나는 독일 동방 식민설이다. 12~14세기에 독일의 영주, 기사단, 수도원 등이 엘베 강 동쪽의 슬라브 족 거주지로 진출해 왕성하게 식민지를 넓혔고 후에 프로이센이 될 광대한 영토를 획득했다. 여기에 어린이들도 참가했다는 것이다.

오기노 미호(荻野美穗)가 쓴 『젠더화하는 신체(ジェンダー化される身體)』[11]에 따르면, 18세기 유럽 각지에서는 턴테이블식 상자를 갖춘 보육원이 있었다. 현재도 독일 등 유럽 여러 국가와 미국의 병원에는 '베이비 포스트'라는 이름이 붙은 창구가 설치되어 있다. 일본에서도

2007년에 구마모토 시의 종합 병원에 황새의 요람이라는 이름의, 유기된 아이를 받는 포스트가 설치되어 화제가 된 적이 있다.

프랑스의 철학자로 근대 교육학의 아버지라 불리는 장 자크 루소(Jean Jacques Rouseau, 1712~1787년)는 하숙집 하녀인 테레즈를 애인으로 두고 10년 동안 5명의 아이를 낳게 했지만 모두 보육원으로 보내 버렸다.[12] 당시에는 특별히 비판을 받지는 않았다. 그 무렵 파리에서는 신생아 가운데 30~60퍼센트가 보육원에 버려졌다고 한다.

그림 11-2. 「헨젤과 그레텔」의 삽화(아서 래컴의 그림)

### 만연하는 굶주림과 '식구 줄이기'

중세에서 근세에 걸쳐 유럽 사람들은 늘 기근에 위협당하며 살아갔다. 먹을 것이 없으면 입을 줄이기 위해 가장 먼저 어린이가 숲에 버려졌다. 「헨젤과 그레텔」(그림 11-2)도 어머니에게 버려진 사이좋은 남매의 이야기다. 남매는 기지를 발휘해 마녀의 희생양이 되지 않고 살아남는다. 오히려 마녀를 아궁이에 처넣어 태워 죽이고 보석과 진주를 훔쳐 무사히 집으로 돌아온다.

『그림 동화집』에 나오는 이러한 이야기들은 유럽에서 기근을 맞은 해에 많은 어린이가 '식구 줄이기'를 위해 깊은 숲 속에 버려졌다는 사실을 보여 준다. 농민들의 생활은 언제나 겨우 입에 풀칠하는 정도였고 따라서 부모에게는 아이들을 먹여 살릴 여유가 없었기 때문이다.

가난한 시대에 식구 줄이기는 그만큼 드문 일이 아니었고 또한 반드시 부끄러워할 일도 아니었다. 일본에서도 후카자와 시치로(深澤七郎)의 『나라야마 부시코』나 야나기타 구니오(柳田國男)의 『도오노 모노가타리(遠野物語)』에서 다루고 있듯이 기로(棄老) 민담이 각지에 남아 있다. 『구스코 부도리의 전기』(2장 참조)에도 그것을 암시하는 부분이 있다.

그림 동화에는 아이들이 계모에게 괴롭힘당하는 이야기가 많다. 가령 「노간주나무」에는 전처의 아들이 미워서 견딜 수 없었던 계모가 나온다.

어느 날 의붓아들이 사과를 수우려 궤싹에 너리를 넣고 있을 때, 계모가 그 궤짝을 꽝 하고 닫아 버리자 아들은 목이 잘려 머리가 몸에서 떨어져 나갔다. 계모는 아들의 고기로 고깃국을 만들어 아버지에게 먹인다. 가슴이 아팠던 여동생은 오빠의 뼈를 주워 모아 노간주나무 밑에 묻는다. 오빠는 아름다운 새로 환생하고, 계모의 머리 위로 맷돌을 떨어트려 깔려 죽게 한다. 그러자 오빠는 인간의 모습으로 돌아왔다.

농민들이 남긴 민화 속에서 프랑스 혁명 이전 사람들의 세계관을 탐색한 로버트 단턴(Robert Darnton, 1939년~)의 『고양이 대학살(The Great Cat Massacre)』[13]에 따르면, 계모 이야기에는 남편 5명 가운데 1명 꼴로 처를 잃고 재혼했던 근세 초기 유럽의 사정이 반영되어 있다. 결혼 생활 기간은 평균 15년으로 이혼보다는 사망 때문에 끝나는 것이 보통이었다.

영국의 평균 수명의 역사를 들여다보면 15세기 중반에 34세, 19세기 초반에도 41세에 지나지 않았다.[14] 영양 부족, 중노동, 전염병 등이 겹쳐서 명이 짧았다. 18세기 유럽인의 40~50퍼센트는 10세가 되기 전에 죽었다. 살아남은 자들 가운데서도 대개가 성년이 되기 전에 적어도 한쪽 부모를 잃고는 했다.

이것이 계모와 의붓자식이라는 관계를 수없이 만들어 냈다. 식량 부족이 흔하던 시대인 만큼 의붓자식이 차별 혹은 학대의 대상이 되는 것은 상상하기 어렵지 않다. 동화집의 밑바탕에는 이러한 사정이 깔려 있으리라.

## 인구 증가와 식량 위기

몇천 년 동안 유럽의 농업 생산성은 낮은 수준에 머물렀으며 사람들

태반이 기아의 그림자에 벌벌 떠는 생활을 계속해야 했다. 전쟁 같은 일로 혼란스러워지면 순식간에 대기근이 발생했다. 1618년부터 30년간 전 유럽을 휩쓴 30년 전쟁으로 전장이 된 현재의 독일은 상황이 비참했다. 국토는 매우 황폐해졌고 기근이 확대되었으며 "30년 동안 인구는 3분의 1로 줄었다."라고 전해진다.

중세 유럽에서 수확량을 늘리기는 어려웠다.[15] 휴경 없는 경작과 호우가 초래한 유실로 토양은 서서히 척박해졌고 새로운 양분의 공급조차 없었다. 경작지를 비옥하게 보존하려면 가축의 배설물을 사용하는 것밖에는 달리 방도가 없다. 그러나 당시의 유럽에서는 가축 사료로 쓸 수 있는 농산물의 여유가 없었고 1년에 기를 수 있는 가축 수도 한정되어 있었다.

겨울에는 먹이가 부족하기 때문에 가을이 되면 많은 가축을 죽여야만 했고, 그것으로 보존식을 만들었다. 독일에서는 각 가정마다 돼지를 잡아 햄이나 소시지 등의 가공품으로 만들었다. 이것이 어린 돼지로 분한 동생을 죽인 형 이야기의 장면으로 연결된다. 가축의 수가 줄면 비료로 쓸 가축 똥의 양도 줄기 마련이고, 따라서 작물 수확량도 감소하는 악순환이 생겼다.

14세기에는 대기근과 페스트의 대유행으로 인구가 크게 줄었다. (19장 참조) 그러나 페스트가 수습되자 또 다시 인구 증가가 시작되었고 10세기부터 19세기 초에 걸쳐 현재의 독일·오스트리아·체코·이탈리아 북부를 중심으로 존재했던 국가 연합체인 신성 로마 제국의 인구는 상당 부분 회복되었다.

1500년에 700만 명이었던 인구는 1600년에 1600만 명, 1800년에

2700만 명이 되었다. 그 결과 경작지가 부족해 곡물 가격이 상승했고 서민의 생활 수준은 크게 떨어졌다. 1500년부터 1620년 사이 국민의 실질 소득은 반감한 것으로 추정된다. 이것이 반복적으로 『그림 동화집』 속에서 언급된, 곤궁에 헐떡이는 서민들의 상황이다.

한편 영주나 귀족들은 농민이 수확한 분량의 절반을 교구세나 토지 사용료, 조세 등의 명목으로 징수해 가면서 식량 부족에 박차를 가했다. 특권 계급은 이 세금을 낭비하며 사치스럽게 생활했다. 동화집에도 왕과 왕족들 그리고 영주나 성직자들이 등장한다.

전 세계 어느 농경 사회를 보아도 수확량의 많고 적음은 죽느냐 사느냐의 문제였다. 흉작이 2년 연속될 경우 반드시 기근에 처했다. 식량 부족과 식량 가격 앙등의 영향은, 경우에 따라서는 맨 처음 피해를 입는 빈곤층뿐만 아니라 사회 전체로까지 미쳤다. 굶주린 농민들이 이듬해에 뿌릴 씨앗마저도 다 먹어 치운 까닭에 기아가 몇 년이고 계속되는 상황도 드물지 않게 벌어졌다.

영주나 귀족들은 그들이 원하는 만큼의 식량을 농민에게 공출하게 했고 가격이 치솟아도 구입할 수 있었다. 따라서 기근의 영향을 가장 크게 입는 것은 이듬해 수확 시까지 충분한 식량을 확보하지 못한 사람들 그리고 도시에 살면서도 값이 크게 올라 식량을 구입할 수 없는 사람들이었다. 수많은 사람들이 극심한 영양 부족으로 몸이 약해졌기 때문에 페스트나 콜레라와 같은 전염병이 유행하기 쉬웠다.[16]

18세기 말부터 19세기에 걸쳐 유럽의 인구는 그때까지 비교적 서서히 진행되던 증가에서 극적인 증가로 일변했다. 숲을 개간하고 목초지를 파헤치고 급경사지를 일구자 그 결과로 각지에서 심각한 토양

침식이 일어났고 집약적인 단일 작물 재배나 과도한 방목 탓에 사태가 더욱 악화되었다. 독일 각지에서도 경지가 확대된 만큼 토양 유실 피해가 확대되었다.

새로이 개간된 경작지의 토양은 빈약했다. 단위 면적당 수확량도 낮아 사료로 쓸 여유분이 없어 가축도 번식시킬 수 없었다. 비료인 가축 분뇨도 부족해 토양은 더욱 소모되어 갔다. 경작지는 방치되는 일이 잦았고 토양 유실이 빈번히 일어났다.

### 감자가 유럽을 구원하다

유럽을 기근에서 구하는 데 가장 큰 공헌을 한 것은 콜럼버스가 중앙아메리카에서 가지고 온 감자였다.[17] 18세기 중반에 독일 통일의 중핵이었던 프로이센의 프리드리히 대왕은 한랭지나 황무지에서도 자라는 감자의 재배를 전 영토로 확대시키려 했다. 그러나 국민들은 감자를 먹으면 콜레라에 걸린다는 미신에 사로잡혀 먹으려 하지 않았다.

그림 11-3. 고흐의 「감자 먹는 사람들」(1885년)

프로이센이 오스트리아, 프랑스, 러시아 등과 슐레지엔(대부분 현재의 폴란드 남부 지역)의 영유권을 둘러싸고 맞붙었던 7년 전쟁(1756~1763년) 때에 전쟁이 길어짐에 따라 국내의 식량이 부족

해졌다. 결국 굶주림이 미신을 이겼고 병사나 농민들은 감자를 먹게 되었다. (그림 11-3)

감자가 보급되면서 유럽의 식량 사정은 급속히 개선되었다. 이것이 18세기 말에서 19세기에 걸쳐 인구 급증으로 이어졌다. 애덤 스미스는 『국부론』에서 "경지 면적이 같다면 감자를 재배하는 쪽이 훨씬 더 많은 사람들을 부양할 수 있다."라고 말했다.

1800년경까지 식량 공급의 한계는 농지 면적과 생산성, 기후 요인 따위로 결정되었다. 그러나 해상 수송의 발달에 따라 19세기에는 곡물을 해외에서 대량으로 수입하기 시작했고, 식량의 수급이 안정되어 유럽에서 대기근은 점차 사라졌다.

그러나 1845년부터 4년 동안 유럽 전역에서 감자에 전염병이 돌아 괴멸적인 피해를 입었다. 특히 감자 의존도가 높았던 아일랜드에서는 80만 명에서 100만 명이 아사했다. 또한 10만 명 이상의 아일랜드 인들이 영국, 미국, 캐나다, 오스트레일리아 등으로 이주했다.[18]

## 사라져 간 성스러운 숲

『그림 동화집』에는 숲을 무대로 한 이야기가 많다. 간다 리에(神田リエ)는 공저한 『숲과 인간: 生態系の森, 民話の森』[19]에서 동화집 속 이야기의 43퍼센트에 숲이 나온다고 말한다. 유럽 인은 근원적으로 '숲의 사람'이었다. 특히 유용한 건축재이자 연료이기도 한 참나무는 게르만 족에게는 성스러운 나무이기도 했다. 나무를 신성한 것으로 여기는 수목 숭배의 흔적이 지금도 각 지방에 남아 있다.

당시에 거목들이 무성하게 우거져 있었다는 사실은, 동화집에 "수백 년도 더 되어서 5명 갖고는 전부 껴안을 수조차 없을 거야."라고 언급되는 커다란 떡갈나무(참나무를 말함)의 존재로도 상상이 가능하다. 「장화 신은 고양이」는 유산으로 고양이 한 마리밖에 상속받지 못했던 방앗간의 셋째 아들에게 그 고양이가 은혜를 갚는 이야기다. 그 가운데 "숲 속에서 300명 이상의 사람들이 거대한 떡갈나무를 쓰러트려 땔감을 마련하는" 광경이 나온다.

게르만 족은 깊은 숲을 조금씩 베어 나가며 작은 집락을 만들었고 주변 경작지를 넓혀 갔다. 마을을 울창하게 에워싼 숲은 어둡고 으스스하다. 그러나 마을을 나와 다른 마을로 가기 위해서는 숲을 지나야만 했다.

그러한 깊은 숲은 부모에게 버림받거나 길을 잃거나 늑대에게 습격당할 수 있는 무시무시한 세계였다. 『그림 동화집』 속에서도 숲에서 길을 헤매다 가까스로 멀리 민가의 불빛을 발견하지만 알고 보니 마녀의 집이었다든지 하는 설정이 수없이 나온다. 「빨간 모자」, 「헨젤과 그레텔」, 「백설 공주」 등에서도 숲은 중요한 역할을 담당한다.

늑대는 많은 민담에서 악역으로 등장한다. 늑대는 인간이 목축을 시작한 이래 가축을 덮친다는 이유로 늘 적대 관계에 있었다. 하지만 그전에 인간이 늑대의 먹이가 되는 사슴이나 멧돼지 따위를 전부 사냥해 버렸으므로 늑대도 어쩔 수 없이 가축을 덮치게 된 것이다. 교회가 늑대를 악의 화신이나 악마의 심부름꾼으로 여기고 미워한 탓에 중세에는 늑대에 얽힌 수많은 전설이 탄생했다. 단 늑대가 적극적으로 건강한 인간을 덮친다는 증거는 없는 것으로 알려져 있다.

늑대는 인간에게 철저하게 쫓겨났고 결국 독일에서는 1904년 2월

27일 폴란드의 숲과 국경을 마주한 작센에서 사살된 것을 마지막으로 절멸했다. 영국에서는 1743년, 덴마크에서는 1772년에 마지막 한 마리가 확인된 이래 중부 유럽에서는 모습을 감추어 버렸다.[20] 최근 몇 년에 이르러서는 동유럽에서 살아남은 늑대가 서쪽으로 퍼져 독일에서 목격된 사례도 늘고 있다.

늑대의 절멸에 보조를 맞추듯 삼림도 사라져 갔다. 개간된 숲은 더 이상 두려운 장소가 아니었다. 가을에 돼지를 숲 속에 방목하면 도토리뿐 아니라 어린 나무도 먹어 치웠기 때문에 삼림은 좀처럼 재생되지 못했다.[21] 18세기 이후 인구의 급증을 동반한 대규모의 농지 개간으로 마침내 '으스스한 숲'은 완전히 사라져 버린 것이다.

# 매연과 안개의 시대

### 헨리크 입센, 『브란트』[1]

19세기의 영국은 세계의 첨단에 선 공업국이었다. 그러나 그로 인해 엄청난 대기 오염이 발생했다. 오염은 국내의 스모그로 끝나지 않고 계절풍과 함께 저 먼 북유럽까지 오염 물질이 운반되었다. 노르웨이의 극작가 입센은 이 사실을 깨닫는다.

### 『브란트』 줄거리

주인공 브란트는 젊은 목사다. 신앙과 인생은 하나이며 인생은 의지의 힘으로 다스려야 한다는 강고한 신념을 갖고 있다. 그는 기독교 교의가 지켜지지 않는 것에 강한 분노를 품고 살아간다. 극시(劇詩)인 『브란트(Brand)』는 고집스러울 정도로 자아를 추구하는 이 인물을 그리고 있다.

그는 자신의 고향이 기근의 습격을 당했다는 사실을 알았을 때도 사람늘이 신앙심을 잃어 신이 벌을 내렸다고 믿는다. 전 재산을 교회에 기부하지 않았다는 이유로 죽어 가는 어머니의 성찬식 예배를 거

절하기도 한다.

브란트는 그의 신앙심에 마음을 빼앗긴 친구의 약혼자 아그네스와 결혼해 아들인 알프를 낳는다. 그러나 알프는 병에 걸리고, 의사는 전지 요법(기후·풍토가 적합한 곳으로 이동해 병의 치료를 꾀하는 것 — 옮긴이)을 추천하지만 브란트는 자신을 교회에서 떼어 놓으려는 수작이라 생각해 응하지 않는다. 알프는 사망하고 아그네스도 뒤따라 죽는다.

이윽고 브란트는 마을의 실력자가 되어 커다란 교회를 세우게 된다. 그러나 곧 교회는 신을 따르는 공간이 아니라며 절망하고 신을 만나기 위해 마을 사람 전원을 산속으로 데려간다. 어느새 공포에 사로잡힌 마을 사람들이 마을로 돌아가자 그는 신을 찾으려 홀로 산중을 떠돌게 되고, 마지막인 5막에서 환각을 본다. 그리고 '가장 나쁜 시대의 예감'으로 국경을 뛰어넘는 대기 오염과 조우한다.

> 메슥거리는 영국의 석탄 구름이
> 이 지방에 검은 장막을 씌우고
> 신선한 녹음으로 빛나는 초목을 모조리 상처 입히며
> 아름다운 새싹을 말려 죽이고
> 독기를 휘감은 채 소용돌이치며
> 태양과 그 빛을 들에서 빼앗고
> 고대의 심판을 받은 저 마을에
> 재의 비처럼 떨어져 내린다.

브란트는 눈사태 속으로 파묻히며 소리친다. "대답해 주소서, 신이 시여. 마지막 순간, 단 한 조각의 구원에도 몸을 맡길 수 없나이까. 그 인간의 의지가 충분하다 해도?" 눈은 골짜기 전체를 집어삼킨다. 천둥소리 속에서 목소리가 울려 퍼진다. "신은 사랑이로다!"

## 『인민의 적』과 입센

노르웨이의 극작가 헨리크 입센(Henrik Ibsen, 1828~1906년)은 노르웨이 남부의 목재 출하항인 시엔에서 태어났다. 부모는 부유한 무역상이었다. 그러나 6세가 되던 해 아버지가 사업에 실패하고 가정도 붕괴된다.

21세 때 첫 희곡『카틸리나(*Catilina*)』를 발표했지만 상연 기회는 없었다. 이듬해 크리스티아니아(현 오슬로)로 나와 대학 입학을 노리지만 실패한다. 그러나 다음 작품인『전사의 무덤(*Kjæmpehøjen*)』이 극장에서 상연된다. 문필가로 출세할 결심을 굳힌 그는 신문이나 잡지에 시와 연극 평, 사회 평론 등을 기고한다.

차츰 희곡이 극장에서 자주 공연되었고 1866년 3월에 출판된 극시『브란트』가 극작가로 크게 도약하는 계기를 만들어 주었다. 당초에 판매를 걱정하던 출판사는 초판을 1250부밖에 찍지 않았지만 그 예상을 배신하듯 커다란 반향을 불러일으켜 곧 품절되었다. 5월에는 2판, 8월에는 3판, 그리고 12월에는 4판을 찍었고 입센은 일류 극작가 그룹에 들게 되었다.[2]

『브란트』의 이듬해에『페르 귄트(*Peer Gynt*)』를 발표했고 입센의 의뢰로 에드바르 그리그가 동명의 극음악을 작곡했다. 그는 이 음악 속에서 4곡씩을 선택해 2개의 조곡(몇 개의 악장으로 이루어진 모음

곡 ― 옮긴이)으로 만들었는데 현재는 원작보다 조곡 쪽이 친숙하다.

그 후에도 『인형의 집(*Et Dukkehjem*)』, 『유령(*Gengangere*)』, 『인민의 적(*En Folkefiende*)』 등을 발표해 근대 연극의 창시자로서 지위를 확립했다. 입센은 셰익스피어에 이어 세계에서 가장 많이 작품이 상연되는 극작가라 일컬어진다.

그의 작품에는 현재 우리가 말하는 환경 문제가 정교하게 스며들어 있다. 대표작인 『인민의 적』(1882년)[3]은 수질 오염으로 마을과 가족이 둘로 나뉘는 이야기이다. 주인공은 온천 시설의 전속 의사인 스토크만 박사다. 가죽 공장의 폐수 때문에 온천이 위험해졌다는 사실을 알게 된 그는 새롭게 온천 배관 공사를 하려고 한다. 마을 사람들은 처음에는 찬성하지만 공사에 큰 비용이 들어가고 마을의 수입이 끊긴다는 사실 때문에 마음을 바꾼다.

반대파 가운데 최고 유력자인 촌장은 의사의 형이다. 촌장은 동생이 생각을 바꾸도록 그를 압박하고, 주민들은 마을 집회에서 의사에게 인민의 적이라는 낙인을 찍는다. 환자들은 떠나고 결국 진료 시설에서도 추방된다. 하지만 그는 이러한 박해에도 끝까지 진리와 정의를 위해 싸운다.

입센은 유럽의 환경 보호 활동을 개척한 인물로도 평가받고 있다.[4] 일본에서 공해의 원점이라 불리는 메이지 시대의 아시오 광산 광독(鑛毒) 사건(현재의 닛코 시 아시오 지구에 있던 아시오 구리 광산(足尾銅山)에서, 19세기 후반 광독 가스가 발생해 공기 오염 및 물고기의 집단 폐사, 나무의 고갈과 토지 붕괴 등 대형 환경 오염으로 이어진 사건 ― 옮긴이) 당시에도 광산 반대파가 『인민의 적』을 번안해 상연하는 등 입센의 연극은 메이지 정부에 울분을 토하는 창이 되어 주었다.

일본의 신극 운동은 입센에게서 큰 영향을 받았다. 1893년에 『사회의 적(인민의 적)』이 부분 번역된 것을 시초로 쓰보우치 쇼요(坪內逍遙)가 『인형의 집』 등을 차례로 번역했다. 나쓰메 소세키도 입센을 연구한 적이 있는 것으로 알려져 있다.

독일 유학에서 돌아온 뒤 문학 활동을 개시했던 모리 오가이(森鷗外, 1862~1922년)는 『브란트』의 2막만을 『목사』라는 제목으로 1903년에 번역 출판하기도 했다. 그는 독일어판을 번역했는데 노르웨이 어를 배운 어느 농학자로부터 오역을 지적받아 논쟁이 일기도 했다. 전체 번역은 가쿠타 슌(角田俊)이 맡아 1928년에 『브란트』라는 제목으로 출간되었고 이와나미 문고에 속해 있다.

## 광역 대기 오염이 시작되다

극작가인 입센은 왜 국경을 넘는 대기 오염에 관심을 갖게 되었을까? 그 이유는 어렵지 않게 추론해 볼 수 있다. 입센이 여러 개의 신문을 구석구석 읽는 열정적인 독자였다는 사실로 봤을 때, 그가 영국의 심각한 대기 오염 관련 뉴스를 읽었을 가능성은 충분하다.

당시 영국의 대기 오염을 한 번 돌아보자. 16세기가 되자 장작과 목탄으로는 인구와 산업의 확대로 계속 증가하는 에너지 사용량을 도저히 지탱할 수 없게 되었다. 목재는 바닥났고 도시 주변의 삼림은 연료 공급을 위한 벌채로 벌거벗었다. 1540년에서 1640년 사이 목재 가격은 약 8배 상승했고 17세기 중반이 되자 많은 가정에서 난방을 석탄에 의존하기 시작했다. 처음에는 가난한 계층이 다음에는 부유한 사람들까지. 태우면 악취나 연기가 나기에 그때까지 더러운 에너지로 혐오 대상이었던 석탄이 쓰일 수밖에 없었던 것이다.

18세기 말까지 대부분의 공장에서는 에너지를 석탄에 의존했다. 영국의 석탄 생산량은 그 후로도 계속 급증한다. 1800년에는 1500만 톤이었던 것이 1850년에는 6300만 톤, 1900년에는 무려 2억 3000만 톤에 이르렀다.[5]

석탄이 급속히 보급된 결과, 영국은 세계에서 가장 먼저 광역 대기 오염을 경험하게 되었다. 석탄이 보급되기 시작한 1661년에 작가 존 에벌린(John Evelyn, 1620~1706년)은 『매연 대책론(*Fumifugium*)』에서 "지옥 같은 음기를 띤 석탄의 연기가 런던을 뒤덮어 시칠리아 섬의 화산이나 불카누스(불과 대장간의 신)의 법정으로 만들고 있다."라면서 몇 세기나 버텼을 단단한 돌과 철로 된 건축물이 매연으로 부식되고 시민들 사이에서 폐결핵이나 감기가 유행하는 현장을 생생하게 그렸다.

1772년에 영국의 박물학자인 길버트 화이트(Gilbert White, 1720~1793년)는 『신판 매연 대책론』을 집필했다. 그는 "런던 주변에서는 정원수에 과일도 열리지 않고 태어난 아이들의 절반은 두 살이 되기 전에 죽어 간다."라며 심각해지는 대기 오염의 모습을 기록했다.

여기에 한층 타격을 입힌 것이 소다 공업이었다. 소다(탄산나트륨)는 유리, 직물, 비누, 종이 등을 만드는 데 빠트릴 수 없는 소재다. 당시까지 소다는 18세기 말 프랑스에서 개발된 르블랑법(Leblanc process)으로 제조했는데, 이 작업의 원료가 되는 가성 칼리는 나무를 태워 모은 목탄으로 만들어야 했다. 때문에 목재가 대량으로 필요해졌는데 산지가 북아메리카, 러시아, 스칸디나비아 등 삼림국에 쏠려 있었기에 서유럽 나라들은 수입에 의존할 수밖에 없었다. 따라서 르블랑법은 목탄 산지에서 삼림 파괴를 초래했다.

1861년 벨기에에서 식염으로 소다를 제조하는 솔베이법(Solvay process, 암모니아 소다법)이 개발되었다. 소다 제조는 르블랑법에서 단가가 낮은 솔베이법으로 대체되었고 19세기 후반 영국에서 폭발적인 생산 확대를 불러왔다.[6] 세계의 소다 총생산량은 1863년에 30만 톤에 불과했으나 1902년에는 180만 톤으로 치솟았다.

한편 식염에 황산을 반응시켜 소다를 만드는 솔베이법의 공정은 부산물로 염산이 대량 발생했고 공장 부근 일대에 산성비를 초래했다.[7] 뉴캐슬, 글래스고 등의 공장 주변에서는 밭도 삼림도 모두 바싹 말라 버렸다. 1862년 5월 12일자 《런던 타임스》는 그 모습을 다음과 같은 르포로 전하고 있다.

> 옛날에는 그토록 풍요로웠던 전원이 마치 사해나 그레이트솔트 호(미국 유타 주의 소금 호수)의 연안처럼 황량하기 그지없는 광경을 보여 주고 있다. 몇 번이나 돌아봐도 잎이 붙어 있는 나무는 한 그루도 보이지 않는다.

## 최초의 산성비

이런 상황을 더 이상 내버려 둘 수 없게 된 영국 의회는 더비 백작을 의장으로 하는 특별 위원회를 조직했고 알칼리 법을 제정해 규제에 착수했다. 감시를 위해 초대 알칼리 감시관에 임명되었던 사람이 로버트 앵거스 스미스(Robert Angus Smith, 1817~1884년)였다. 세계 최초의 공해 감시원이었던 셈이다. 공장 측은 규제에 맹렬히 반발하며 현장 검사 따위에 응하지 않겠다고 버텼지만, 이 규제가 주민들의 지지를 얻으면서 차츰 배출원에 염산 흡수 장치를 설치시키는 데 성공했다.

이 과정에서 각지에 대기 중의 산소, 이산화탄소, 염소, 유황, 암모니아의 농도를 재는 측정망이 만들어졌다. 이 역시 공해 관측망 1호라고 해도 좋을 것이다. 이 측정 결과로 빗물에 염소 외에도 암모니아나 유황분이 비정상적으로 많이 함유되어 있다는 사실이 밝혀졌다.

스미스는 1851년의 연설에서 "모든 비는 염산을 머금고 있으며 시내에 가까워질수록 농도가 높아진다."라고 말했다. 특히 내륙의 대도시에서 유황의 농도가 높았으므로 대도시 중심에 비를 산성화시키는 가스가 있다는 것을 알 수 있었고 이것이 석탄을 태울 때 나오는 것이라고 생각할 수 있었다.

1872년에 저술된 600쪽에 이르는 『대기와 비: 화학적 기상학의 시조(Air and Rain: the Beginnings of a Chemical Climatology)』[8] 속에서 그는 처음으로 '산성비'라는 단어를 사용했다. 그는 "대기가 산(酸)에 심각하게 오염되었을 때, 1갤런(4.5리터)의 빗물 속에는 2~3그레인(0.13~0.195그램)의 산이 포함되어 있었다. …… 식물도, 함석판도 이런 비에는 조금도 견딜 수가 없다. 돌이나 벽돌조차 너덜너덜해져 버린다."라고 기록했고 산성비가 먼 곳까지 퍼져 나간다는 사실까지 지적했다.

이 시대의 대기 오염은 이미 삼림을 포함한 생태계에 미치는 광범위한 영향, 인체 피해, 건축물의 부식, 상서리 이동이라는 그 후의 대기 오염이 가진 특징을 모두 갖추고 있었다. 덧붙여 주민 측의 반대

운동과 기업 측의 저항이라는, 현재 일어나는 환경 문제의 기본적인 구도까지도 이때부터 보이기 시작한다.

### 적자생존을 증명한 나방

1850년경 영국 맨체스터의 공업 지대에서 한 종류의 나방에 기묘한 현상이 나타났다. 이 나방은 회색가지나방(*Biston betularia*), 영어로는 보통 후추나방(peppered moth)이라고 한다. 하얀 날개 위에 흑후추를 끼얹은 듯한 몸 색깔은 나무줄기에 동화되는 보호색이다.

그러나 공장 매연으로 나무가 검게 그을리면서 나방의 몸 색깔이 눈에 띄게 되었고 새와 같은 천적이 쉽게 발견할 수 있었다. 그러자 보다 검은 몸 색깔을 가진 나방이 살아남았고 새까만 개체가 출현했

그림 12-1. (위) 회색가지나방의 본래 몸 색깔 (아래) 까맣게 변한 회색가지나방

다. (그림 12-1) 1920년경에는 부근에 있는 나방의 약 95퍼센트가 흑화(黑化)되어 버렸다.

그 후 대기 오염 규제가 진행되어 나무줄기 색깔이 원래대로 돌아오자 또 다시 본래 빛깔이었던 나방들이 늘어나기 시작했다. 이 같은 현상은 미국의 공업 지대에서도 발견되었고 공업 암화(暗化)라 불린다. 단 하나의 유전자 변이로 일시적인 이상형(異常型)이 늘었다는 사실을 알 수 있다. 진화를 관찰하는 데 있어 매우 흥미로운 현상이다.[9]

## 스모그의 출현

영국은 대기 오염 때문에 긴 시간 피 말리는 경험을 한다. 19세기 후반이 되자 스모그가 빈번히 발생해 영국은 세계 최악의 대기 오염국이라는 불명예스러운 이름을 얻는다. 덧붙이자면 스모그(smog)는 매연(smoke)과 안개(fog)의 합성어로 1905년에 영국의 물리학자 앙리 앙투안 데부(Henry Antoine des Voeux)가 처음 사용했다고 한다.[10] 대기 오염 물질이 핵이 되어 대기 중의 수분을 흡수해서 발생하는 안개를 말한다.

특히 런던은 1873, 1880, 1882, 1891년에 연거푸 심각한 스모그의 습격을 당했다. 1840년대에 20일이었던 스모그의 연간 발생 일수는 1880년대가 되자 70일에 이르렀다. 당시의 《런던 타임스》에는 다음과 같은 기사가 나온다.

> 아침 10시가 넘었는데도 편지를 읽을 수 없을 정도로 어두웠으며, 30분이 지나도 개기 일식 같은 암흑 속이었다.

1880년의 스모그 때에는 호흡기 질환이나 심장 발작 등으로 많은 사망자가 나왔는데 그 숫자는 1200명 정도로 추정된다.

1853년에 찰스 디킨스(Charles Dickens, 1812~1870년)가 발표한 『황폐한 집(*Bleak House*)』[11]이나 1887년 시작된 코난 도일의 셜록 홈즈 시리즈에는 "도로며 집 안이며 죄다 덮어 버린 검은 안개"가 자주 등장한다. 이것이 스모그다.

의학지인 《랜싯》은 1913년에 "런던에는 매년 7만 6000톤의 그을음이 떨어지는데 이것은 1제곱킬로미터당 270톤이다."라는 내용의 논문을 게재했다. 그만큼 방대한 그을음이 발생하고 있었다.

## 『런던탑』과 『채털리 부인의 연인』

나쓰메 소세키는 33세였던 해(1900년)에 국비로 영국 유학을 떠나 그해 10월부터 2년 남짓 런던에 체재했다. 그때의 사정을 소세키는 일기 비슷한 메모[12]로 남겨 두었다. 런던에 자리 잡은 소세키는 가장 먼저 공기의 더러움에 놀란다. 당시 스모그는 이미 런던의 명물이었다. 거리의 굴뚝이 배출하는 매연으로 하늘은 까맣게 흐려졌으며 주변은 온통 먼지로 가득했다.

도착 이듬해의 정월, 소세키는 3일 연속으로 스모그에 대해 썼다.

1월 3일(목) 런던 거리에 안개가 낀 날. 태양을 보니 검붉은 게 꼭 피 같다. 다갈색 땅을 핏빛으로 물들여 버리는 태양은 이곳 아니라면 볼 길이 없다.

1월 4일(금) 런던의 거리를 산책하다 시험 삼아 가래를 뱉어 보라. 완전히 새까만 덩어리가 나와 놀랄 것이다. 수백만의 시민들이 이 매연과 이 먼지를 흡수해 매일 그들의 폐를 물들이고 있다. 나조차도 코를 풀고 기침을 할 때마다 기분이 불쾌해진다.

1월 5일(토) 이 매연 속에 사는데도 어찌 이곳 여성들이 아름다울 수 있는지 이해하기 어렵다. 내가 생각하기로는 날씨 덕분일 것이다. 햇빛이 약하기 때문이다.

또한 단편 소설 『런던탑』(1905년)에는 런던탑을 구경하던 당시에 쓴 이런 구절이 있다.

초겨울이라고는 하지만 바람 한 점 없이 조용한 날이다. 하늘은 탁한 염색통을 뒤섞은 듯 낮게 탑 위에 드리워 있다.

당시 탄광 마을의 오염은 데이비드 허버트 로런스(David Herbert Lawrence, 1885~1930년)의 『채털리 부인의 연인(*Lady Chatterley's Lover*)』[13]에 생생하게 묘사되어 있다. 이 책의 일본어판은 짙은 성적 묘사 탓에 외설물 배포죄로 고발당했고 '예술이냐, 외설이냐?'라는 논쟁으로 최고 재판소까지 올라간 끝에 번역자와 출판사가 유죄 처분을 받기도 했다. 지금은 완역판으로 읽을 수 있다.

주인공은 제1차 세계 대전에서 부상을 입어 하반신이 마비된 영국의 준남작 클리퍼드 채털리다. 잉글랜드로 돌아온 그는 아버지에게서 상속받은 탄광의 경영과 석탄 이용의 신기술을 연구하는 데 몰두

한다. 그런 남편 때문에 성적 불만족에 빠진 부인 코니가 산지기인 멜러즈와 사랑에 빠져 성적으로 충만한 연애를 경험하며 새로운 의식을 가진 여성으로 다시 태어난다는 이야기다.

클리퍼드의 저택에서는 탄광 굴뚝에서 나오는 증기와 그을음이 보인다.

(탄광으로부터) 바람이 이쪽 방향으로 불어올 때면, 집 안은 대지의 배설물이 연소되며 나오는 유황 섞인 고약한 냄새로 가득 차고는 했다. …… 성탄꽃 위까지 석탄 가루 그을음이 믿을 수 없을 만큼 줄기차게 내려앉았는데, 마치 최후의 심판날 하늘에서 내려올 시커먼 만나인 듯했다.

그림 12-2. 1952년의 런던 스모그

저자인 로런스는 아버지의 일 때문에 탄광 마을에서 자랐고 그래서 대기 오염에 관한 생생한 기술을 보여 줄 수 있었다.

## 살인 스모그가 등장하다

대기 오염에 대한 관심이 전국적으로 일어난 것은 1952년의 런던 스모그 이후다. 그레이트 스모그나 살인 스모그라 불리는 사상 최악의 대기 오염 사건이었다.

12월 4일까지는 아직 미풍도 있고 때때로 태양도 얼굴을 내밀었다. 그러나 다음날인 5일 금요일부터 고기압이 버티고 앉자, 바람은 턱하니 멈추었고 습도도 오르기 시작했다. 상공에는 역전층이 나타났고 그날 밤부터 런던은 도시 전체가 두꺼운 안개 밑으로 가라앉았다. 굴뚝에서 솟아오른 연기가 낮은 하늘에 괴어 버려 한낮인데도 어둑할 정도였다. (그림 12-2)

다음날인 6일지 《런던 타임스》에는 "스모그 탓에 시계를 확보할 수 없어, 런던은 항공편도 대혼란에 빠진 최악의 날을 맞았다."라는 기사가 실렸다. 7일은 더욱 심해져 역사에 검은 일요일이라는 이름으로 남게 되었다.

도로에서는 자동차가 앞으로 나아가지 못해 심각한 정체가 일어났고 템스 강에서도 배가 선 채로 꼼짝하지 못했다. 시 중심부에서는 시계가 5미터 이하로 떨어졌고 새들러스 웰스 극장에서 상연 중이던 오페라 「라 트라비아타(La Traviata)」는 극장 바깥에서 들어온 스모그로 무대가 보이지 않아 1막이 끝난 시점에서 상연이 중지되었다. 많은 사람들이 호흡 곤란을 호소했지만 구급차는 앞으로 나가지 못했고 병원 역시 환자가 넘쳐나 사망자는 늘어만 갔다.

화요일인 9일 스모그는 시의 중심부에서 30킬로미터 바깥으로 퍼져 나갔다. 그날 오후 늦게 겨우 바람이 불기 시작했으나 검은 구름 덩어리는 그대로 동쪽으로 이동해 버렸다. 스모그가 개자 이번에는 산성을 띤 비와 안개에 휩싸였다. 이 비의 pH(수소 이온 농도를 나타내는 지수)는 1.4~1.9로 레몬보다 산성이 높았다. 이 피해는 그 후 수개월에 걸쳐 4000명의 사망자라는 엄청난 기록을 세웠다. 전염병학의 기준으로 산출한 숫자에 따르면 희생자 가운데는 노인과 영유아가 현저하게 많았다.

스모그가 사라진 뒤 국회와 학회는 사망의 원인을 둘러싸고 활발한 논쟁을 펼쳤다. 다수는 기관지염이나 심장 발작이라고 주장했다. 당시 기관지염으로 인한 사망자는 북유럽 여러 나라에 비해 영국에서 20배나 많았다고 한다. 게다가 사망자의 분포는 런던 중심가를 에워싸듯 동심원형으로 퍼져 나갔다. 당시 논쟁은 결론에 이르지 못했지만 현재는 스모그 중의 유황산화물이 결정적 원인이었던 것으로 여겨진다.[14]

각지에서 스모그 발생원으로 지목된 발전소에 대한 항의 운동이 일어났고 국회에서는 스모그 규제가 최대의 정치 문제로 부상했다. 이를 계기로 1956년에 대기 정화법이 만들어졌고 1968년에 개정되었다. 그러나 이 법률은 그 후 다시 비판에 직면한다. 눈에 보이는 매연의 규제가 주된 목적이라 유황산화물 등 가스 형태의 오염 물질은 거의 규제하지 못했고 따라서 산성비 피해가 그다지 개선되지 않았기 때문이다.

## 고층 굴뚝이 광역 오염을 불러오다

게다가 대기 정화법에는 또 다른 문제가 있었다. 부근 주민들의 거센 항의를 반영해 석탄 화력 발전소에 고층 굴뚝의 설치를 촉진하는 결과를 낳았기 때문이다. 고층 굴뚝은 확실히 주변의 대기 오염을 줄여 주었지만 그 대신 연기를 훨씬 먼 곳까지 운반하고 말았다.

이 고층 굴뚝은 1960년대 들어 북유럽의 대기 오염을 가속화시킨 원인 중 하나로 여겨진다. 특히 노팅엄부터 요크셔에 걸친 골짜기에는 이런 종류의 석탄 화력 발전소가 집중되어 있었고 영국 전체 전력의 20퍼센트를 공급하고 있었다. 여기서 배출된 유황산화물도 당시 약 60만 톤을 넘어 전 영국의 20퍼센트에 이르렀다. 환경 보호 단체들은 이를 설퍼 밸리(sulfur valley, 유황의 계곡)라 불렀다.

런던에서 유황산화물이 줄어들기 시작한 것은 1970년대 들어서다. 북해 유전의 개발로 천연 가스의 공급이 늘었고 석탄에서 석유나 천연 가스로 에너지 전환이 진행되었기 때문이다. 오늘날 런던의 대기 오염은 1950년대와 비교해 이산화유황 농도는 10분의 1이하로 떨어졌고 겨울철 일조 시간은 2배 가까이 늘어나는 등 많이 나아진 상태다.

런던 스모그 전후로도 몇 번인가 세계적으로 심각한 대기 오염이 발생했다. 대표적인 것이 1930년에 벨기에 최대의 공업 지대에서 일어난 뮤즈 계곡 사건이다. 철 공장, 유리 공장 등에서 나온 매연이 역전층 때문에 공기 중에 머물렀고 63명의 사망자를 냈다.

1948년에는 미국 펜실베이니아 주의 공업 지대인 피츠버그 교외의 도노라에서도 6일 동안 스모그가 이어져 6000명 가까이 되는 사람들이 이상을 호소했고 20명이 죽었다. 1950년에는 멕시코의 멕시코 만에 면한 포자리카에서 공장의 황화수소 회수 장치가 고장나 유해 물질이 그대로 주변에 누출되는 바람에 주민 320명이 입원하고 22명이 사망한 사건도 있었다.

### 북해를 넘어오는 검은 구름

영국이 뱉어 낸 대기 오염 물질은 바람을 타고 저 멀리로 옮겨졌다. 이미 18세기 후반부터 런던에서 백 수십 킬로미터 떨어진 전원 지대까지 도시의 매연과 악취가 흘러들어 사회적 문제가 되었다. 공업 지대인 요크셔나 랭커셔로부터 멀리 떨어진 목장에서도 매연이 날아들어 양털이 찐득찐득해지는 일이 일어났다.

스모그는 북동쪽으로 향하는 바람을 타고 저 멀리 유럽 대륙 북부까지 날아갔다. 『브란트』가 말해 주는 대로 그 검은 구름은 우선 노르웨이에 모습을 드러냈다. 입센의 날카로운 직관을 처음 과학적으로 증명한 것은 『브란트』가 출판되고 15년 후인 1881년에 노르웨이의 과학자 발데마르 크리스토퍼 브뢰거(Waldemar Christofer Brøgger, 1851~1940년)가 저술한 「오염된 눈」이라는 제목의 보고서였다. 영국에서 발생한 대기 오염이 오염된 눈의 원인이라고 지적했다.

1940년대부터 1950년대에 걸쳐 스칸디나비아 반도 북부의 농촌에서 이상한 현상이 시작되었다. 비료를 뿌리지 않아도 작물이 잘 자랐고 호수나 강에서는 그때까지 잡히던 것과는 달리 큰 물고기가 낚였다. 농부나 낚시꾼들은 원인을 모른 채 하늘의 은혜라며 기뻐했다. 사실 작물의 생장과 물고기 낚시를 도운 것은 산성비에 섞인 초산염이었다. 이것이 비료의 역할을 했고 동시에 플랑크톤과 같은 물고기

먹이의 증식을 촉진한 것이었다.

노르웨이나 스웨덴 남부에서 산성비가 원인이라 추측되는 연어의 대량 폐사가 일어난 것은 그로부터 30년 후의 일이었다. 노르웨이 남부 일대를 흐르는 7개 주요 하천의 어획량이 과거 100년 이상의 기록까지 남아 있는데, 1900년경의 어획량은 매년 3만 톤이나 되지만 1910년대부터 급감했고 1970년에 들어서 순식간에 0이 되었다. 내륙에서도 송어 어획량이 크게 줄었다는 보고가 잇달았다.[15]

위기를 느낀 지역 주민들은 오슬로 대학교에 조사를 의뢰했다. 그러나 죽은 연어를 해부하고 조사해도 어떤 이상을 발견할 수 없었다. 그러나 약해진 물고기를 조사해 봤더니 혈중 나트륨 농도가 매우 떨어져 있었다. 이것은 산성비 중독의 전형적인 증상이었다. 산성을 띤 물 때문에 아가미가 손상되었고, 수중에서 염분 흡수가 불가능해져 체내의 나트륨 농도를 유지할 수 없었던 것이다.

산성비 오염 지역에 사는 물고기에게 눈이 녹기 시작하는 초봄은 가장 위험한 시기다. 눈이 녹으며 5개월 동안 쌓인 눈에 함유된 산성 물질이 일거에 유출되기 때문이다. 토브달 강을 분석한 결과 그때까지 5.2였던 pH가 삽시간에 4.6으로 내려갔다. 특히 작은 지류에서는 4.0의 강산성을 띠는 곳도 있었다. 이런 곳에서 물고기는 살 수 없다.

농작물에도 잎에 구멍이 나거나 묘목이 굽어서 고사하는 등 비가 내린 직후의 피해가 눈에 띄게 늘어 갔다. 가을도 아닌데 남부 일대의 삼림은 잎이 누렇게 변했고 낙엽처럼 마르기 시작했다. 호수와 늪에서 물고기가 모습을 감추었으며 바이킹이 1000년도 전에 남긴 돌 요새와 오래된 교회의 정면에 조각된 석상, 광장에 장식된 브론즈상

이 바스라지는 등 건조물이 부식되어 각지에서 화제가 되었다.[16]

당시 노르웨이 사람들이 어떤 충격을 받았을지는 충분히 상상할 수 있다. 유럽에서도 가장 아름다운 공기와 물에 둘러싸여 살던 사람들에게 난데없이 유황 냄새 나는 오염된 대기가 덮치더니 하천도 농지도 삼림도 급격하게 변한 것이다. 오염과는 인연이 없이 살다가 중국에서 광화학 스모그나 산성비가 날아들어 피해를 입은 동해 쪽 주민들과도 통하는 부분이 있을 것이다.

## 북유럽 산성비의 원인이 드러나다

영국에서 북유럽으로 향하는 오염 물질의 이동 경로가 해명된 것은 시간이 상당히 지난 후였다. 1984년 2월 20일 스코틀랜드 북동부의 그램피언 산맥 가운데 있는 케언곰 산지에 검은 구름이 깔렸다. 아침에 잠에서 깬 주민들은 산이 검게 물든 것을 보고 깜짝 놀랐다. 때마침 영국의 이스트앵글리아 대학교의 연구자들이 이 일대에서 산성비에 관한 조사를 하고 있었다.

그날 밤, 이 일대 200제곱킬로미터에 달하는 지역에 20톤으로 추정되는 검은 그을음이 내려앉았다. 다음날 부근의 주민들은 유황 냄새로 괴로워했다. 기상 조건과 그 매연의 성분을 조사해 본 결과, 남쪽으로 약 300킬로미터 떨어진 요크셔에 있는 12기의 석탄 화력 발전소의 굴뚝에서 나온 매연이 영국을 종단하여 날아왔을 가능성이 가장 높은 것으로 드러났다. 거기서 한 번 더 추적해 오염된 대기가 북유럽까지 장거리를 이동한 사실이 과학적으로 증명되었다. 이 사실은 영국 과학지 《네이처》에 「스코틀랜드 고지 일대에 떨어져 내린 검

그림 12-3. 산성이 된 호수를 중화시키기 위해 석회를 뿌리고 있는 스웨덴 호수의 모습

은 산성눈」이라는 제목의 논문으로 발표되었다.

이 조사의 일환으로 노르웨이 남부의 호수와 늪의 퇴적층을 연대별로 조사해 봤더니, 1860년 전후부터 그을음의 양이 늘기 시작했고 20세기 중반을 경계로 급격히 상승했음을 확인했다. 이 결과는 국경을 넘나드는 대기 오염이 결코 새로운 것이 아니며 이미 『브란트』가 쓰인 시대에 오염 물질이 날아오기 시작했다는 것을 증명한다.

스웨덴의 토양학자인 한스 에그넬은 강수 분석 관측망을 조직해 전국적인 측정을 개시했다. 그 결과 대기 오염과는 관계가 희박했던 스웨덴이나 노르웨이에서도 산성화된 비가 내렸다는 사실이 밝혀졌다. 또한 스웨덴의 토양학자 스반테 오덴은 산성비가 국경을 넘어 날아오며 오염 물실이 소호(沼湖)에 축적된다는 사실을 조직적으로 검증해 1968년에 결정적인 논문을 발표했다.[17]

이 연구로 영국이나 중유럽의 산성비가 스웨덴, 노르웨이 양국에 커다란 피해를 입혔다는 사실이 과학적으로 입증되었다. 오덴은 "산성비는 수질, 토양, 삼림, 건축물에 향후 커다란 피해를 미칠 것이며 인류에게 화학전이 될 것이다."라고 경고했다. 그 후 산성비의 확대는 정말 그의 예언대로 진행되었다.

북유럽의 여러 나라들은 산성비를 날아오게 만드는 영국이나 독일과 같은 서유럽 나라들에 항의를 계속하고 있으며 하늘이나 배 위에서 석회를 뿌려 소호의 산성도를 내리거나(그림 12-3), 토양에 중화제를 뿌리는 등 대책에 여념이 없다. 이렇게 북유럽에 심각한 피해가 확대되고 있는데도 세계적으로 산성비에 대한 관심은 일부 과학자들 사이에서 멈춘 채로 극히 낮은 편이다.

스웨덴과 노르웨이의 요구로 1972년에 최초의 환경 문제 국제회의가 스톡홀름에서 UN 환경 회의라는 이름으로 개최되었고, 양국이 실태를 보고하여 국제 사회가 처음으로 대책에 착수했다. 하지만 이때는 산성비 피해가 이미 전 세계로 퍼지기 시작한 시점이었다.

▶2권에서 계속

# 참고 문헌

**1장 | 마오쩌둥의 전쟁 | 장융, 『대륙의 딸』**

1) ユン チアン, 1993(土屋京子譯)『ワイルド スワン』講談社(원서 Jung, Chang 2003 *Wild Swans: Three Daughters of China* Touchstone, 한국어판 장융, 오성환·황의방·이상근 옮김, 『대륙의 딸』, 까치글방, 2006년 ― 옮긴이)

2) ユン チアン, ジョン ハリデイ, 2005(土屋京子譯)『マオ: 誰も知らなかった毛澤東』講談社(원서 Jung, Chang and Halliday, Jon 2006 *Mao: The Unknown Story* Anchor, 한국어판 장융, 존 할리데이, 오성환·황의방·이상근 옮김, 『마오: 알려지지 않은 이야기들』, 까치글방, 2006년 ― 옮긴이)

3) Thaxton, Ralph A., Jr. 2008 *Catastrophe and Contention in Rural China: Mao's Great Leap Forward Famine and the Origins of Righteous Resistance i*

*n Da Fo Village* Cambridge Univ. Press
4) 李志綏, 1996(新莊哲夫譯)『毛澤東の私生活』文藝春秋(원서 Li Zhi Sui, Tai Hung-Chao trans., 1996 *The Private Life of Chairman Mao* Random House, 한국어판 리즈수이, 손풍삼 옮김, 『모택동의 사생활』, 고려원미디어, 1995년 — 옮긴이)
5) Teiwes, Frederick C. and Sun, Warren 1998 *China's Road to Disaster: Mao, Central Politicians, and Provincial Leaders in the Unfolding of the Great Leap Forward 1955-1959* East Gate Book
6) Dikötter, Frank 2010 *Mao's Great Famine: The History of China's Most Devastating Catastrophe, 1958-1962* Bloomsbury Publishing PLC
7) ジャスパーベッカー, 1999(川勝貴美譯)『餓鬼: 秘密にされた毛澤東中國の飢饉』中央公論新社(원서 Becker, Jasper 1998 *Hungry Ghosts: Mao's Secret Famine* Holt Paperbacks — 옮긴이)
8) 辻康吳編, 1990『現代中國の飢餓と貧困』弘文堂
9) 陳惠運, 2006『わが祖國, 中國の悲慘な眞實』飛鳥新社
10) 孫振海, 2006 "1959~1961年における中國人口變動"『中國社會變動における村落と家族』(明治學院大學國際學部付屬研究所年報9號)
11) 若林敬子, 1996『現代中國の人口問題と社會變動』新曜社
12) 莫邦富, 1991『獨生子女: 爆發する中國人口最新レポート』河出書房新社
13) 王文亮, 2008『現代中國の社會と福祉』ミネルヴァ書房
14) Shapiro, Judith 2001 *Mao's War Against Nature: Politics and the Environment in Revolutionary China* Cambridge Univ. Press

## 2장 | 하얀 용암과 지구 온난화 | 미야자와 겐지, 『구스코 부도리의 전기』

1) 宮澤賢治, 1993『グスコーブドリの傳記』(宮澤賢治繪童話集 10) くもん出版 (한국어판 미야자와 겐지, 이광옥 옮김, 『구스코 부도리의 전기』, 사계절, 2006년 — 옮긴이)
2) 齋藤文一, 2010『科學者としての宮澤賢治』平凡社新書

3) 田中稔, 1958「冷害の歷史」農林省振興局編《農業改良》第8號
4) 菊池勇夫, 1997『近世の飢饉』日本歷史學會編集 日本歷史叢書 吉川弘文館
5) 岩手放送 岩手百科事典發行本部編, 1988『岩手百科事典(新版)』岩手放送
6) 靑森縣立圖書館, 靑森縣叢書刊行會公編, 1954『南部·津輕藩飢饉史料』靑森縣叢書7
7) 山下文男, 2001『昭和東北大凶作: 娘身賣りと欠食兒童』無明舍出版
8) Weart, Spencer R. 2005 *The Discovery of Global Warming* Harvard Univ. Press(한국어판 스펜서 위어트, 김준수 옮김, 『지구 온난화를 둘러싼 대논쟁』, 동녘, 2012년 — 옮긴이)
9) H. ストンメル, E. ストンメル, 1985(山越幸江譯)『火山と冷夏の物語』地人書館(원서 Stommel, H. and Stommel E. 1983 *Volcano Weather: The Story of 1816, the Year Without a Summer* Simon & Schuster — 옮긴이)
10) 石弘之, 1994「歷史を變えた火山噴火」町田洋, 森脇廣編『火山噴火と環境·文明』思文閣出版
11) 諏訪兼位, 1997『裂ける大地: アフリカ大地溝帶の謎』講談社選書メチエ
12) 日下部實, 2010『湖水爆發の謎を解く: カメルーン·ニオス湖に挑んだ20年』岡山大學出版會
13) Weart, Spencer R. 2008 *The Discovery of Global Warming*(Revised and Expanded Edition) Havard Univ. press(한국어판 스펜서 위어트, 김준수 옮김, 『지구 온난화를 둘러싼 대논쟁』, 동녘, 2012년 — 옮긴이)
14) Fleming, James Rodger 1998 *Historical Perspectives on Climate Change* Oxford Univ. Press
15) Harris, Daniel C. *Charles David Keeling and the Story of Atmospheric $CO_2$ Measurements* Analytical Chemistry June 11, 2010 (Web)

## 3장 | 모래 먼지와 함께 사라지다 | 존 스타인벡, 『분노의 포도』

1) ジョン スタインベック, 1967(大久保康雄譯)『怒りの葡萄』新潮文庫(원서 Steinbeck, John 1939 *The Grapes of Wrath*, 한국어판 존 스타인벡, 김승욱 옮김, 『분노의 포도』 1·2권(민음사 세계문학전집 174·175), 민음사, 2008년 — 옮긴이)

2) ウィリアム クロノン, 1995(佐野敏, 藤田眞理子譯)『變貌する大地: インディアンと植民者の環境史』勁草書房(원서 Cronon, William 2003 *Changes in the Land: Indians, Colonists, and the Ecology of New England* Hill and Wang — 옮긴이)

3) Egan, Timothy 2006 *The Worst Hard Time: The Untold Story of Those Who Survived the Great American Dust Bowl* Mariner Books

4) James N, Gregory 1991 *American Exodus: The Dust Bowl Migration and Okie Culture in California* Oxford Univ. Press

5) Connell, Kate 2004 *Dust Bowl Days: Hard Time for Farmers* Geographic Society

6) デイビッド モントゴメリー, 2010(片岡夏實譯)『土の文明史』築地書館(원서 Montgomery, David 2007 *Dirt: The Erosion of Civilizations* University of California Press, 한국어판 데이비드 몽고메리, 이수영 옮김, 『흙: 문명이 앗아간 지구의 살갗』, 삼천리, 2010년 — 옮긴이)

7) Nash, Roderick 1976 *The American environment: Readings in the history of conservation*(Themes and social forces in American history series) Addison-Wesley Publication

8) ローラ インガルス ワイルダー, 1972(恩地三保子譯)『大草原の小さな家』福音館書店(원서 Wilder, Laura Ingalls 1935 *Little House on the Prairie*, 한국어판 로라 잉걸스 와일더, 김석희 옮김, 『초원의 집 2: 대초원의 작은 집』, 비룡소, 2005년 — 옮긴이)

9) Worster, Donald 2004 *Dust Bowl: The Southern Plains in the 1930s* Oxford Univ. Press

10) McCauley, Martin 1976 *Khrushchev and the Development of Soviet Agriculture: The Virgin Land Programme, 1953-1964* Palgrave Macmillan
11) Glantz, Michael 2008 *Creeping Environmental Problems and Sustainable Development in the Aral Sea Basin* Cambridge Univ. Press

### 4장 | 황사 속을 달리는 인력거 | 라오서, 『낙타 샹즈』

1) 老舍, 1980(立間祥介譯)『駱駝祥子: らくだのシアンツ』岩波文庫(원서 老舍, 1936『駱駝祥子』, 한국어판 라오서, 심규호 옮김, 『낙타 샹즈』, 황소자리, 2008년 ― 옮긴이)
2) 舒乙, 1995『文豪老舍の生涯: 義和團運動に生まれ, 文革に死す』中公新書
3) 成瀬敏郎, 2007『世界の黃砂·風成塵』築地書館
4) 岩坂泰信, 2006『黃砂: その謎を追う』紀伊國屋書店
5) 石弘之, 2008『地球環境"危機"報告』有斐閣
6) ヴァーツラフ スミル, 1983(深尾葉子, 神前進一譯)『蝕まれた大地』行路社
7) Elvin, Mark and Liu Ts'ui-jung 1998 *Sediments of Time: Environment and Society in Chinese History* Cambridge Univ. Press
8) 上田信, 1999『森と綠の中國史: エコロジカルヒストリーの試み』岩波書店
9) Richardson, S. D. 1996 *Forests and Forestry in China* Island Press
10) 石弘之, 2003『世界の森林破壞を追う: 綠と人の歷史と未來』朝日選書
11) 堀田善衛, 司馬遼太郎, 宮崎駿, 1997『時代の風音』朝日文藝文庫
12) Food and Agriculture Organization of the United Nations 2010 *The Global Forest Resources Assessments 2010*

### 5장 | 창백한 기수가 나의 연인을 데려가네 | 캐서린 앤 포터, 『창백한 말, 창백한 기수』

1) キャサリン アン ポーター, 1980(高橋正雄譯)『幻の馬 幻の騎手』晶文社 (원서 Porter, Katherine Anne 1939 *Pale Horse, Pale Rider* ― 옮긴이)
2) Unrue, Darlene Harbour 2008 *Truth and Vision in Katherine Anne*

*Porter's Fiction* Univ. of Georgia Press

3) ジョン バリー, 2005(平澤正夫譯)『グレート インフルエンザ』共同通信社(원서 Barry, John M. 2004 *The Great Influenza: The Epic Story of the Deadliest Plague in History* Penguin USA — 옮긴이)

4) A. W. クロスビー, 2004(西村秀一譯)『史上最惡のインフルエンザ: 忘れられたパンデミック』みすず書房(원서 Crosby, A. W. 2003 *America's Forgotten Pandemic: The Influenza of 1918* Cambridge Univ. Press, 한국어판 A. W. 크로스비, 김서형 옮김, 『인류 최대의 재앙, 1918년 인플루엔자』, 서해문집, 2005년 — 옮긴이)

5) Collier, Leslie and Oxford, John 2006 *Human Virology* Oxford Univ. Press

6) ピート デイヴィス, 1999(高橋健次譯)『四千萬人を殺したインフルエンザ: スペイン風邪の正體を追って』文藝春秋(원서 Davies, Pete 1999 *Catching Cold: 1918's Forgotten Tragedy and the Scientific Hunt for the Virus That Caused It* Penguin Books — 옮긴이)

7) 山本太郎, 2006『新型インフルエンザ: 世界がふるえる日』岩波新書

8) リチャード コリヤー 2005(中村定譯)『インフルエンザ ウイルス スペインの貴婦人: スペイン風邪が荒れ狂った120日』清流出版(원서 Collier, Richard 1996 *The Plague of the Spanish Lady: The Influenza Panademic of 1918-1919* Allison & Busby — 옮긴이)

9) マイケル B. A. オールドストーン, 1999(二宮陸雄譯)『ウイルスの脅威: 人類の長い戰い』岩波書店(원서 Oldstone, Michael B. A. *Viruses, Plagues, and History: Past, Present and Future* Oxford Univ. Press — 옮긴이)

10) ウィリアム H. マクニール 2007(佐々木昭夫譯)『疫病と世界史(上, 下)』中公文庫(원서 McNeill, William. H. 1977 *Plagues and Peoples* Anchor, 한국어판 윌리엄 H. 맥닐, 김우영 옮김, 『전염병의 세계사』, 이산, 2005년 — 옮긴이)

11) ルイス アダミック(田原正三譯)『ジャングルの中の笑い』アダミックプレス

(원서 Adamic, Louis 1932 *Laughing in the Jungle* — 옮긴이)
12) ジョン オハラ, 1960(嶋忠正, 瀧川元男, 伊藤淸譯)『かよわき餌食·家庭の悲哀·醫者の息子』南雲堂(원서 O'Hara, John 1935 *The Doctor's Son and Other Stories* — 옮긴이)

## 6장 | 일본에 상륙한 스페인 독감 | 기시다 구니오, 『감기 한 다발』

1) 岸田國士, 1990 『風邪一束』(岸田國士全集 21) 岩波書店
2) 內務省衛生局, 2008 『流行性感冒:「スペイン風邪」大流行の記錄(復刻版)』東洋文庫
3) 芹澤光治良, 2003 『人間の運命』新潮社
4) 內田百閒, 1951 『實說艸平記』新潮社
5) 岡田晴惠, 速水融, 立川昭二, 田代眞人, 2006 『強毒性新型インフルエンザの脅威』藤原書店
6) 速水融, 2006 『日本を襲ったスペイン インフルエンザ: 人類とウイルスの第一次世界戰爭』藤原書店
7) 酒井シヅ, 2002 『病が語る日本史』講談社
8) 石弘之, 2008 『地球環境"危機"報告』有斐閣

## 7장 | 아마존의 동쪽 | 하세우 지 케이루스, 『가뭄』

1) ラケル デ ケイロス, 1979(廣川和子譯)『旱魃』新世界社(Queiroz, Rachel de 1930 *O Quinze* — 옮긴이)
2) ジョゼー デ アレンカール, 1998(田所淸克譯)『イラセマ: ブラジル セアラーの傳承』彩流社(원서 Alencar, José de 1865 *Iracema* — 옮긴이)
3) 石弘之, 1988 『地球環境報告』岩波新書
4) Nunes, Luci Hidalgo 2004 *Investigation and Forecast of Droughts in Brazil: a Historical View* The State Univ. of Campinas
5) 丸山浩明, 2000 『砂漠化と貧困の人間性: ブラジル奥地の文化生態』古今書院

6) Davis, Mike 2002 *Late Victorian Holocausts: El Niño Famines and the Making of the Third World* Verso(한국어판 마이크 데이비스, 정병선 옮김, 『엘니뇨와 제국주의로 본 빈곤의 역사』, 이후, 2009년 — 옮긴이)
7) 石弘之, 2003 『世界の森林破壊を追う: 綠と人の歷史と未來』朝日選書
8) 石弘之, 1994 『インディオ居留地: 地球破壊で追われる先住民』朝日選書
9) 齋藤功, 松本榮次, 矢ケ崎典隆編著, 1999 『ノルデステ: ブラジル北東部の風土と土地利用』大明堂
10) ジョン ヘミング, 2010(國本伊代, 國本和孝譯)『アマゾン: 民族·征服·環境の歷史』東洋書林(원서 Hemming, John 2008 *Tree of Rivers: The Story of the Amazon* Thames & Hudson — 옮긴이)
11) 石弘之, 1985 『蝕まれる森林』朝日新聞社
12) ルシア ナジブ編, 2006(鈴木茂譯)『ニュー ブラジリアン シネマ: 知られざるブラジル映畵の全貌』プチグラパブリッシング(원서 Nagib, Lúcia 2003 *The New Brazilian Cinema* I. B. Tauris — 옮긴이)

## 8장 | 아프리카 코끼리의 비극 | 조지프 콘래드, 『암흑의 핵심』

1) ジョゼフ コンラッド 2009(黑原敏行譯)『闇の奧』光文社古典新譯文庫(원서 Conrad, Joseph 1899 *Heart of Darkness*, 한국어판 조지프 콘래드, 이상옥 옮김, 『암흑의 핵심』(민음사 세계문학전집 7), 민음사, 1998년 — 옮긴이)
2) ジョゼフ コンラッド 2009(黑原敏行譯)『闇の奧』光文社古典新譯文庫(원서 Conrad, Joseph 1899 *Heart of Darkness*, 한국어판 조지프 콘래드, 이상옥 옮김, 『암흑의 핵심』(민음사 세계문학전집 7), 민음사, 1998년 — 옮긴이)
3) Jeal, Tim 2008 *Stanley: The Impossible Life of Africa's Greatest Explorer* Yale Univ. Press
4) Twain, Mark 1905 *King Leopold's Soliloquy: A Defense of His Congo Rule* The P. R. Warren Co.

5) 藤永茂, 2006『『闇の奥』の奥: コンラッド·植民地主義·アフリカの重荷』三交社
6) ロベール ドロール, 1993(南条郁子譯)『象の物語』創元社(원서 Delort, Robert 1990 *Les Eléphants: Piliers du monde* Gallimard, 한국어판 로베르 들로르, 이한헌 옮김, 『코끼리: 세계의 기둥』, 시공사, 1995년 — 옮긴이)
7) Walker, John Frederick 2009 *Ivory's Ghosts: The White Gold of History and the Fate of Elephants* Grove Press
8) ロベール ドロール, 1998(挑木曉子譯)『動物の歷史』みすず書房(원서 Delort, Robert 1993 *Les animaux ont une histoire* Seuil — 옮긴이)
9) ギャヴィン デ ビーア, 1991(時任生子譯)『アルプスを越えた象: ハンニバルの進攻』思索社(원서 Beer, Gavin De, 1955 *Alps and elephants: Hannibal's march* — 옮긴이)
10) 富永智津子, 2001『ザンジバルの笛』未來社
11) Brown, Robin 2008 *Blood Ivory: The Massacre of the African Elephant* The History Press
12) 石弘之, 2009『キリマンジャロの雪が消えていく: アフリカ環境報告』岩波新書

## 9장 | 아이누의 초록색 나라 | 이사벨라 버드, 『이사벨라 버드의 일본 기행』 | 에드워드 모스, 『일본의 나날들』

1) イザベラ バード, 2008(時岡敬子譯)『イザベラ バードの日本紀行』講談社學術文庫(원서 Bird, Isabella 1880 *Unbeaten Tracks in Japan* — 옮긴이)
2) エドワード S. モース, 1970(石川欣一譯)『日本その日その日』東洋文庫 (Morse, Edward S. 1917 *Japan Day by Day* — 옮긴이)
3) オリーヴ チェックランド 1995(川勝貴美譯)『イザベラ バード 旅の生涯』日本經濟評論社(원서 Checkland, Olive 1996 *Isabella Bird and a Woman's Right* Scottish Childrens Press — 옮긴이)
4) イザベラ バード, 1997(小野崎晶裕譯)『ロッキー山脈踏破行』平凡社ライブ

ラリー(원서 Bird, Isabella 1879 *A Lady's life in the Rocky Mountains* ― 옮긴이)

5) イザベラ バード, 2005(近藤純夫譯)『イザベラ バードのハワイ紀行』平凡社 (원서 Bird, Isabella 1875 *The Hawaiian Archipelago: Six Months among the Palm Groves, Coral Reefs and Volcanoes of the Sandwich Islands* ― 옮긴이)

6) イザベラ バード, 1998(時岡敬子譯)『朝鮮紀行』講談社(원서 Bird, Isabella 1898 *Korea and Her Neighbours*, 한국어판 이사벨라 버드 비숍, 이인화 옮김, 『한국과 그 이웃 나라들』, 살림, 1994년 ― 옮긴이)

7) イザベラ バード, 2002(金坂淸則編譯)『中國奧地紀行』東洋文庫(원서 Bird, Isabella 1900 *The Yangtze Valley and Beyond*, 한국어판 이사벨라 버드 비숍, 박종숙, 김태성 옮김, 『양자강을 가로질러 중국을 보다』, 효형출판, 2005년 ― 옮긴이)

8) C. P. シュンベリー, 1994(高橋文譯)『江戸參府隨行記』平凡社東洋文庫

9) 多原香里, 2006『先住民族アイヌ』にんげん出版

10) クララ ホイットニー, 1976(一又民子譯)『クララの明治日記』講談社

11) 高倉新一郎, トーマス W. ブラキストン, 1979(近藤唯一譯)『蝦夷地の中の日本』八木書店(원서 Blakiston, Thomas W. 1883 *Japan in Yezo* ― 옮긴이)

12) 牧逸馬, 1993『世界の怪奇實話』山手書房新社

13) 磯野直秀, 1987『モースその日その日: ある御雇教師と近代日本』有隣堂

14) ハインリッヒ フォン シーボルト, 1996(原田信男譯)『小シーボルト蝦夷見聞記』東洋文庫

15) ドロシー G. ウェイマン, 1976(蜷川親正譯)『エドワード シルベスター モース』中央公論美術出版(원서 Wayman, Dorothy G. 1942 *Edward Sylvester Morse: A biography* Harvard univ. press ― 옮긴이)

16) E．スエンソン, 2003(長島要一譯)『江戸幕末滯在記』講談社學術文庫(원서 Suenson E. *Skitserfra Japan* ― 옮긴이)

17) アレクサンダー F. V. ヒューブナー, 1988(市川愼一, 松本雅弘譯)『オーストリア外交官の明治維新: 世界周遊記〈日本篇〉』新人物往來社

18) 宮本常一, 2002 『イザベラ バードの『日本奥地紀行』を讀む』平凡社ライブラリー
19) 岩松睦夫, 1984 『綠の大回廊: 森が語る日本人へのメッセージ』東急エージェンシーマーケティング局出版部
20) B. H. チェンバレン, 1969 (高梨健吉譯) 『日本事物誌』東洋文庫 (원서 Chamberlain, B. H. 1890 *Things Japanese* ― 옮긴이)

## 10장 l 모자 장수는 왜 수은 중독에 걸렸을까 l 루이스 캐럴, 『이상한 나라의 앨리스』

1) ルイス キャロル, 1994 (矢川澄子譯) 『不思議の國のアリス』新潮文庫 (원서 Carroll, Lewis 1865 *Alice's Adventures in Wonderland*, 한국어판 루이스 캐럴, 존 테니엘 삽화, 김경미 옮김, 『이상한 나라의 앨리스』, 비룡소, 2005년 ― 옮긴이)
2) Leach, Karoline 1999 *In the Shadow of the Dreamchild: The Myth and Reality of Lewis Carroll* Peter Owen Ltd.
3) Goldwater, Leonard J. 1972 *Mercury: a history of quick-silver* York Press
4) Smith, Dominic 2007 *The Mercury Visions of Louis Daguerre* Washington Square Press
5) AFP 통신, 2010년 6월 17일 「바로크 회화의 선구자, 카라바조의 유골 발견인가」
6) Roy, Ashok ed. 1997 *Artists' Pigments: A Handbook of Their History and Characteristics, Volume 2* Oxford Univ. Press
7) 市毛勲, 1998 『朱の考古學』雄山閣出版
8) Swiderski, Richard M. 2008 *Quicksilver: A History of the Use, Lore and Effects of Mercury* McFarland
9) 白須賀公平「大佛公害論」《季刊邪馬台國》88號 (2005年 7月號) 梓書院
10) ヴォルテール, 2005 (植田祐次譯) 『カンディード 他五篇』岩波文庫 (원서 Voltaire, 1759 *Candide*, 한국어판 볼테르, 이봉지 옮김, 『캉디드 혹은 낙관

주의』, 열린책들, 2009년 — 옮긴이)
11) Quetel, Claude 1990 *History of Syphilis* Johns Hopkins Univ. Press

## 11장 l 이상한 숲 속의 헨젤과 그레텔 l 그림 형제, 『그림 동화집』

1) 金田鬼一譯, 1979『完譯グリム童話集』(改訂第一刷) 岩波文庫(원서 Grimm, Jakob and Grimm, Wilhelm 1812, *Kinder-und Hausmärchen* Band 1, 1815, *Kinder-und Hausmärchen* Band 2), 한국어판 그림 형제, 펠릭스 호프만 그림, 한미희 옮김, 『그림 형제 동화집 1·2·3』, 비룡소, 2005년 그림 형제, 김열규 옮김, 『어른을 위한 그림 형제 동화 전집』, 현대지성사, 1998년 동시 참조 — 옮긴이)
2) 鈴木晶, 1991『グリム童話: メルヘンの深層』講談社現代新書
3) 高橋義人, 2006『グリム童話の世界: ヨーロッパ文化の深層へ』岩波新書
4) 小澤俊夫, 1992『グリム童話の誕生: 聞くメルヒェンから讀むメルヒェンへ』朝日選書
5) 桐生操, 1998『本當は恐ろしいグリム童話』KKベストセラーズ(한국어판 기류 마사오, 이정환 옮김, 『알고 보면 무시무시한 그림 동화』, 서울문화사, 2011년)
6) 由良彌生, 2002『大人もぞっとする初版グリム童話』王樣文庫
7) 吉原高志, 吉原素子編譯, 1998『初版グリム童話集』白水社
8) フィリップ アリエス, 1981(杉山光信, 杉山惠美子譯)『子供の誕生』みすず書房(원서 Ariès, Philippe 1973 *L'Enfant et la vie familiale sous l'Ancien Régime*, Seuil, 한국어판 필립 아리에스, 문지영 옮김, 『아동의 탄생』, 새물결, 2003년 — 옮긴이)
9) 阿部謹也, 1991『ヨーロッパ中世の宇宙觀』講談社學術文庫
10) 阿部謹也, 1988『ハーメルンの笛吹き男: 傳說とその世界』ちくま文庫(한국어판 아베 긴야, 양억관 옮김, 『하멜른의 피리 부는 사나이』, 한길사, 2008년 — 옮긴이)
11) 荻野美穗, 2002『ジェンダー化される身體』勁草書房

12) ジャン ジャック ルソー, 1962(今野一雄譯)『エミール』岩波文庫(원서 Rousseau, Jean-Jacques 1762 *Emile*, 한국어판 장 자크 루소, 박성호 옮김, 『에밀』, 책세상, 2003년 — 옮긴이)
13) ロバート ダーントン, 2007(海保眞夫, 鷲見洋一譯)『猫の大虐殺』岩波現代文庫(원서 Darnton, Robert 1984 *The Great Cat Massacre and Other Episodes in French Cultural History* Basic Books, 한국어판 로버트 단턴, 조한욱 옮김, 『고양이 대학살』, 문학과지성사, 1996년 — 옮긴이)
14) Maddison, Angus 2007 *The World Economy: A Millennial Perspective/ Historical Statistics* OECD
15) クライブ ポンティング 1994(石弘之, 京都大學環境史硏究會譯)『綠の世界史』朝日選書(원서 Ponting, Clive 1991 *A Green History of the World* Penguin Books, 한국어판 클라이브 폰팅, 이진아 옮김, 『녹색 세계사』, 그물코, 2010년 — 옮긴이)
16) Tannahill, Reay 1995 *Food in History* Three Rivers Press
17) ラリー ザッカーマン, 2003(關口篤譯)『じゃがいもが世界を救った: ポテトの文化史』靑土社(원서 Zuckerman, Larry *The Potato: How the Humble Spud Rescued the Western World* North Point Press, 한국어판 래리 주커먼, 박영준 옮김, 『악마가 준 선물, 감자 이야기』, 지호, 2000년 — 옮긴이)
18) Gray, Peter 1995 *Irish Famine* Harry N. Adams(한국어판 피터 그레이, 정동현 옮김, 『아일랜드 대기근』, 시공사, 1998년 — 옮긴이)
19) 田嶋謙三, 神田リエ, 2008『森と人間: 生態系の森, 民話の森』朝日選書
20) カール ハーゼル, 1996(山縣光晶譯)『森が語るドイツの歷史』築地書館 (원서 Hasel, Karl 1985 *Forstgeschichte: Ein Grundriss für Studium und Praxis* Kessel, Norbert — 옮긴이)
21) ウィリアム ブライアント ローガン, 2008(岸由二, 山下篤子譯)『ドングリと文明: 偉大な木が創った1万5000年の人類史』日經BP社(원서 Logan, William Bryant 2011 *Oak: The Frame of Civilization* W. W. Norton & Company — 옮긴이)

## 12장 | 매연과 안개의 시대 | 헨리크 입센, 『브란트』

1) ヘンリク イプセン, 1989(原千代海譯)『原典によるイプセン戯曲全集 第二卷』未來社(원서 Ibsen, Henrik 1866, *Brand*)
2) 原千代海, 1998『新版イプセン: 生涯と作品』三一書房
3) ヘンリク イプセン, 1950(竹山道雄譯)『民衆の敵』岩波文庫(원서 Ibsen, Henrik 1882 *En Folkefiende*, 한국어판 헨리크 입센, 김석만 옮김, 『민중의 적』, 종합출판범우, 2011년 — 옮긴이)
4) Reed, Peter and Rothenberg, David 1993 *Wisdom in the Open Air: The Norwegian Roots of Deep Ecology* Univ. of Minnesota Press
5) Mitchell, B. R. 1998 *International Historical Statistics: Europe, 1750-1993* Macmillan Reference
6) Brimblecombe, Peter 1987 *The Big Smoke: A Historical of Air Pollution in London Since Medieval Times* Routledge & Kegan Paul
7) Mosley, Stephen 2008 *The Chimney of the World: A history of Smoke Pollution in Victorian and Edwardian Manchester* Routledge
8) McCormick, John 1989 *Acid Earth: The Global Threat of Acid Pollution* Earthscan
9) Berry, R. J. *Industrial melanism and peppered moths* Biological Journal of the Linnean Society, Vol. 39 1990
10) Wise, William 2001 *Killing Smog: The World's Worst Air Pollution Disaster* iUniverse
11) チャールズ ディケンズ, 1989(青木雄造, 小池滋譯)『荒凉館』さくま文庫(원서 Dickens, Charles 1852~1853 *Bleak House* — 옮긴이)
12) 平岡敏夫編, 2007『漱石日記』岩波文庫
13) D. H. ロレンス, 1996(伊藤整譯, 伊藤禮補譯)『チャタレイ夫人の戀人』新潮文庫(원서 Lawrence, D. H. 1928 *Lady Chatterley's Lover*, 한국어판 D. H. 로런스, 이인규 옮김, 『채털리 부인의 연인』 1·2권(민음사 세계문학전집 85·86), 민음사, 2003년 — 옮긴이)

14) 石弘之, 1992 『酸性雨』岩波新書
15) Pearce, Fred 1987 *Acid Rain: What Is It, and What Is Doing Us?* Penguin Books
16) Radojevic, M. and Harrison, R. M. 1992 *Atmospheric Acidity: Source, Consequences and Abatement* Springer
17) Goklany, Indur 1999 *Clearing the Air: The Real Story of the War on Air Pollution* Cato Institute

# 이시 히로유키 인터뷰

**우리 주변의 환경 문제에서 시작하자**

책은 쓰는 사람이 미래로 띄우는 편지, 되돌려 받을 수 없는 편지라는 생각이 듭니다. 물론 책이 한 번 출간되면 수정이 불가능하다는 이야기는 아니에요. 쇄를 거듭할 때 그 전에 잡지 못했던 오류를 수정할 수 있고, 새로이 발견한 사실들은 개정판에서 반영할 수 있지요. 못다 한 이야기를 다음 책에서 할 수도 있고요.

그러나 일단 한 권의 책을 끝낸 저자는 다시 그 책으로 완전히 돌아갈 수는 없을 거예요. 저자는 책의 출간을 통해서 어쨌든 한 세계의 문을 닫고 나오는 존재서든요. 그래시 저지는 그 세계에서 가장 나중에 온 자입니다. 그러나 책이 출간되어 독자에게 닿는 순간, 그 세계에서 가장 일찍 온 사람, 즉 제일 옛날 사람이 되어 버리고 말지요. 저자의 위치가 정반대로 바뀌는 그 순간에 책의 모험이 시작되는 거고요.

그럼 번역자는 어떤 존재일까요? 이미 가장 옛날 사람이 되어 버린 저자를, 가장 나중 온 사람의 위치로 한 번 더 되돌려 줄 수 있는 힘을 가진 존재 아닐까요? 언어의 차이와 모든 언어를 다 읽어 낼 수 없는 인간의 한계 덕분에, 저는 미래로 날아가는 책을 다시 처음의 위치로 끌어당겨 다른 현실에서 모험을 할 수 있도록 조준하는, 재미있는 시차를 경험할 수 있었습니다.

어쨌든 이 책을 읽게 될 독자들은 지금의 저보다 '미래의 사람'이기 때문에, 제가 아는 인터넷 용어에 저보다 익숙하리라는 예감을 갖게 합니다. 혹시 '깔때기'라는 표현이나 '기승전OO'이라는 표현을 들어 본 일이 있지 않나요? 제가 어릴 때만 해도 '깔때기'라는 말은 한 용기에서 다른 용기로 물질을 옮길 때 주로 쓰이는, 주둥이 부분은 폭이 넓고 아랫부분은 폭이 좁은 기구를 가리키는 게 전부였어요. 그런데 이제는 사람의 특징을 말할 때도 쓰이는 것 같아요.

원래는 무슨 이야기를 해도 자기 자랑으로 돌아가는 사람을 이르는 말이었는데 요즘은 좀 더 폭넓게, '무슨 이야기를 해도 한 가지 주제로 돌아가는' 사람에게 핀잔을 줄 때 쓰이는 것 같습니다. '기승전OO'도 비슷합니다. 본래 한시(漢詩)의 작법이자 이야기의 구조를 말할 때도 폭넓게 쓰이는 '기승전결'의 결 부분에 특정 단어를 집어넣어, 말하는 사람이 언제나 한 가지 주제로 이야기를 끌고 간다는 사실을 재미있게 지적하고 있습니다.

'깔때기'나 '기승전○○'이 상대방을 꼬집는 의도의 표현이기는 하나, 따져 보면 긍정적인 면도 있다고 생각합니다. 그만큼 특정 주제에 애정이 깊다는 얘기니까요. 이런 해석을 확장시켜 일생을 바쳐 한 분야를 연구해 온, 그래서 어떤 이야기든 결국 그 분야로 연결할 수 있는 사람을 '깔때기'나 '기승전○○'으로 아우를 수 있다면, 이 책의 저자 이시 히로유키 역시 '환경 깔때기'나 '기승전 환경'이라고 표현할 수 있지 않을까요. 특히 이 『세계 문학 속 지구 환경 이야기』라는 책은 과거의 찬란한 문학 작품 속에서 원저자도 몰랐을 환경 문제의 실마리를 잡아 문학보다 더 극적인 이야기를 이끌어 낸다는 점에서, 오랫동안 자신만의 '눈'을 갈고 닦은 글쓴이의 매력이 한껏 도드라집니다.

『레 미제라블』을 읽으면서 저자는 사랑과 혁명, 장 발장과 코제트가 아니라 '하수도'에 더 주목합니다. "주인공은 장 발장이 아니라 (파리의) 하수도라고 해도 좋을 정도"라며 파리, 런던, 에도(옛 도쿄)의 가장 더러운 길들을 되짚어 가지요. 『에마』에서는 5월에 피어야 할 사과꽃이 6월 하순인 하지 무렵에 피었다는 단 한 대목에서 출발해 1812~1815년 일어난 대규모 화산 분화의 역사를 추적합니다. 미야자와 겐지의 『구스코 부도리의 전기』에서 냉해에 시달려 온 도호쿠의 가혹한 역사를 읽어 내고, 『은하철도의 밤』을 타이타닉호와 연관 지어 자원 고갈에 대한 경고로 해석하고 있습니다. 「책머리에」에서도 언급하고 있지만 문학 연구자들 입장에서 볼 때는 매우 신선한 시각이었을 겁니다. 그리고 그 덕분에 제 눈에도 그동안 보지 못했던 것들이 보이게 되었습니다.

중학교 때 학교에서 비디오로 보았던 「모노노케 히메」를 10여 년 만에 다시 본 어느 날 그것을 경험했습니다. 물론 어릴 때도 이 작품이 자연을 우습게 보는 인간의 오만함을 비판한다고 느꼈지만, 반드시 인간 대 자연의 전쟁으로만 몰아붙일 수 없는 복잡한 사정이 함께 느껴졌다고 할까요. 다다라바의 여성들은 자신의 가족과 더 살기 좋은 마을을 위해 힘차게 풀무를 밟았던 것이고, 시시가미의 목을 노리는 에보시는 나병 환자들에게 차별 없이 손을 뻗는 거룩한 여성이기도 했습니다. 영화 속 이야기는 아시타카의 중재로 파국을 막을 수 있었지만, 자연에 의존해 살아가면서도 선을 넘는 순간 '공멸'의 길밖에 없는 인류의 딜레마는 마음에 무겁게 남았습니다.

이런 복잡한 사정을 들려주는 저자의 독법은 그 자체를 즐기는 차원에 머무르지 않고, 앞으로 나 역시 '나만의 깔때기'를 갖고 싶다는 생각까지 품게 합니다. 미래의 여러분은 또 어떤 발견을 하게 될까요?

저자 이시 히로유키는 1940년 도쿄에서 출생했습니다. 굳이 책이라는 세계에 대한 비유를 쓰지 않아도 충분히 '옛날 사람'이지요. 그가 기자 생활을 시작한 1960년대는 일본 저널리즘의 황금기였어요. 사실 신문이나 TV, 잡지의 활황은 그만큼 세상이 풍요롭고 이런저런 일이 많이 일어났다는 증거이니까 다른 분야도 마찬가지였겠지요. 이른바 고도성장기라고 불리는 시대였습니다.

그러나 밝은 불 밑에는 반드시 짙은 그림자가 드리워져 있듯이, 고도성장의 이면에는 많은 문제들이 자리하고 있었어요. 가장 심각한 것 중 하나가 환경 문제였지요. 공장에서 강으로 흘려보낸 중금속 폐기물이 미나마타병 등 괴멸적인 피해를 입히기에 이르렀고 이것이 사회 문제로 대두되기 시작했습니다.

고도성장의 빛과 그늘을 경험한 저자가 이후 40년 이상을 환경 저널리스트로 활동해 온 데에는 이러한 시대의 요청이 있었을 겁니다. 환경의 역습을 일찍이 겪은 일본은 다른 어느 나라보다 환경 문제에 깊은 관심을 기울이기 시작했고, 그런 상황에서 시민들 차원의 운동도 만개했습니다. 지금도 한국의 여러 환경 단체들이 찾아가서 견학을 할 정도로 꾸준히 '재생'의 역사를 축적하고 있습니다.

그러나 여러분도 잘 아시다시피, 인간은 아픔을 금세 잊는 것 같습니다. 이 책에 실린 23가지 자연 파괴의 이야기가 반복된 이유이기도 합니다. 「책머리에」에서 저자는 "지금부터 십수 년 이내에 그 규모는 둘째 치고 어떠한 종류든 파국이 현실화되리라고 본다."라면서 "일본에서 정치의 혼란이나 경제의 부진이 지금처럼 이어진다면, 도카이 대지진이나 후지 산 분화가 일어날 때 어떻게 대응할지 걱정된다."라고 적었습니다. 오싹합니다. 그가 걱정한 것은 자연의 압력에 인류의 폭주가 얽혀 드는 파국이었는데, 지진이라는 자연재해로 현대 사회의 바벨탑(원전)이 흔들린 2011년 3월 11일의 후쿠시마 원전 사고는 그 예측에 거의 그대로 부합하기 때문입니다.

일본에서 이 책이 출간된 것은 3. 11 동일본 대지진 조금 지나서였지만, 그가 집필을 마친 것은 2월이었습니다. 이시 히로유키는 자신이 참조한 문학가들이 '공기의 예사롭지 않음'을 한 발 앞서 감지하는 '탄광의 카나리아' 같은 존재라 말했는데, 책을 쓰며 문학가들과 함께 하는 동안 그 역시 예민한 후각을 갖게 된 것일까요?

또한 여러분이 간과해서는 안 되는 것은, 후쿠시마 사태가 과연 일본에서 일어난 일이었는가 하는 문제입니다. 아니 적어도 일본'만의'

일이었는가를 물어봐 주었으면 합니다. 우리는 '후쿠시마', '일본'이라는 지역과 나라 이름에만 반응하지만, 사고가 일어난 후쿠시마(시청 기준)에서 부산까지는 1059킬로미터, 서울까지는 불과 1188킬로미터 떨어져 있을 뿐입니다. 같은 일본인 규슈의 후쿠오카까지의 거리가 1012킬로미터라 하니, 그렇게 차이가 크지 않습니다. 눈에 보이지 않는 방사능 물질이 국경을 알고 있을까요?

 굳이 거리의 문제를 들지 않더라도 마찬가지입니다. 원전이 없으면 살아갈 수 없다는 이른 체념으로 모자라 외국으로의 수출을 자랑스러워하며, 그런 인식 속에서 원전을 둘러싼 정책을 요만큼도 의심하지 않는 한 우리도 '후쿠시마 권역'에서 자유롭지 않다는 것을 이 책의 바깥에서 다시 한 번 고찰해 주었으면 합니다.

 (주)사이언스북스 편집부는 이번이 책을 옮기는 첫 경험인 제게 구석구석 마음을 써 주셨습니다. 그 중 하나가 저자 이시 히로유키와의 인터뷰를 제안한 것이었습니다. 40여 년 이상 신문사, 국제 무대, 출판계, 교단 등을 가리지 않고 활약한 대선배 기자를 만날 수 있다는 사실에 설렜지만, 아쉽게도 출간 일정과 그의 유럽 여행이 겹쳐 만남은 성사되지 못했습니다. 대신 이메일로 저의 긴 질문에 친절히 답해 주었습니다. 다음에 도쿄에 오면 꼭 만나고 싶다는 말과 함께요.

 『세계 문학 속의 지구 환경 이야기』라는 재미있는 책과 단둘이 몰래 만나 왔던 그동안의 오랜 시간도 여기서 문을 닫아야겠습니다. 미래의 여러분에게 저자와 나눈 대화를 보냅니다.

안은별

1. 먼저 이 책을 쓰게 된 계기를 묻고 싶습니다. 문학 작품에 환경 문제를 접목시킨 형식이 독특합니다.

예전부터 문학 작품 읽는 것을 좋아해서 닥치는 대로 책을 사들여 왔습니다. 그것들을 읽으면서 작가들이 딱히 의식하지는 않았어도 '환경 문제'를 언급하고 있다는 사실을 깨달았습니다. 특히 방아쇠를 당겨 준 작가는 입센이었습니다. 종래의 가치관에 도전하고 사회 문제에 적극적으로 임하려 했던 극작가였지요. 그가 관심 가졌던 주제 가운데 공해 문제가 있고, 영국으로부터 날아오는 산성비에 대해 언급한 작품이 바로 『브란트』입니다.

그러면서 문학가를 비롯한 예술가들은 세상의 움직임을 남보다 앞서 감지하고, 또 그것을 경고하고 있다는 사실을 깨닫게 된 것이지요. 그 후로는 명작을 대할 때 환경 연구자의 눈으로 읽게 되었습니다.

제 나이는 현재 73세입니다. 인생을 오래 살아가다 보면, 전혀 다른 현상에서 공통점이 보이기 시작합니다. 가령 이 책도 그렇습니다만, 그 밖에도 최근 저작인 『역사를 바꾼 화산 분화』, 『철조망의 역사』 역시 그러한 점에 착안했습니다.


2. 책을 쓰기 위해 문학 작품을 선별하는 과정에서 과거에 읽었던 책들을 다시 찾아보는 한편 새로 조사해야 했을 텐데요. 집필 때문에 새롭게 찾아 읽게 된 작품은 무엇이었는지 궁금합니다.

일본에서 찾아 읽을 수 있는 외국 작품은 번역된 작품의 숫자로나 함께 딸려 오는 정보량의 크기로나 유럽과 미국의 것에 편중되기 십상입니다. 그 외의 다른 지역의 작품은 없을까 하고 의도적으로 찾

저자 이시 히로유키

아본 것이 7장에 나오는 하셰우 지 케이루스의 『가뭄』입니다. 스페인 어권에서는 매우 저명한 작가입니다만 일본에는 거의 알려져 있지 않지요. 브라질을 덮친 가뭄에 대한 처절한 묘사에 이끌려 이 작품을 선택하게 됐습니다.

3. '환경 문제'라는 틀로 세계 문학에 접근해 이야기를 확장시키기 위해 상상력이 필요했을 것입니다. 가장 어려움을 겪었던, 혹은 고민했던 부분은 어떤 것인가요?

소설은 아무리 만들어진 이야기라 해도 반드시 그것을 받쳐 주고 있는 역사적 '사실'이 있습니다. 그것을 찾아내는 데 특히 고민을 많이 했던 것 같군요.

4. 《닛케이 에콜로지》에 연재를 할 때 어느 고등학교 선생님이 "문학에 전혀 관심이 없었던 학생이, 환경 문제로부터 문학으로 들어가는 입구를 만들어 줬다."라며 감사하는 편지를 보내왔다고 「후기」에 적으셨어요. 이

어서 지적하신 대로 젊은 시절에 마음에 드는 소설이나 음악, 그림을 만나 취향을 발전시켜 나가는 일은 매우 중요합니다. 선생님은 젊은 시절 어떤 문학 작품에 빠지셨나요? 그리고 환경 문제에 문을 두드리게 된 계기가 있었다면 무엇인가요?

젊은 시절에는 다큐멘터리에 가까운 작품을 많이 읽었습니다. 가령 윌리엄 헨리 허드슨(William Henry Hudson)

옮긴이 안은별

의 『머나먼 나라 아득한 옛날(*Far Away and Long Ago*)』, 카렌 블릭센(Karen Blixen)의 『아웃 오브 아프리카(*Out of Africa*)』 등입니다. 어릴 때부터 식물이나 들새를 굉장히 좋아한 것이 환경 문제에 들어선 동기였다고 생각합니다.

5. 지금까지의 저술 작업에 영향을 준 학자나 작가가 있습니까?

『침묵의 봄(*Silent Spring*)』의 레이철 카슨(Rachel Carson)의 영향이 컸다고 봅니다.

6. 1965년에 아사히신문사에 입사하셨어요. 처음부터 환경 분야를 취재하신 건가요? 저술 활동을 시작하신 1970년대가 일본에서는 국가적 이슈로나 시민 사회의 새로운 주제로나 환경 문제가 크게 대두되기 시작한 시점으로 알려져 있습니다. 개인적으로 어떤 경험이 영향을 주었는지 알고 싶습니다.

말씀하신 대로입니다. 제가 신문사에 입사한 무렵에는 환경 문제가 지면에 거의 등장하지 않았습니다만, 얼마 안 있어 미나마타병이나 이타이이타이병이라는 공해병이 등장하여 일반의 관심이 높아지기 시작했어요. 그러한 의미로서는 일본의 환경 문제 취재에 거의 최초부터 참여했다고 할 수 있겠네요. 대학 시절 생태학을 공부한 것이 그 후 환경 문제를 생각하는 데 있어서 커다란 무기가 되었다고 생각합니다.

7. 책을 읽다 보면 이른바 대재앙은 우리가 통제하기 어려운 지구의 활동만으로 일어나는 일은 아님을 절감하게 됩니다. 거기에는 반드시 인류의 판단 실수나 무절제한 활동이 개입합니다. 이 책을 비롯한 선생님의 저작들은 바로 이 두 가지의 상호 작용을 기록하고 있습니다. 세계사를 인간의 역사만이 아닌 '환경사'로 기술하는 작업은 우리에게 어떤 영향을 주고 있다고 생각하십니까?

아시다시피 일본은 2년 전 커다란 재해를 경험하였습니다. 현재의 과학 기술로는 지진이나 쓰나미를 앞서 예측하는 것은 불가능합니다. 인간은 그저 과거의 교훈으로부터 배워서 도망치거나 벗어날 수밖에 없습니다. 그런 의미에서 많은 이들이 과거로부터 배우는 것의 중요성을 깨닫기 시작한 것으로 보입니다.

8. 다음의 질문에 앞서, 선생님께서는 '환경 문제'라는 용어를 어떻게 정의하고 계신지 여쭙고 싶습니다.

다양한 정의가 있으나 대개가 애매하고 정의라고는 할 수 없는 것들입니다. 저는 "인간의 생명이나 건강에 커다란 영향을 미치는 주변 상황의 변화"라고 정의하고 싶습니다.

9. 환경 문제는 역사의 뒤에 온 자들이 그 짐을 지는 경우가 많습니다. 그래서 환경 보호는 미래를 위한 배려로 이야기되고는 합니다. 문제가 다음 세대에게 전이된다는 인식은 올바른 것일까요? 이기심을 넘어서는 시대적 연대는 어떻게 가능할까요?

옳다고 생각합니다. '세대 간 윤리'라 불러도 좋을 것입니다. 또 하나 반드시 생각해야 할 것은 환경에 대한 대처가 어려운 가난한 나라를 배려하는 '지역 간 윤리'일 테고요.

10. '환경 저널리스트'라는 일에서 다른 활동과 구분되는, 가장 중요한 특징과 유념해야 할 직업윤리가 있었다면 무엇인지 듣고 싶습니다.

'환경 저널리즘'은 과학, 정치, 경제, 사상, 철학이라는 온갖 분야에 횡적으로 '걸쳐서' 대처해야만 하는 일이라고 생각합니다.

11. 저는 1986년에 태어났습니다. 저희 세대는 어릴 적부터 환경 파괴의 경고를 다룬 영화나 만화를 자주 접할 수 있었고, 교과서에서도 이 주제를

중요하게 다루었기에 '자원을 아끼고 환경을 보호하자.'라는 문제의식 자체에는 친숙합니다. 그러나 그런 교육의 효과가 성인이 된 후에도 실제의 삶에서 실천적으로 작동하고 있는지 의문이 많습니다. 일본도 비슷하지 않을까 생각합니다. 교육의 비중과 실제의 관심 및 실천 사이에 괴리가 있다면, 어떠한 방식으로 개선해 나가야 한다고 생각하십니까?

동감입니다. 젊은 시절 환경 문제에 관심을 가졌던 사람들이 회사에 들어가 지위가 올라감에 따라 반환경적인 행동을 하고 있는 경우를 자주 목격합니다. 교육과 실천을 맺어 주기 위해서는 시민 활동이나 NGO의 힘이 중요하다고 생각합니다.


12. 지금까지 다루어 오신 국경을 넘어가는 대기 오염, 대륙 간 이동이 초래한 문명의 파괴 등 지구 환경과 인간의 삶에 걸쳐 있는 다양한 문제들은 일국의 노력을 넘어 전 세계적인 협력을 요구합니다. 이러한 일들은 세계의 엘리트들이 제도적으로 풀어 나가야 하는 부분입니다. 그러나 우리가 집 앞마당에서 해결해 나갈 수 있는 일들도 있지요. 나부터 바꾸는 것이 먼저일까요, 더 크고 근본적인 차원을 바라보는 것이 먼저일까요?

역시 개인의 노력이 가장 큽니다. 특히 민주주의 국가에서는 유권자가 투표로 환경 문제에 잘 임해 줄 수 있는 정치가를 뽑는 것이 중요합니다. 물론 시간이 걸리겠지만요.


13. UNEP 상급 고문(1985~1987년) 등 국제 무대에서 활동한 경험은 선생님을 어떻게 변화시켰습니까? 오염 자체가 국경을 가리지 않는 한편, 그 해결도 국제 정치의 복잡한 과정과 맞물려 있습니다. 그런 만큼 각국의

협력이 점점 더 중요해지고 있는데요. 선생님이 현장에서 느낀 바가 있다면 들려주십시오.

UN 등 국제기구에서 일해 보니 지구의 장래를 걱정하는 것은 누구나 마찬가지라는 생각이 강하게 들었습니다. 그러나 나라에 따라서는 일단 개발하는 것이 중요하여 환경에 적극적으로 힘을 쏟을 수만은 없는 곳도 많이 있습니다. 시간이 많이 걸리겠지만 그런 나라에 원조를 하면서 조금씩 바꿔 나가지 않으면 안 되리라고 봅니다.

덧붙여 바깥으로는 중국이 반발하고 있는 것처럼 보여도 현재 매우 심각한 환경 문제를 떠안고 있기 때문에 방향키를 크게 돌려 잡기 시작했다고 봅니다. 환경 개선을 위한 투자는 단기적으로는 손해처럼 보여도, 결국에는 득이 될 것이라는 점을 인식하게 된 것이겠지요.

14. 일본에서 이 책이 출간된 무렵 인류는 '후쿠시마 사태'에 직면했습니다. 저는 3. 11 동일본 대지진 당시 일본으로 파견되어 미야기 현에서 이와테 현에 이르는 지진 피해 현장을 취재하는 과정에서 큰 충격을 받았는데요. 현장에서 피부로 느낀 위험보다 한국에서 들려오는 방사능 물질 관련 뉴스가 더 급박했던 기억도 납니다. 위험 판단을 외부의 언어에 의존해야만 하는 상황이었다고 할까요. 선생님은 당시 어떤 생각을 하셨는지 궁금합니다.

저는 오랫동안 원자력 발전소 관련 보도를 해 왔습니다. 스리마일 원자력 발전소나 체르노빌 원자력 발전소의 사고 현장에도 갔었지요. 후쿠시마 원전의 뉴스를 들었을 때 "결국 와야 할 것이 왔는가."라는 생각을 강하게 했습니다. 그리고 이 사고는 인류사의 전환점이 되리라는 생각도 들었습니다.

15. 선생님 삶에 있어 '3. 11'은 어떤 사건이었습니까. 그리고 후쿠시마 사태 이후 개인적인 생각이나 삶에서 변화한 것이 있다면 무엇입니까. 또 그 일로 일본인의 삶이 변했다면 어떤 것이었는지도 듣고 싶습니다.

안타깝게도 아직 제 감정이 정리되지 않아서 …… 코멘트하기 어렵군요.

16. 이후 2년여의 시간, 대규모 반원전 집회가 개최되기도 했지만 결국 원전은 다시 가동되고 있습니다. 원전은 '필요악'이고 우리는 그것을 지속할 수밖에 없을까요? 숫자를 줄이는 것이 해답일까요?

이번 원전 사고를 중요한 교훈으로 삼아 이후의 안전을 위해 무엇을 배워서 자기 것으로 만드는가는 일본인에게 부과된 매우 중요한 문제입니다. 현재 상황은 완전히 정부 주도로 원전의 재개에 돌진하고 있다는 느낌이 듭니다. 그러나 전력 수요의 3분의 1 정도를 원전에 의존하고 있기에 그것을 갑자기 모두 없애는 것은 어렵습니다. 경제에 미치는 영향이 너무 크지요. 국제적으로 협력하여 안전한 원전을 만드는 데 힘을 쏟거나 폐기물을 안정적으로 처리하는 방책을 만들어 내는 노력이 필요하다고 생각합니다. 반대를 외치기만 해서는 아무것도 해결할 수 없습니다.

17. 이 책에 나온 여러 사례처럼 환경사 속에서 인류는 폭주를 계속하고 실수를 반복해 왔습니다. 그런데도 낙관이 가능할까요? 앞으로도 인류는

같은 실수를 반복할 거라고 보십니까?

이 책의 목적은 인류의 폭주가 무엇을 불러왔는지를 세계 명작 속에서 추출해 보는 것이었습니다. 앞으로도 우리는 폭주와 그 외상으로 괴로워할 수밖에 없을 것입니다. 그러나 지금부터 몇 억 년 이후에라도 인류는 지구에서 계속 살아갈 수밖에 없습니다. 절망은 쉽겠지만, 우리는 자손을 위해서라도 해결책을 모색해 나가야만 하겠지요.

18. 그렇다면 파국을 막기 위해 우리 한 명 한 명이 할 수 있는 일은 무엇일까요. 이제 이 책을 접하게 될 한국 독자, 특히 청소년들에게 당부하고 싶은 것이 있다면 말씀해 주세요.

너무나도 거대한 문제이기에 간단히 대답하기는 어렵지만, 우선 자기 주변의 환경 문제에 관심을 기울여 달라고 호소하고 싶습니다.

19. 40년 이상 환경 문제 전문가로 다양한 분야에서 활동하면서도 아쉬움이 남는 부분, 다음 세대가 연구하거나 밝혀 주었으면 하고 생각하는 '물음'이 있다면 가르쳐 주십시오.

인구 증가와 인류가 소비하는 자원의 증대는 계속될 것입니다. 어떻게 하면 인류가 멈춰 설 수 있을지, 그것을 묻고 밝혀 준다면 좋겠습니다.

## 도판 저작권

원작자의 초상 사진 등 일부 생략한 것도 있다.

교도통신사

장웅 사진(15쪽)  Photo: Kyodo News / 4-2(93쪽)

1-1 China Institute: Contemporary Record of Photograpyh(18쪽) / 1-2 Frank Dikotter, *Mao's Great Famine: The History of China's Most Devastating Catastrophe, 1958-62*, Bloomsbury Publishing PLC(23쪽) / 1-3 Frank Dikotter, *Mao's Great Famine: The History of China's Most Devastating Catastrophe, 1958-62*, Bloomsbury Publishing PLC(26쪽) / 3-1 *The Manhattan Rare Book Company Catalogue*(61쪽) / 3-2 http://www.paranormalknowledge.com(66쪽) / 3-3 United States Library of Congress(http://www.loc.gov/index.html)(69쪽) / 5-1 Armed Forces Institute of Pathology, Washington, D.C.(http://www.afip.org/)(110쪽) / 5-2 Daily Mail on line (http://www.dailymail.co.uk/news/article-1083095/)(117쪽) / 6-1 《아사히 신문(朝日新聞)》1920년 1월 12일(130쪽) / 7-2 오이스카 인터내셔널(148쪽) / 7-3 Ana Kojima(160쪽) / 8-1 Mark Twain, *King Lepold's Soliloquy: A Defense of His Congo Rule*, The P. R. Warren Co.(170쪽) / 8-2 United States Library of Congress's Prints and Photographs division(173쪽) / 8-3 Water and Stain사 카탈로그(176쪽) / 9-2 고니시 시로(小西四郞), 오카 히데유키(岡秀行)구성 『백년 전의 일본: 세일럼·피바디 박물관 소장 모스 콜렉션(사진편)』(百年前の日本: セイラム・ピーボディ博物館藏 モース コレクション(寫眞編)』 쇼가쿠칸(小學館), 1983년(208쪽) / 10-1 The Lilly Library(http://www.indiana.edu/~liblilly/index.php)(218쪽) / 10-2 http://aliceinwonderland.wikia.com/wiki/The_Mad_Hatter(220쪽) / 10-3 Leonard J. Goldwater, *Mercury: A History of Quicksilver*, York Press(232쪽) / 11-2 http://www.mythfolklore.net/3043mythfolklore/reading/grimm/images/rack-hansnsel.htm(244쪽) / 11-3 Catalogues: Rijksmuseum Vicent van Gogh, Amsterdam(250쪽) / 12-1 The Encyclopedia of Earth(http://www.eoearth.org/)(264쪽) / 12-2 http://www.eoearth.org/article/London_smog_disaster,_England(268쪽)

다음은 저자가 촬영한 것이다.

2-1(41쪽), 4-3(95쪽), 4-4(97쪽), 4-5(98쪽), 11-1(242쪽), 12-3(275쪽)

안은별 사진(301쪽)  최형락

# 찾아보기

## 가

가고시마 204
가고시마 현 230
가나가와 현 96
가나사카 기요노리 190
『가나안』 162
가네다 기이치 239
가네야마 정 188
가네코 마사미 202
가노 지고로 209
《가디언》 27
가마쿠라 시대 90
『가뭄』 146, 147, 152, 161
「가시덤불 속의 유대 인」 240
가쓰 가이슈 202
가쓰 우메타로 202
가이거, 로버트 68
「가족」 139
가쿠타 슌 260
가톨릭 221
간다 리에 251
간쑤 성 19, 28, 98
간토 44
간토 대지진 45, 125, 209
「감기의 병상에서」 134
「감기 한 다발」 123
감자 144, 250~251
개척사 200
『거울 나라의 앨리스』 218, 219
검은 목요일 64
「검은 신, 하얀 악마」 162
검은 일요일 269
게르만 족 251~252
게이오 대학교 132
게이주쓰자 138

겐로쿠 44
결핵 137, 155, 233
계절성 인플루엔자 140
고구려 88
고다이메 나카무라 우타에몬 222
고대 그리스 118, 194
고대 로마 223
고대 아테네 222
고대 이집트 178, 222
고대 중국 226
고도칸 209
고무 157, 163, 169~170
고무나무 157
고비 사막 92, 156
『고사기』 214
고신에쓰 45
고쓰나기 188
『고양이 대학살』 246
「고집 센 아이」 241
골드러시 156
『공군 대작전』 122
공산당 15, 18, 22, 25~26, 77, 84
공산주의자 61
공업 암화 265
『과학자로서의 미야자와 겐지』 43
광둥 103
괴테 238
교토 189
교토 대학교 190
교토 부 136
교호 43
구로이시 188
구마모토 시 244
구마모토 현 230
구보타 만타로 125

309

구석기 시대 222
구스모토 이네 201
『구스코 부도리의 전기』 37, 41, 42, 46~47, 245
『구약 성서』 61, 62
구이저우 성 30
국공 내전 84
국공 합작 84
국민당 16, 84
『국부론』 251
국제 연합 개발 계획(UNDP) 80
국제 연합 식량 농업 기구(FAO) 141
국제 연합 환경 계획(UNEP) 8
국제 연합(UN) 35, 147
국제 지구 관측년(IGY) 54
『굶주린 유령들: 비밀에 부쳐진 마오쩌둥 중국의 기근』 28
『굶주림의 길』 162
굿이어, 찰스 157
규슈 89, 204
그램피언 산맥 274
『그레이트 인플루엔자』 108
그레이트솔트 호 262
그리그, 에드바르 258
그리스 178
그리스·로마 시대 223
그리스도 197
그리핀 216
『그림 동화: 메르헨의 심층』 236
『그림 동화집』(『어린이와 가정을 위한 옛이야기집』) 237
『그림 동화집』 235~236, 239, 241, 245, 248, 251~252
『그림 형제 동화집』 239, 241
그림 형제 235, 239~240
그림, 빌헬름 237
그림, 야코프 237
『근세의 기근』 44
글랜츠, 마이클 80
금(金) 98

금성 52
급성뇌증 112
기근 6, 15, 27, 29, 43~45, 245, 247~248
기니 만 171~179
기독교 83, 179, 205
기로 민담 245
기번, 에드워드 8
기시다 구니오 123, 125~126
기시다 구니오 희곡상 126
기시다 에리코 125
기시다 쿄코 125
기이 반도 136
기쿠치 간 125, 218
기쿠치 이사오 44
기타노 가타 90
기타큐슈 시 89
『기호 논리학』 219
기후 변동에 관한 정부 간 패널 53
『긴 계곡』 61
긴키 지방 136
『꽃피는 유다 나무』 108
『끝없는 대지 162』

## 나

나가노 현 45
나가사와 사이스케 218
나가사키 137, 190, 200
나가오카쿄 230
나라 시 229
『나라야마 부시코』 245
나라 현 136
나루세 도시로 87
『나르키소스호의 검둥이』 167
나보코프, 블라디미르 219
나쓰메 소세키 134, 260, 266
나우루 116
『나의 조국, 중국의 비참한 진실』 29
나이지리아 179
나일 강 178
나치 27, 171, 241

나카마 시 89
나폴레옹(보나파르트, 나폴레옹) 51, 239
나폴리 232
「낙타 샹즈」 85
『낙타 샹즈』 81, 84
『난류』 126
난부 번 44~45
난요 시 188
난타이 산 192
남극 55
남극점 55
남로디지아(현 짐바브웨) 115
남북 전쟁 73
『남사』 87
남아메리카 113, 115, 150, 154~155, 157
남태평양 116
납 중독 223
낭만주의 238
낭트 칙령 221
내몽골 93
냉해 37, 43, 45~47
『냉해의 역사』 43
네덜란드 190, 223, 227, 232~233
네바다 주 66
《네이처》 208, 274
네팔 189
『노』 136
「노간주나무」 245
노르데스테 147~150, 152~153, 156~159, 161~162
노르데스테 문학 161, 163
노르데스테 지방 143, 145~146
노르웨이 6, 255, 258, 272~276
노벨 문학상 61
노벨 화학상 51
노스다코타 주 70, 73
노스캐롤라이나 주 73
노팅엄 271
「농민의 결혼식」 242
높새바람 43

《뉴 리퍼블릭》 68
뉴딜 정책 66
뉴멕시코 주 68
《뉴스위크》 69
뉴욕 64, 67, 112, 116, 177
뉴욕 주 72, 112
《뉴욕 타임스》 67
뉴저지 주 120
뉴질랜드 116
「늑대와 7마리 아기 염소」 239
니가타 현 45, 230
니오스 호수 50
니우 강 226
닛코 188, 192~193, 214
닛코 시 259

## 다

다게레오 타입 221
다게르, 루이 자크 망데 221~222
다나카 미노루 43
다나카다테 히데조 49
다니 감기 136
다르에스살람 174
다마쓰쿠리 군 89
다쓰노 긴고 138
다윈, 찰스 로버트 207
다이쇼 132, 181
다이야 강 193
다자이 오사무상 135
다카하시 고레키요 138
다케다노미야 쓰네히사 138
다테베 세이안 44
단턴, 로버트 246
『달이 지다』 61
당(唐) 19, 180
대가뭄(Grande Seca) 150
대공황 59, 66, 72
대관개 운동 26
대기 순환 모델 57
대기 오염 6, 255, 257, 260~261, 263, 265,

269, 271~272, 275
『대기와 비: 화학적 기상학의 시초』 263
대기 정화법 270~271
대류권 48
『대륙의 딸』 15, 17, 19~20, 24
대서양 145, 148~149
대약진 운동 17, 21, 25, 31
『대일본연해여지전도』 201
대정익찬회 125
『대지의 아들』 32
『대초원의 작은 집』 73
대평원 65, 70, 73~74
대회전 22
『더스트 볼: 1930년대의 대평원』 75
더스트 볼 65, 67~68
덩샤오핑 31, 33
데뷰, 앙리 앙투안 265
데어스베리 217
데이비스, 피트 111
데이턴 206
데지마 200, 233
덴마크 239, 253
덴마크 인 212
덴메이 43~44
덴버 107~108
덴포 43, 45
뎀, 조니 220
도노라 271
도다이지 229
『도다이지 대불기』 229
『도롱뇽과의 전쟁』 9
도마코마이 188
도쇼구 192
도야마 마사카즈 205
『도오노 모노가타리』 245
도일, 코난 266
도지슨, 찰스 루트위지(캐럴, 루이스) 217, 219, 221
도쿄 40, 92, 125, 127~129, 188, 190, 205, 210~211, 214

도쿄 대학교 128, 205~206, 208~209, 214
도쿄 도 46
도쿄 디즈니랜드 220
도쿄 미술 학교 209
도쿄 부 46
도쿄 제국 대학교 125, 133~134
도쿠가와 바쿠후 193
도쿠가와 이에야스 193
도쿠시마 현 224
도호쿠 37, 40, 43, 46, 189, 195
도호쿠 지방 42, 45, 47, 194
독일 114, 116, 169, 233, 237~238, 243, 246~247, 252~253, 276
『독일어 사전』 237
독일인 49, 241
『돌의 길』 161
동남아시아 142, 154, 180
「동물의 사육제」 173
동아시아 179
동아프리카 49, 168
동유럽 77, 253
동진(東晉) 227
돼지 인플루엔자 121
두보 91
디스바흐 백작 200
디즈니, 월터 140
디쾨터, 프랑크 27
디킨스, 찰스 266
디트로이트 112
디프테리아 155
딘, 제임스 61~62

## 라

「라 트라비아타」 269
라도엔클레이브(현 우간다) 174
라모스, 그라실리아누 161~162
라오서 33, 81, 83~86
라쿠노가쿠인 대학교 202
래컴, 아서 244
《랜싯》 111, 266

랭커셔 272
랴오닝 성 98
량효성 32
러시아 75, 113, 119~121, 167, 183, 232, 250, 261
러시아 독감 120
러시아 아카데미 지리학 연구소 79
러시아 혁명 76
러일 전쟁 211
《런던 타임스》 262, 265, 269
런던 120, 165, 265, 268~269, 271~272
『런던탑』 267
레벨, 로저 54
레분게 198
레오폴드 2세 168~170
레이어스(희토류 원소) 50
레트로스크린 바이러스 연구소 110
로런스, 데이비드 허버트 267, 269
로마 119, 179
『로마 제국 쇠망사』 8
로샤, 글라우버 162
로쿠고 195
로키 산맥 69, 189
『로키 산맥 답파 여행』 189
《로키 마운틴 뉴스》 107
론 강 179
『롤리타』 219
롤리타 콤플렉스 219
료리 55
루덴도르프, 에리히 프리드리히 빌헬름 118
루소, 장 자크 244
루스벨트, 프랭클린 델러노 66, 71, 139
루이 14세 180, 221
류사오치 31
류큐 233
르나르, 쥘 126
르블랑법 261~262
르완다 50, 171, 183
리빙스턴, 데이비드 169
리센코 학설 27

리스본 157
리스트, 프란츠 폰 177
리우데자네이루 146~147, 149
리즈수이 21
링즈펑 85

마
마나베 슈쿠로 56
마나우스 157
마라냥 주 147
마르부르크 대학교 237
마른 강 118
마리나 2호 52
마리 앙투아네트 180
마쓰오 바쇼 89~90
마쓰이 스미코 138
『마오: 알려지지 않은 이야기들』 17
마오쩌둥 16~18, 21~22, 25~26, 31~32, 36, 103
마왕퇴 한묘 227
마우나로아 관측소 57
마우나로아 산 55
마인추 33
마키 아쓰마 206
마키노 노부아키 209
만리장성 94, 98~99, 159
『만요슈』 89
만주 전쟁 84
말라리아 155, 210
말라야(말레이시아) 158
말레이 반도 189
말레이시아 158, 167
매독 231, 233
매드 해터 215, 216, 220
매사추세츠 주 112
『매연 대책론』 261
맨체스터 264
메니시, 에밀리우 가라스타주 159
「메마른 삶」 162
메이와 44

메이지 88, 127, 132, 202, 209, 212, 260
메이지 대학교 125~126
메이지 시대 10, 45, 200, 222, 259
메이지 유신 187, 204, 213
메이지 천황 201
메인 주 206
멕시코 148, 231, 271
멕시코 만 271
명(明) 98~99
모게르, 후안 데 231~232
모나운 호수 50
모래 폭풍 65, 67
모로코 190
모리 미쓰야 6
모리 오가이 260
모리오카 번 44~45
모리타 소헤이 134
모세 62
모스, 새뮤얼 핀리 브리즈 206
모스, 에드워드 실베스터 187, 201, 204~206, 208~210, 212
모스크바 78
모잠비크 183
모차르트 176, 233
『모택동의 사생활』 21
『목사』 260
목탄 19, 99, 260~262
몬베쓰 188
몬태나 주 67, 116
무나카타 시코 41
무라야마 카이타 138
무로란 188
무로토 태풍 45
무샤노코지 사네아쓰 135
문화 대혁명 84~85
문화 혁명 15~16, 31~32
뭉크, 에드바르트 139
미국 36, 47, 52, 54, 64~69, 72, 74~75, 77, 80, 102~103, 108, 110, 112~113, 116, 122, 126, 136, 140, 150, 157~158, 168, 173, 183, 187, 189, 200, 204~206, 210, 221, 228, 243, 251, 262, 265, 271
미국 연방 식품 의약국(FDA) 228, 234
미국인 64, 70, 202, 209
미국 질병 통제 센터(CDC) 121
『미국판 출애굽기』 70
미나마타병 229~230
미나마타 시 230
미나마타 조약 233~234
미나모토노 요시쓰네 89
미나미토리 섬 55
미야기 현 42, 46, 89
미야모토 쓰네이치 212
미야오 도미코 135
미야자와 겐지 37, 40~43, 45~46, 48~49, 53, 139
미야자키 하야오 99
미얀마 35
미에 현 136, 224
미주리 주 65, 171
미즈카미 쓰토무 85
『민간비황록』 44

## 바

『바람과 함께 사라지다』 61
바로크 223
바스코 다가마 232
바이아 주 147, 153, 160, 162
바이오 연료 159
바이킹 273
바쿠후 202, 212
바흐, 요한 제바스티안 176
바흐, 카를 필리프 에마누엘 176
『박물지』 126
반계몽주의 238
반데이라 156
반데이란테스 156
반제국주의 83
반진화론법 206
반합리주의 238

배냉 179
배리, 존 108
「백설 공주」 241, 252
『백일의 유령』 206
백일해 155
백제 88
버드, 이사벨라 루시(비숍, 이사벨라 버드)
　　187~188, 190, 192, 194~195, 197, 200,
　　202~203, 208, 212
버드, 헨리에타 188
버지니아 주 72, 112
베네라 9호 52
베르디체프 167
베를린 117
베를린 국제영화제 163
베버, 막스 139
베이비 포스트 243
베이징 24, 27, 81, 83, 85~86, 91~94, 103
베이징 대학교 25, 31, 33
베이핑 81, 83
베커, 재스퍼 27
베트남 36, 121
베트남 전쟁 159
벨, 월터 D. M. 174
벨기에 168~169, 172, 262
벨기에령 콩고(현 콩고 민주 공화국, 구 자이르)
　　115, 168
벨렘 147, 157
병마용갱 97
보나파르트, 나폴레옹(나폴레옹) 51, 239
보스턴 112, 207, 210
보스턴 미술관 209
보하이 만 96
볼리비아 161
볼테르 232
『봄과 아수라』 41
북로디지아(현 잠비아) 115
북아메리카 70, 113, 261
북위(北魏) 98
북유럽 6, 255, 270~271, 274

북프랑스 110
분가쿠자 125
『분노의 포도』 59, 61, 62, 64, 146
불라와요 115
『브라스 쿠바스의 추억』 162
브라질 143, 145~148, 152~154, 156,
　　158~159, 161~163
『브란트』 6, 255, 258, 260, 272, 275
「브레멘 음악대」 239
브레스트 112
브뢰거, 발데마르 크리스토퍼 272
브뤼헐 242
블래키스턴, 토머스 라이트 202
블리자드 66
비라토리 188, 202
『비밀 정보원』 167
BBC 17
비숍, 이사벨라 버드(버드, 이사벨라 루시)
　　187~188, 190, 192, 194~195, 197, 200,
　　202~203, 208, 212
비숍, 존 189
비스마르크 169
비잔틴 제국 179
비젠 226
빈 177
빌헬름 2세 140
빙하기 48
「빨간 모자」 239, 252
「빨간 모자를 쓴 소녀」 223
『빨간 조랑말』 61

**사**

사, 멤 데 154
사가 현 224, 226
『사기』 94, 97, 226
『사랑과 죽음』 135
사마천 94, 226
사바나 14/
『사세동당』 85
사이고 다카모리 139, 204

사이고 도라타로 139
사이토 분이치 43
사진 79, 160, 169, 208~209, 217, 219, 221~222
『4000만 명을 죽인 인플루엔자』 111
『사탕수수 찌꺼기』 161
사탕수수 153~154, 157, 159, 160~161
사토, 어니스트 213
사해 262
『사해문서』 223
사회주의 77
사회주의자 82, 125
산둥 대학교 84
산둥 성 83, 96
산성비 262~263, 270, 272~276
산시 성 22, 95
산업 혁명 19, 55, 137, 177, 210~211
산토리니 섬(테라 섬) 49
산토리니 화산 49
산토스, 넬슨 페레이라 도스 162
살레스, 월터 162
살리나스 61
살바르산 233
『삼국사기』 88
삼림 파괴 72, 96, 154, 262
상아 165~166, 169~174, 176~186
상트페테르부르크 119
상파울루 145, 149, 156
상하이 103
샌프란시스코 204
생상스, 카미유 173
『생쥐와 인간에 대하여』 61
샤칭 28
샤피로, 주디스 36
샹탄 현 21
『서구인의 눈으로』 167
서사모아(현 사모아) 116
서아프리카 50, 112, 115
서유럽 262, 276
석기 시대 207

석유 159, 163, 227, 271
석탄 19, 20, 40, 52~53, 234, 257, 260~261, 263, 268, 271
선양 시 102
설탕 154~156, 161
『섬의 부랑자』 167
성층권 48
세계 기상 기구(WMO) 55
세계 대공황 45, 64, 69
세계 대전 163
세계 보건 기구(WHO) 121
세계 자연 보전 기금(WWF) 182
세계 자연 보전 연맹(IUCN) 182
『세계의 황사·먼지바람』 87
세르탕 147, 149~150, 152, 162
세리자와 고지로 132~133
『3명의 마리아』 161
세아라 주 144~145, 147
세이난 전쟁 204
세이조 대학교 6
세인트루이스 171
세인트루이스 만국 박람회 170
세키네 쇼지 138
세하도 160
셜록 홈즈 시리즈 266
셰익스피어 259
소년 십자군 243
소련 18, 27, 52, 55, 64, 75~78, 183
소련 독감 121
소르본 대학교 125, 133
소말리아 183
『속일본기』 226
솔베이법 262
송(宋) 228
쇼소인 180
쇼와 132, 181, 206
쇼와 금융 공황 45
『쇼와 도호쿠 대흉작』 46
쇼와 시대 45
쇼팽, 프레데릭 프랑수아 177

수단 내전 185
수은 215, 221~224, 226~231, 233~234
수은 요법 233
수은 중독 215, 220~221, 226, 228~230, 233
수질 오염 259
『수호전』 227
『숲과 인간』 251
슈만 238
슈베르트 233, 238
「슈슈」 32
슈타이나우 237
슈투름 운트 드랑(질풍노도) 238
슈퍼 컴퓨터 56
슐레지엔 250
스기타 겐바쿠 45
『스나크 사냥』 219
스리나가르 189
스리랑카 158
스모그 265~266, 268~272, 274
스모 독감 127
스미스, 로버트 앵거스 262~263
스미스, 애덤 251
스미스, 허버트 헌팅턴 150
스에마쓰 노리즈미 138
스웬손, 에두아르드 212
《스웨덴 과학 아카데미 회보》 51
스웨덴 6, 51, 53, 190, 233, 273, 275~276
스위스 133, 184, 192
스즈키 세이후 90
스즈키 소사쿠 125
스즈키 쇼 236, 240
스칸디나비아 261
스칸디나비아 반도 272
스코틀랜드 274
「스코틀랜드 고지 일대에 떨어져 내린 검은 산성눈」 274
스크립스 해양 연구소 54~55
스타인벡, 존 언스트 59, 61~62
스탠리, 헨리 모턴 168
스탠퍼드 대학교 61

스테성 32
스톡홀름 276
스페인 113, 116~117, 119, 223, 231~232
스페인 독감 8, 105, 108, 110, 113~114, 117, 119, 120~124, 126~127, 133, 135~139, 141
「스페인 독감 후의 자화상」 139
슬라브 족 243
슬로베니아 122
시가 나오야 135
시가 현 136
『시경』 87
『시대의 풍음』 99
시라스카 고헤이 229~230
시라오이 188
《시라카바》 135
시르다리야 강 79
시리아 178
시마무라 호게쓰 138
시바 료타로 99
시베리아 121, 140, 167
시안 사건 84
시안 97
시양 현 22
시에라리온 112, 115
시엔 258
시우바·루이스 이나시우 룰라 다 149
시즈오카 현 132
시칠리아 섬 261
시카고 68, 116
시토마에 관문 89
시황제 226
식민주의 167~168
신라 88
신바시 204
신성 로마 제국 247
『신약 성서』 62, 107
『신판 매연 대책론』 261
실러, 요한 크리스토프 프리드리히 폰 238
실레, 에곤 139
실론 섬(스리랑카) 158

찾아보기 317

『실비와 브루노』 219
『실설초평기』 133, 134
실크로드 180
심근염 112
십자군 243
쑨젠하이 30
쓰가루 번 45
쓰나미 43
쓰보우치 소요 260
쓰보우치 유조 209
쓰촨 대학교 16
쓰촨 성 16, 96

## 아

아가노 강 230
아나키스트 125
《아동문학》 41
『아동의 탄생』 241
아라냐, 주제 페레이아 다 그라사 162
아라비아 179
아랄 해 79~80
아랍 179, 181
아레니우스, 스반테 아우구스트 51~54
아루가 나가오 209
아르카디아 193
아리에스, 필립 241
「아마데우스」 176
아마존 143~145, 147, 153, 157~161
아마존 횡단 고속도로 146, 159
아마카스 마사히코 125
아말감 234
아메리카 122, 130, 132, 141, 155, 171, 174, 177, 209
아무다리야 강 79
아방궁 97
아베 긴야 241, 243
아사마 산 44
《아사히신문》 126, 127, 132
아스완 178
아스타나(첼리노그라드) 77

아시스, 조아킹 마리아 마샤두 지 162
아시아 35, 113~114, 119, 141, 165, 180
아시아 독감 121
아시오 광산 259
아시오 지구 259
아오모리 188, 195
아오모리 현 42, 44, 46
아우슈비츠 강제 수용소 27
아이누 196, 198, 199
아이누 문화의 진흥 및 아이누의 전통 등에 관한 지식의 보급 및 계발에 관한 법률(아이누 문화 진흥법) 200
아이누설 208
「아이누의 독화살」 208
아이누 인 195, 208
아이누 족 188, 197, 200
「아이들의 왕」 32
아이보리턴 173, 177
아이오와 주 116
IUCN(세계 자연 보전 연맹) 184
아일랜드 251
아일랜드 인 251
아조레스 제도 154
아카데미상 61, 163
아쿠타가와 류노스케 134, 218
아키타 시 188
아키타 현 42, 195
아테네 118
아틀라스 산맥 179
아틀란티스 49
아폴리네르, 기욤 114, 139
아프리카 7, 114~116, 119, 154~156, 165, 169, 171, 173~174, 178~179, 181~184, 186
아프리카 대전 183
아프리카 인 186
『안데르센 동화집』 239
안양 시 87
안후이 성 30
『알고 보면 무시무시한 그림 동화』 240
알라고아스 주 161

알래스카 140
알랭카르, 조제 지 145
알마덴 223
알메이다, 주제 아메리코 지 161
알제리 179
알칼리 법 262
알타미라 동굴 222
알프스 179
암리차르 189
암흑의 일요일 67
『암흑의 핵심』 167~168, 171, 186
앙리 4세 221
애거시, 루이 207
애더믹 루이스 122
애제 227
『앨리스 이야기』 218
야나기타 구니오 245
야노 유적 224
야마가타 90
야마가타 시 188
야마가타 현 42, 91, 188, 193, 226
야마나시 현 45
야마시타 후미오 46
야마자키 도요코 32
야마타이 국 226
야요이 시대 224
양쯔 강 101, 190
『어른들도 오싹해 하는 초판 그림 동화』 240
에그넬, 한스 275
에노시마 205, 211
에노시마 임해 실험소 205
「에덴의 동쪽」 61
『에덴의 동쪽』 61
에도 190
『에도 막말 체재기』 212
에도 바쿠후 136
에도 시대 43, 89, 136, 180, 199, 222, 228
에든버러 189
에벌린, 존 261
에어로졸 48

에이즈 111
에이즈 바이러스 141
AP통신 68
에조 195~196, 202
「에조 섬에서의 아이누의 민족학적 연구」 208
에조지 199
에타플 110
에탄올 153, 161, 163
에토로후 섬 129
에티오피아 179, 183
FDA(미국 연방 식품 의약국) 228, 234
에히메 현 127
NCR 상 17
엘레판티네 섬 178
엘리엇, 토머스 스턴스 168
엘베 강 243
「연안에서 온 딸」 32
열대병 56
열대 수렵대 147
영국 6, 8, 10, 16~18, 27, 48, 51, 54, 84,
  110~111, 113, 119, 137, 167~168, 187~188,
  192, 201~203, 221, 232, 246, 251, 257,
  260~262, 264, 267, 271~272, 274, 276
영국인 165
0호 환자 108, 111, 231
예수 62
예수회 232
예신 32
옌징 대학교 84
오고마 감기 136
오기노 미호 243
오닐, 유진 글래드스턴 168
오다 노부나가 228
오다와라 214
오다테 188
오덴, 스반테 275
오로라 55
오마가리 188
오만 179
오모노 강 195

오모리 204
오모리 패총 201, 204, 207~208
오비나자와 시 226
5.4 운동 83
오사카 189, 233
오사카 부 136
오샤만베 188
오세아니아 113
오스기 사카에 125
오스트레일리아 251
오스트리아 177, 247, 250
오스트리아-헝가리 제국 122, 212
오슬로 대학교 273
오시치 감기 136
오쓰카 마코토 133
「오염된 눈」 272
오웰, 조지 9, 168
오즈 정(현 오즈 시) 127
『오지』 162
오지히로 유적 224
오카쿠라 가쿠조 209
『오쿠노 호소미치』 89
오클라호마 주 59, 68~70
오키나와 233
오하라, 존 122
옥스퍼드 111, 220
옥스퍼드, 존 110
온가 강 89
온가 군 89
온난화 37, 42, 48, 51~54, 56~57
온실 효과 51
올도이뇨 렝가이 화산 49
옴 진리교 사건 10
와카사 만 136
와카야마 현 136
와타나베 고한 134
완족류 204~205
왓슨, R. G. 213
요네자와 193
요네자와 시 188

요사노 아키코 134
요시노가리 유적 224
요코테 188, 195
요코하마 187, 190, 198, 203~204, 212~214
《요코하마무역신보》(현 《가나가와신문》) 135
요크셔 189, 271~272, 274
「요한 계시록」 62, 107
『용수구』 85
우간다 183, 185
우레시노 정 226
『우산 호텔』 126
우웨이 시 19
우즈베키스탄 79
우치다 핫켄 133~134
우치우라 만(분카 만) 198, 202
우크라이나 76, 167
워스터, 도널드 75
워싱턴 68, 117
워싱턴 조약 184~185
웨더럴드, 리처드 56
위스콘신 주 73
『위지 왜인전』 226
윈난 성 180
윌리엄스, 에릭 유스터스 154
윌슨, 우드로 140
유고슬라비아 171
유교 102
유대교 223
유대 인 171, 240~241
유럽 5, 63, 72, 111~116, 118~120, 122, 127, 130, 132, 141, 154, 156~157, 168, 171, 174, 177, 180, 184, 200~201, 205, 209, 221, 223, 233, 239, 243, 246~248, 250~251, 253, 259, 276
유럽 인 155, 251
『유럽 중세의 우주관』 241
『유령』 259
UNEP(국제 연합 환경 계획) 156
UN(국제 연합) 환경 회의 276
유자와 188

유타 주 262
「유행 감기와 이시」 135
유행성 감기 127~129, 134, 136
『유행성 감기: '스페인 독감' 대유행의 기록』 130
유행성 이하선염 155
「66번 도로」 70
66번 도로 71
은(殷) 87
「의사의 아들」 122
의화단 사건 83
이노 다다다카 201
이노우에 가오루 201
이노우에 야스시 85
『이라세마: 브라질 세아라의 전승』 145
이라크 189, 230~231
이란 189
이백 88
『이사벨라 버드의 일본 기행』 187, 189, 203
이산화탄소 37, 49~50, 52~57, 262
『이상한 나라의 논리학』 219
「이상한 나라의 앨리스」 220
『이상한 나라의 앨리스』 215, 217~219
이세 226
이소노 나오히데 209
이스라엘 민족 62
이스트앵글리아 대학교 274
이슬람 179
이시카와 다쿠보쿠 10
이와미쓰 무쓰오 213
『이와테 백과사전』 44
이와테 현 40, 42~44, 46, 55
이요 226
2. 26 사건 46
이집트 121, 178~179, 189
이치노세키 시 40
이케야 가오루 32
이탈리아 113, 118, 157, 173, 223, 232~233, 247
이토 쓰루키치 187, 197~198, 203

이토 히로부미 138
『인간의 운명』 132~133
인구 7, 8, 23, 29~31, 33, 35~36, 112, 114, 116, 132, 148~149, 211, 247~248, 253, 260
인도 113, 116, 120, 153, 179~180, 189, 223
인도네시아 116, 119, 121
『인류 최대의 재앙, 1918년 인플루엔자』 110
인민공사 22, 26
『인민의 적』 259
인터넷 103
인플루엔자 107~108, 111~112, 115~116, 118~120, 122, 124, 132~133, 136~137, 140, 155
인플루엔자 문학 107
『인플루엔자 바이러스, 스페인 귀부인』 122
인플루엔자 바이러스 110~111, 113, 117, 120, 140~141
『인형의 집』 259
일리노이 주 65
일본 8~10, 15, 32, 42. 45~47, 55, 77, 81, 85~86, 88~89, 92~93, 96, 102, 113, 121, 123~125, 127, 130, 145, 147, 158, 181~182, 185, 187~189, 192~194, 196, 198~199, 201~207, 209~214, 218, 222, 224, 226, 228~229, 233, 234, 243, 245
『일본사물지』 214
『일본을 습격한 스페인 인플루엔자』 137
『일본의 나날들』 187, 204~205, 210
일본인 49, 124, 187, 194, 195, 199, 203, 208, 210~214
임사 체험 107
입센, 헨리크 6, 255, 258, 259

**자**

『자연을 상대로 한 마오쩌둥의 전쟁』 36
자연재해 7, 15, 23~24, 31, 150
자위 관 98
자쿠마 국립 공원 185
작센 253
작황 지수 46

잔지바르(현 탄자니아) 179
장시 성 25
장안(長安) 19, 230
장원 32
장융 15~17, 27, 31~33
장자커우 93
장제스 84
장청즈 32
장캉캉 32
장펑이 85
「장화 신은 고양이」 252
「재투성이 아셴푸텔(신데렐라)」 239, 241
《재팬 가제트》 214
저우언라이 102
적도 147
적산화철(벵갈라) 222
전국 시대 228
전미 도서상 61, 108
『전사의 무덤』 258
전한(前漢) 19, 226~227
「절규」 139
절멸 우려가 있는 야생동식물 종의 국제 거래
    에 관한 조약(워싱턴 조약) 184
『정글 속의 웃음』 122
정저우 대학교 30
제1차 세계 대전 8, 64, 105, 110~111, 115,
    117~118, 267
제2 미나마타병 230
제2차 세계 대전 64, 72, 181, 221
제우스 178
『젠더화하는 신체』 243
조던, 에드윈 113
조류 인플루엔자 121
조몬 시대 224
조몬 토기 207
조선 189
조지, 로이드 140
조지아 주 72
『종의 기원』 207
『주문이 많은 요리점』 41

주아제이로 나무 143
『주앙 미겔』 161
「죽은 쥐를 가지고 다니는 행상인」 242
중국 17, 19, 29~31, 35~36, 81, 83~84,
    87~88, 92~93, 96, 98~99, 101~104,
    119, 121, 141~142, 179~182, 190, 223,
    227~228, 230
중국인 28, 33, 101, 141
중동 178
중앙아메리카 113, 150, 154, 250
중앙아시아 75
「중앙역」 162
중일 전쟁 15, 84
중화 인민 공화국 15, 18
지바 대학교 128
지볼트, 알렉산더 게오르게 폰 201
지볼트, 필리프 프란츠 폰 200~201
지볼트, 하인리히 폰 200~201, 208
「지옥의 묵시록」 168
지중해 49, 178
《지지신포》 123
지진 6, 7, 9, 43, 55
「지표면 온도에 대한 대기 중의 카본산의 영향
    에 대하여」 51
『지하 세계에서 앨리스의 모험』 217
진(秦) 94, 96
『진서』 226
진시황 96~97
진화론 205~206
「질풍노도」 238
질풍노도(슈트름 운트 드랑) 237, 238
짐바브웨 183
「찔레꽃 공주(잠자는 숲 속의 공주)」 239

## 차

차드 183, 185
차페크, 카렐 9
『찻집』 85
「창백한 기수가 나의 연인을 데려가네」 107
『창백한 말, 창백한 기수』 107, 113, 122

「창세기」 61
『채털리 부인의 연인』 267
『1984』 9
천연 가스 271
천연두 155
청(清) 15, 83
청나라 189
『청춘』 167
체르노빌 원자력 발전소 80
체셔 지방 217
체임벌린, 바질 홀 214
체코 9, 247
체코슬로바키아 77
첸, 조안 32
첸카이거 32
쳄발로 173
초(楚) 96~97
『초록색의 대회랑: 숲이 일본인에게 보내는 메시지』 213
『초판 그림 동화집』 240
촉(蜀) 97
축산 혁명 141
축융 221
춘추 시대 87, 94
춘추 전국 시대 95
출산율 29
「출애굽기」 62
친링 산맥 94
친케운 29
7년 전쟁 250
칭하이 성 96
칭하이 호 94

### 카

카라바조, 미켈란젤로 다 223~224
카루소, 엔리코 158
카르타고 178
카리브 해 154~155, 231
카메룬 50
카베델로 159
카보나타이트 49
카보네이트 49
카브랄, 페드루 알바르스 153
카사바 144
카셀 237
카슈미르 지방 189
카스티야 232
카자흐스탄 76~80
카잔, 엘리아 61
카타르(catarrh) 114
카터, 티오필러스 220
『카틸리나』 258
카팅가 147, 160
칸트 238
칼슨, 에이비스 68
캉가세이로 148
『캉디드』 232
캐나다 78, 140, 174, 251
캐나다기러기 110
캐럴, 루이스(도지슨, 찰스 루트위지) 215, 217
캔자스 대학교 75
캔자스 주 68, 73, 108, 110, 140
캘리포니아 62
캘리포니아 주 60~61, 70
캘린더, 가이 스튜어트 54
커피 163
케냐 182, 185
케언곰 산지 274
케이루스, 하셰우 지 143, 145~147, 161
케이프타운 115
코끼리 165, 172~174, 178~186
코탄 196, 200
코트디부아르 172
코폴라, 프랜시스 포드 168
콘래드, 조지프 165, 167
콜럼버스, 크리스토퍼 153, 155, 231~233, 250
콜레라 124, 210, 233, 248
골토타도 주 60, 107
콜리어, 리처드 122
콩고 169~171, 174, 184

콩고 강 165~166, 168, 169
콩고 공화국 115
콩고 독립국 168
콩고 민주 공화국 168
콩고 자유국 168~174
쿠냐, 에우클리데스 다 162
쿠르드 족 189
쿠르디스탄 189
쿠바 114
퀸엘리자베스 국립 공원 185
크로즈비, 앨프리드 110
크루제이루두술 159
『크리스마스 스토리』 108
크리스티아니아(현 오슬로) 258
『클라라의 메이지 일기』 202
클림트, 구스타프 139
클링거, 프리드리히 238
키링, 찰스 55
키부 호수 50

통가 116
투르키스탄 117, 120
투탕카멘 왕 178
툰베리, 칼 페테르 190, 233
트래픽(TRAFFIC) 181, 182
트랜칸 114
트리니나드 토바고 154
트웨인, 마크 170

## 타

타이완 87, 126, 181
타이항 산맥 94
《타임》 47
타클라마칸 사막 92, 94
탄잠 철도(현 그레이트 우후루 철도) 182
태평양 93
태평양 전쟁 84
터키 189
테네시 주 206
테니얼, 존 218, 220
텍사스 주 73, 107
템스 강 165, 217, 269
톈산 산맥 79
톈안먼 광장 31, 93
토브달 강 273
토스카나 주 223
토양 유실 72, 250
토양 침식 23, 72, 78, 80, 95
토칸칭스 강 159

## 파

파가니니, 니콜로 233
파라과이 161
파라이바 주 159
파렌하이트, 다니엘 가브리엘 228
파르테논 신전 178
파리 118, 125, 157, 173, 244
파리아, 조르지 아마두 지 162
『파리에서 죽다』 133
파미르 고원 79
파블로바, 안나 158
파시즘 64
파우 브라질(브라질 나무) 153
파크스 213
파크스, 해리 192
판타날 습지 161
패총 205
팬데믹 111
펀스턴 기지(현 라일리 기지) 110
펑더화이 25
페놀로사, 어니스트 프란시스코 209
페니키아 인 178
『페르 귄트』 258
페르남부쿠 주 149
페르메이르, 얀 223
페르시아 179, 189
페리에, 에드몽 173
페스트 111, 114, 124, 243, 247~248
페이디아스 178
「펜넨넨넨 네네무의 전기」 41
「펜넨놀데는 지금은 없어요」 41

펜실베이니아 주  122, 271
펠로폰네소스 반도  194
펠트  220~221
폐렴  112, 115
「포도주 잔」  223
「포도주 잔을 든 여자」  223
포드, 존  61
포르탈레자  144~145
포르테 피아노  176
포르투갈  153~156, 169, 179, 232
포르투갈 인  156
포르투세구로  153
포자리카  272
포터, 캐서린 앤  105, 107, 140
포트딕스 기지  120
포틀랜드  206
폰다, 헨리  61
폴란드  167, 232, 250, 253
폼페이 유적  223
푸리에, 장 바티스트 조제프  51
퓰리처상  61, 108
프랑스  51, 112~114, 132~133, 167, 212, 221, 232, 243~244, 250, 261
프랑스령 인도차이나  125
프랑스령 콩고(현 콩고 공화국)  115
프랑스-이탈리아 전쟁  232
프랑스 혁명  177, 180, 246
프로이센  243, 250
프리 아이누설  208
프리드리히 대왕  250
프리타운  112, 115
프린스턴 대학교  56
플랑드르  242
플랜테이션  154, 156~158
플리니우스  179
피바디 과학 아카데미(현 피바디 에섹스 박물관)  207
피바디 에섹스 박물관  209
피아노  173, 176~177, 181
피츠버그  271
피히테  238
필라델피아  113
《필로소피컬 매거진 앤드 저널 오브 사이언스》  51
필리핀  114, 119, 125

## 하

하나마키 시  40, 42
하나우  237
하라 다카시  138
하멜른  242
「하멜른의 피리 부는 사나이」  242
『하멜른의 피리 부는 사나이』  243
하버드 대학교  207
하야미 아키라  132, 137
하얀 용암  49
하와이  55
하일레 셀라시에  140
하코다테  188, 195~196, 198, 202
한  98~99
한 무제  101
한(漢) 민족  94
한(漢) 족  35
한구 관  19
한국  31, 88, 92~93, 192
한니발  179
한랭화  48
항일 전쟁  85
해스캘 군  108
핼리데이, 존  17
「햇빛 쏟아지던 날들」  32
『행렬식 초보』  219
허난 성  18, 21, 24, 30, 87
헝가리  114
헤센 주  237
헤이세이  10
헤이안 시대  89, 136
헤이죠쿄  229
헨리, 오  107
「헨젤과 그레텔」  239, 241, 244, 245, 252

『현대 중국의 기아와 빈곤』 28
현해탄 89
형(荊) 97
호레키 44
호메로스 178
호세 대학교 134
혼슈 42, 45, 136, 196
홋카이도 74, 129, 188~189, 195~196, 199~200, 208
홋카이도 구토인 보호법 199
홋카이도 지방 202
홋카이도 토지 불하 규칙 199
《홋카이타임스》 129
홋타 요시에 99
『홍당무』 126
홍역 155
홍위병 16, 31, 32, 84
홍콩 181~182, 189
홍콩 대학교 27
홍콩 독감 121
화 현 18
화베이 99
화베이 평원 96
화산 6, 37~38, 42, 48~49, 261
화위안커우 24
화이트, 길버트 261
환경 문제 5~6, 8, 57, 259, 263, 276
환경 오염 228, 233~234, 259
『황금의 잔』 61
황사 81, 85~88, 91~93, 96
황열병 155
황진 59, 65
황토 고원 92, 94~95
『황폐한 삶』 162
『황폐한 집』 266
황허 24, 87, 94, 96, 101
회색가지나방(후추나방) 264
효고 현 136
후 산 98
『후견초』 45

후난 성 227
후세인, 사담 231
후지 산 187, 212
후추 시 214
후카자와 시치로 245
후쿠시마 현 42
『후한서』 87
훔볼트 대학교 237
휘트니, 클라라 202
휴브너, 알렉산더 212
흉노족 98
흐루쇼프, 니키타 세르게예비치 18, 76~78
흑토(체르노젬) 76
히다카 198
히라쓰카 라이초 134
히라이즈미 90
히말라야 120
히야마 188
히에누키 군 40
히타치 226

**옮긴이 안은별**

2009년 경희 대학교 언론정보학과를 졸업하고 같은 해 《프레시안》에 입사해 국제팀을 거쳤다. 현재는 북 섹션 「프레시안 books」 담당 기자로, 책과 사람을 매개하는 한편 출판 관련 이슈를 취재하고 있다. 일본의 근현대사와 철도 교통, 도시 일상 문화에 관심이 많으며 언젠가 오키나와의 역사와 문화에 대한 책을 쓰는 것이 꿈이다.


## 세계 문학 속
## 지구 환경 이야기 ❶

1판 1쇄 펴냄 2013년 8월 23일
1판 4쇄 펴냄 2021년 3월 23일

지은이 이시 히로유키
옮긴이 안은별
펴낸이 박상준
펴낸곳 (주)사이언스북스

출판등록 1997. 3. 24.(제16-1444호)
(06027) 서울특별시 강남구 도산대로1길 62
대표전화 515-2000, 팩시밀리 515-2007
편집부 517-4263, 팩시밀리 514-2329
www.sciencebooks.co.kr

한국어판 ⓒ (주)사이언스북스, 2013 Printed in Seoul, Korea.

ISBN 978-89-8371-618-7 04400
ISBN 978-89-8371-617-0 (전2권)